de Gruyter Lehrbuch

Wetzel · Skarabis · Naeve · Büning

Mathematische Propädeutik

Wolfgang Wetzel · Horst Skarabis
Peter Naeve · Herbert Büning

# Mathematische Propädeutik für Wirtschaftswissenschaftler

4., völlig neubearbeitete und erweiterte Auflage

Walter de Gruyter · Berlin · New York 1981

Dr. rer. pol. *Wolfgang Wetzel*,
o. Professor für Statistik und Ökonometrie an der
Christian-Albrechts-Universität Kiel

Dr. *Horst Skarabis*,
Professor für Statistik an der Freien Universität Berlin

Dr. *Peter Naeve*,
Professor für Datenverarbeitung, Statistik und Unternehmensforschung an der
Universität Bielefeld

Dr. *Herbert Büning*,
Professor für Statistik an der Freien Universität Berlin

*CIP Kurztitelaufnahme der Deutschen Bibliothek*

Mathematische Propädeutik für Wirtschaftswissenschaftler / Wolfgang
Wetzel ... – 4., völlig neubearb. Aufl. – Berlin; New York: de Gruyter,
1981.
(De-Gruyter-Lehrbuch)
ISBN 3-11-008502-X

NE: Wetzel, Wolfgang [Mitverf.]



Satz: Satzstudio Frohberg, Freigericht – Druck: Karl Gerike, Berlin – Bindearbeiten: Dieter Mikolai, Berlin.

# Vorwort zur vierten Auflage

Die 4. Auflage wurde völlig neu bearbeitet. Die Diskussion mit Tutoren und Studenten der Wirtschaftswissenschaft in den vergangenen Jahren haben die Autoren veranlaßt, einige Teile der „Linearen Algebra“ und „Analysis“ herauszunehmen, so z.B. die linearen Transformationen, Eigenwerte und quadratische Formen bzw. die impliziten Funktionen und die Differenzen- und Differentialgleichungen. Dafür wurden andere Aspekte stärker berücksichtigt, wie z.B. numerische Verfahren (Horner Schema, Regula falsi, Newton-Verfahren) und die elementaren Funktionen sowie die Diskussion einiger Funktionen, die dem Anfänger in der Ökonomie als erstes begegnen. Hinzu kamen u.a. die Landau-Symbole und die Regel von l'Hospital. Daneben wurden mehrere Begriffe zwecks größerer Plausibilität auf andere Weise eingeführt. So sind die Verknüpfungen von Matrizen nicht über die entsprechenden Operationen mit linearen Transformationen wie in der 3. Auflage, sondern unmittelbar – orientiert an Beispielen aus der Anwendung – definiert worden. Die Determinanten wurden nicht mehr über den Begriff der Inversionen eingeführt, sondern über die sogenannte Cramersche Regel für die Lösung spezieller Gleichungssysteme. Dies schien den Autoren gerade im Hinblick auf die in den beiden vorangegangenen Kapiteln erfolgte ausführliche Diskussion linearer Gleichungssysteme plausibler.

Die $\epsilon$-$\delta$-Definition der Stetigkeit wurde wegen einfacherer Beweisführung zugunsten der Stetigkeitsdefinition über den Grenzwertbegriff in den Hintergrund gedrängt. Der Einstieg in die Integralrechnung erfolgte nicht mehr über den (abstrakten) Begriff des Integraloperators, sondern wurde motiviert durch ein konkretes Problem, der Flächenbestimmung unter einer Kurve.

Insgesamt gesehen zeigt die 4. Auflage im Vergleich zur 3. Auflage eine stärkere Orientierung an Beispielen, eine Tatsache, die wohl alle die Studenten begrüßen werden, die noch recht unsicher das Gebiet der Mathematik betreten (haben). Dies mag auch für die zahlreichen Übungsaufgaben zutreffen, die im Analysis-Teil am Ende eines jeden Kapitels hinzugekommen sind.

Gerade eine mathematische Propädeutik für Wirtschaftswissenschaftler wird sich ständig der Diskussion stellen müssen. So sind die Autoren für Hinweise hinsichtlich der Auswahl des Stoffes und seiner Darstellung dankbar.

# Inhalt

**Anhang**

# 1. Logik und Beweistechnik

Die Mathematik stellt uns häufig vor die Aufgabe, die Gültigkeit einer Aussage zu beweisen. Genauer gesagt, soll aus einer Reihe als richtig geltender Aussagen – den sogenannten Voraussetzungen – auf andere Aussagen – die Folgerungen – geschlossen werden. Dieses Schließen vollzieht sich formal nach den Gesetzen der Logik. Es ist daher sinnvoll, daß wir uns zunächst einige grundlegende Begriffe und Regeln aus der Logik vergegenwärtigen.

Ausgangspunkt sind die einfachen Aussagen, darunter verstehen wir eine sinnvolle Aneinanderreihung von Symbolen. Diese einfachen Aussagen können wahr oder falsch sein. Die Frage, wie man den Wahrheitsgehalt einer einfachen Aussage feststellt, interessiert bei unseren Überlegungen nicht. Wir betrachten den Wahrheitsgehalt als gegeben. Beispiele einfacher Aussagen sind: „$1 + 1 = 2$", „2 ist ein Teiler von 4", „5 ist eine gerade Zahl". Wenn wir von der speziellen Form der Aussage absehen, bezeichnen wir Aussagen durch große lateinische Buchstaben P, Q, ...

Die einfachen Aussagen können wir zu zusammengesetzten Aussagen verbinden. Für die Prüfung, ob eine zusammengesetzte Aussage wahr (im folgenden durch W abgekürzt) oder falsch (F) ist, werden wir die sogenannten Wahrheitstafeln benutzen. Sie seien an dem Beispiel der Negation erklärt.

## 1.1 Negation

Ist P eine Aussage, dann wollen wir die Negation von P mit $\neg$ P bezeichnen. Sprachlich wird die Negation einer Aussage meistens durch das Wort „nicht" ausgedrückt. Steht P zum Beispiel für „es regnet", dann bedeutet $\neg$ P „es regnet nicht". Der Wahrheitswert von $\neg$ P hängt offenbar von dem Wahrheitswert von P ab. Da eine Aussage nicht gleichzeitig wahr und falsch sein kann, ordnet man $\neg$ P den Wahrheitswert falsch (richtig) zu, sofern P richtig (falsch) ist. Das können wir abkürzend in der folgenden Tabellenform (der Wahrheitstafel) schreiben.

| P | $\neg$ P |
|---|---|
| W | F |
| F | W |

## 1.2 Konjunktion

Weitere zusammengesetzte Aussagen erhalten wir mit Hilfe der Konjunktion, abkürzend geschrieben „∧“ – gesprochen „und“. Sind P, Q zwei Aussagen, dann liefert die Konjunktion die zusammengesetze Aussage $P \wedge Q$. Für die Konjunktion gilt die untenstehende Wahrheitstafel. Die mit der Konjunktion gebildete Aussage ist also nur dann wahr, wenn beide Teilaussagen gleichzeitig wahr sind, sie ist falsch, wenn mindestens eine der Aussagen falsch ist.

| P | Q | P ∧ Q |
|---|---|---|
| W | W | W |
| W | F | F |
| F | W | F |
| F | F | F |

Da nur der Wahrheitswert der Aussagen P und Q in die Wahrheitstafel eingeht, erkennt man, daß die Voraussetzung, P und Q seien einfache Aussagen, nicht notwendig ist. Die Wahrheitstafel behält ihre Gültigkeit auch bei zusammengesetzten Aussagen.

Bedeutet in einem speziellen Fall P „es regnet“ und Q „4 ist größer als 7“, dann ist, wie man an Hand der Wahrheitstafel sieht, die zusammengesetzte Aussage $P \wedge Q$ „es regnet und 4 ist größer als 7“ falsch, da Q falsch ist.

## 1.3 Disjunktion

Auch durch die Disjunktion – geschrieben „∨“, gesprochen „oder“ – gelangt man zu zusammengesetzten Aussagen. Seien P und Q Aussagen, die einfach oder zusammengesetzt sein mögen, dann besteht für die Disjunktion $P \vee Q$ die folgende Wahrheitstafel. Die Disjunktion wird in der Bedeutung des nichtausschließenden „oder“ gebraucht.

| P | Q | P ∨ Q |
|---|---|---|
| W | W | W |
| W | F | W |
| F | W | W |
| F | F | F |

Das heißt also, daß $P \vee Q$ immer dann wahr ist, wenn mindestens eine der beiden Aussagen wahr ist. Anmerkend sei nur erwähnt, daß man in der Logik auch ein ausschließendes „oder“ kennt.

Sei zum Beispiel P die Aussage „1 + 1 = 2“, Q stehe für „2 ist ein Teiler von 7“, dann lautet die zusammengesetzte Aussage $P \vee Q$ „1 + 1 = 2 oder 2 ist ein Teiler von 7“. Obwohl die Teilaussage Q falsch ist, hat die mit der wahren Aussage P gebildete Disjunktion $P \vee Q$ den Wahrheitswert „W“.

Durch Aufstellen der Wahrheitstafel können wir den Wahrheitswert von Aussagen ermitteln, die aus einfachen Aussagen mit mehreren der oben definierten Verbindungen – sie werden zusammenfassend Junktoren genannt – gebildet wurden. Als Beispiel sei die Aussage $\neg (P \wedge Q)$ in der untenstehenden Wahrheitstafel untersucht.

| P | Q | $P \wedge Q$ | $\neg (P \wedge Q)$ |
|---|---|---|---|
| W | W | W | F |
| W | F | F | W |
| F | W | F | W |
| F | F | F | W |

## 1.4 Implikation

Die sprachliche Wendung „wenn . . ., dann . . .“ ist ebenfalls eine logische Verknüpfung. Man nennt diese Verbindung Implikation und bezeichnet sie abkürzend mit dem Symbol „⇒“. Sind P und Q zwei Aussagen, dann bilden wir durch die Implikation $P \Rightarrow Q$ eine neue Aussage. Wie sieht nun die Wahrheitstafel für die Implikation aus?

Die Wahrheitstafeln stellen eine Formalisierung umgangssprachlicher Verknüpfungen von Aussagen dar. Man erhält diese Wahrheitstafeln, indem man aus allen $2^4 = 16$ Verknüpfungsmöglichkeiten der Wahrheitswerte zweier Aussagen jeweils diejenige Wahrheitstafel auswählt, die dem umgangssprachlichen Gebrauch der betreffenden logischen Verknüpfung am nächsten kommt. Setzt man beispielsweise „∘“ für irgendeine mögliche logische Verknüpfung, so hat man von den unten skizzierten Wahrheitstafeln, die dazu passende auszusuchen.

| P | Q | $P \circ Q$ | $P \circ Q$ | $P \circ Q$ | .... | $P \circ Q$ | $P \circ Q$ |
|---|---|---|---|---|---|---|---|
| | | (1) | (2) | (3) | .... | (15) | (16) |
| W | W | W | F | W | .... | F | F |
| W | F | W | W | F | .... | F | F |
| F | W | W | W | W | .... | F | F |
| F | F | W | W | W | .... | W | F |

Im Fall der Implikation wählt man also aus den 16 Verknüpfungen diejenige aus, deren Wahrheitstafel dem umgangssprachlichen Gebrauch von „wenn ..., dann ...“ am nächsten kommt; es ist dies die folgende Wahrheitstafel:

| P | Q | P ⇒ Q |
|---|---|---|
| W | W | W |
| W | F | F |
| F | W | W |
| F | F | W |

Man bezeichnet P auch als Prämisse oder Voraussetzung, Q als Konklusion oder Folgerung. Eine Implikation ist also nur dann falsch, wenn aus einer wahren Prämisse eine falsche Folgerung gezogen wird.

In der Mathematik haben sich für die Implikation P ⇒ Q die folgenden Sprechweisen herausgebildet:

P nur wenn Q
Q wenn P
P ist eine hinreichende Bedingung für Q
Q ist eine notwendige Bedingung für P.

## 1.5 Äquivalenz

Mit den bisher eingeführten Verknüpfungen lassen sich auch mehr als zwei Aussagen verbinden. Eine bestimmte Reihenfolge in der Ausführung der logischen Verknüpfungen kann man dabei durch das Setzen von Klammern erzwingen. So ist z.B. $((P \wedge Q) \Rightarrow R) \vee S$ eine regelgerechte Bildung einer neuen Aussage. Der Wahrheitswert dieser Aussage läßt sich mit Hilfe der Wahrheitstafeln für Konjunktion, Disjunktion und Implikation bei Kenntnis der Wahrheitswerte von P, Q, R und S leicht ermitteln.

Für Verknüpfungen der Form $(P \Rightarrow Q) \wedge (Q \Rightarrow P)$ führt man nun einen neuen Begriff ein. Man nennt eine solche Verknüpfung Äquivalenz und schreibt dafür „⇔“. Die Wahrheitstafel dieses Junktors läßt sich aus denen von Implikation und Konjunktion ableiten.

| P | Q | P ⇔ Q |
|---|---|---|
| W | W | W |
| W | F | F |
| F | W | F |
| F | F | W |

Für die Äquivalenz $P \Leftrightarrow Q$ sagt man auch in der Mathematik:

Q ist notwendig und hinreichend für P
P dann und nur dann, wenn Q
P genau dann, wenn Q
P äquivalent Q.

## 1.6 Tautologie

Ersetzen wir in der Wahrheitstafel der Disjunktion Q durch $\neg P$, so ergibt sich die folgende Wahrheitstafel:

| P | $\neg P$ | $P \vee \neg P$ |
|---|---|---|
| W | F | W |
| F | W | W |

Da eine Aussage und ihre Negation nicht den gleichen Wahrheitswert haben können, ist diese Wahrheitstafel gegenüber der im Abschnitt 1.3 verkürzt.

Die Aussage $P \vee \neg P$ ist unabhängig von den Wahrheitswerten ihrer einzelnen Bestandteile immer wahr. Aussagen mit dieser Eigenschaft wollen wir Tautologien nennen. Mit dieser Definition können wir den wichtigen Begriff der tautologischen Implikation einführen.

## 1.7 Tautologische Implikation

Wir sagen eine Aussage P impliziert tautologisch Q, wenn die zusammengesetzte Aussage $P \Rightarrow Q$ eine Tautologie ist. Beispielsweise impliziert $P \wedge Q$ tautologisch P, wie wir der untenstehenden Wahrheitstafel entnehmen.

| P | Q | $P \wedge Q$ | $(P \wedge Q) \Rightarrow P$ |
|---|---|---|---|
| W | W | W | W |
| W | F | F | W |
| F | W | F | W |
| F | F | F | W |

Wenn zwei Aussagen einander tautologisch implizieren, dann nennen wir sie tautologisch äquivalent. Man sagt auch, daß aus einer (zusammengesetzten) Aussage R eine Aussage S logisch folgt, wenn $R \Rightarrow S$ eine Tautologie ist.

## 1.8 Beispiele tautologischer Implikationen und Äquivalenzen

Wie die nächsten Abschnitte zeigen werden, kommt den tautologischen Implikationen und Äquivalenzen bei der Führung eines Beweises große Bedeutung zu. Darum seien hier einige oft gebrauchte tautologische Implikationen und Äquivalenzen zusammengestellt. Der Leser möge sich durch Aufstellen der Wahrheitstafeln davon überzeugen, daß es sich um solche handelt.

| | | | |
|---|---|---|---|
| 1. | $((P \Rightarrow Q) \wedge P)$ | $\Rightarrow Q$ | |
| 2. | $((P \Rightarrow Q) \wedge \neg Q)$ | $\Rightarrow \neg P$ | |
| 3. | $((P \vee Q) \wedge \neg P)$ | $\Rightarrow Q$ | |
| 4. | $P \wedge Q$ | $\Rightarrow P$ | |
| 5. | $P$ | $\Rightarrow P \vee Q$ | |
| 6. | $((P \Rightarrow Q) \wedge (Q \Rightarrow R))$ | $\Rightarrow (P \Rightarrow R)$ | |
| 7. | $((P \vee Q) \wedge R)$ | $\Leftrightarrow ((P \wedge R) \vee (Q \wedge R))$ | Distributivgesetze |
| 8. | $((P \wedge Q) \vee R)$ | $\Leftrightarrow ((P \vee R) \wedge (Q \vee R))$ | |
| 9. | $(P \wedge Q)$ | $\Leftrightarrow (Q \wedge P)$ | Kommutativgesetze |
| 10. | $(P \vee Q)$ | $\Leftrightarrow (Q \vee P)$ | |
| 11. | $\neg(P \wedge Q)$ | $\Leftrightarrow (\neg P \vee \neg Q)$ | De Morgan'sche Gesetze |
| 12. | $\neg(P \vee Q)$ | $\Leftrightarrow (\neg P \wedge \neg Q)$ | |
| 13. | $(P \Rightarrow Q)$ | $\Leftrightarrow (\neg P \vee Q)$ | |
| 14. | $P$ | $\Leftrightarrow \neg\neg P$ | |
| 15. | $(P \Rightarrow Q)$ | $\Leftrightarrow (\neg Q \Rightarrow \neg P)$ | Kontrapositionsgesetz |
| 16. | $(P \Rightarrow Q)$ | $\Leftrightarrow ((P \wedge \neg Q) \Rightarrow (R \wedge \neg R))$ | Grundlagen der indirekten Beweisverfahren |
| 17. | $(P \Rightarrow Q)$ | $\Leftrightarrow ((P \wedge \neg Q) \Rightarrow \neg P)$ | |
| 18. | $(P \Rightarrow Q)$ | $\Leftrightarrow ((P \wedge \neg Q) \Rightarrow Q)$ | |
| 19. | $(P \Leftrightarrow Q)$ | $\Leftrightarrow ((P \wedge Q) \vee (\neg P \wedge \neg Q))$ | |

## 1.9 Konsistenz von Prämissen

Bei der Führung eines Beweises kommt es darauf an zu zeigen, daß aus einem Satz von Prämissen eine Aussage $Q$ logisch folgt. Das ist nur sinnvoll, wenn es nicht möglich ist, aus dem gleichen Satz von Prämissen die Aussage $\neg Q$ logisch zu folgern. Einen Satz von Prämissen, aus dem sich nicht sowohl $Q$ als auch $\neg Q$ ableiten lassen, wollen wir konsistent nennen. Andernfalls heißt er inkonsistent.

## 1.10 Der indirekte Beweis

Auf der Inkonsistenz eines Satzes von Prämissen baut die häufig angewandte Methode des indirekten Beweises auf. Die Beweisführung verläuft dabei wie folgt.

Wenn wir aus einem Satz von konsistenten Prämissen eine Aussage P logisch folgern sollen, dann nehmen wir die Negation dieser Aussage P als zusätzliche Prämisse auf und versuchen zu zeigen, daß der so erweiterte Satz von Prämissen inkonsistent ist, wir also einen Widerspruch aus ihm ableiten können. Ist dies der Fall, dann folgt die Aussage P logisch aus dem ursprünglichen Satz von Prämissen.

Das Verfahren des indirekten Beweises läßt sich auf die folgende tautologische Äquivalenz zurückführen:

$$(Q \Rightarrow P) \Leftrightarrow ((Q \wedge \neg P) \Rightarrow (R \wedge \neg R)).$$

Der Leser überzeuge sich durch Aufstellen der Wahrheitstafel davon, daß es sich um eine tautologische Äquivalenz handelt. Der Ausdruck auf der rechten Seite des Äquivalenzzeichens besagt gerade, daß Q und $\neg$ P ein Satz von inkonsistenten Prämissen ist, denn es folgen aus ihm gleichzeitig die Aussagen R und $\neg$ R.

Ein Beispiel möge dieses Beweisschema verdeutlichen.

**Beispiel 1:**
Die Prämissen sind „p ist ein Teiler von n" und „p ist ein Teiler von m", wobei n, m, p natürliche Zahlen sind. Daraus wollen wir logisch folgern, „p ist ein Teiler von n + m".

Bei der indirekten Beweisführung nehmen wir die Negation der zu folgernden Aussage als weitere Prämisse zu den gegebenen hinzu. Die Negation von „p ist ein Teiler von n + m" lautet „p ist kein Teiler von n + m". Der Satz von Prämissen, von dem wir jetzt ausgehen, besteht dann aus:

„p ist Teiler von n", „p ist Teiler von m" und „p ist kein Teiler von n + m".

Aus den beiden ersten Aussagen folgt, daß wir n bzw. m schreiben können als n = hp bzw. m = kp, wobei h, k natürliche Zahlen sind. Daraus ergibt sich für die Summe n + m die Schreibweise n + m = (h + k)p. Da nach Voraussetzung p kein Teiler der Summe und damit des rechtsstehenden Produktes ist, folgt aus der Eigenschaft des Teilers, daß p auch nicht Teiler der einzelnen Faktoren des Produktes ist. Wir haben daher die Aussage „p ist nicht Teiler von p". Andererseits ist jede Zahl Teiler von sich selbst, es gilt also die Aussage „p ist Teiler von p".

Damit sind wir zu einem Widerspruch der Form $R \wedge \neg R$ gelangt. Einerseits ist „p Teiler von p", andererseits haben wir aus dem erweiterten Satz von Prämissen die Negation „p ist kein Teiler von p" herleiten können. Nach den Regeln der indirekten Beweisführung ist damit die Richtigkeit des zu zeigenden Schlusses bewiesen. Aus „p ist Teiler von n" und „p ist Teiler von m" folgt logisch „p ist Teiler von $n + m$". ●

## 1.11 Beweis durch Kontraposition

Das im vorstehenden Abschnitt beschriebene indirekte Beweisverfahren beruhte darauf, daß man das Gegenteil dessen, was man beweisen will, mit in die Prämissen aufnahm und dann aus dem so erweiterten Satz von Prämissen einen Widerspruch ableitete. Man spricht auch oft von einem Widerspruchsbeweis. In der hier vorgestellten Beweisform bestand der Widerspruch darin, daß man zeigte, daß eine Aussage R und ihre Negation den gleichen Wahrheitswert besitzen.

Man erkennt, daß die tautologischen Äquivalenzen 17 und 18 aus 1.8 nur Abwandlungen der tautologischen Äquivalenz 16 sind. Betrachten wir z.B. die rechte Seite der Äquivalenz 17

$$(P \wedge \neg Q) \Rightarrow \neg P ,$$

andererseits gilt aber wegen der tautologischen Implikation 4 aus 1.8

$$(P \wedge \neg Q) \Rightarrow P .$$

Fassen wir diese beiden Implikationen zusammen, so erhalten wir gerade die Form der rechten Seite der Äquivalenz 16, nämlich

$$(P \wedge \neg Q) \Rightarrow P \wedge \neg P .$$

Auch die tautologische Äquivalenz

$$(P \Rightarrow Q) \Leftrightarrow (\neg Q \Rightarrow \neg P)$$

ist Grundlage eines indirekten Beweisverfahrens. Hier prüft man an Stelle der Gültigkeit des Schlusses von P auf Q den Schluß von $\neg Q$ auf $\neg P$. In der Literatur findet man dieses Beweisverfahren in der Regel unter der Bezeichnung „Beweis durch Kontraposition".

**Beispiel 2:**
Es soll gezeigt werden, daß gilt: Wenn $a^2$ eine gerade Zahl ist (P), dann ist auch a eine gerade Zahl (Q), d.h. $P \Rightarrow Q$. Wir beweisen statt dessen: Ist a eine ungerade Zahl ($\neg Q$), so ist auch $a^2$ eine ungerade Zahl ($\neg P$), d.h. $\neg Q \Rightarrow \neg P$.

Daß dieser Schluß richtig ist, sieht man so: a ungerade, d.h. a läßt sich schreiben als

$$a = 2n + 1 \Rightarrow a^2 = (2n + 1)^2 = 4n^2 + 4n + 1 ,$$

d.h. $a^2$ ist ungerade. (Es wurde hier vorausgesetzt, daß a eine natürliche Zahl ist.) ●

## 1.12 Quantoren, Beweis durch Gegenbeispiel

In der Mathematik benutzt man häufig Redewendungen wie: „es gibt ein Element a“, „für alle Elemente a“, usw. Man übernimmt dafür oft gern die in der formalen Logik üblichen Kurzzeichen – die sogenannten Quantoren:

$\bigwedge_a$ : für alle Elemente a (All-Quantor)

$\bigvee_a$ : es gibt (mindestens) ein Element a (Existenz-Quantor)

$\dot{\bigvee_a}$ : es gibt genau ein Element a ·

Zusammengesetzte Aussagen, in denen der All-Quantor vorkommt, lassen sich durch Angabe eines Gegenbeispiels widerlegen. Der sogenannte Beweis durch Gegenbeispiel beruht auf der tautologischen Äquivalenz

$$(\neg (\bigwedge_x A(x)) \Leftrightarrow (\bigvee_x \neg A(x)) ,$$

dabei ist A irgendeine beliebige Aussageform über die Elemente x.
Betrachten wir ein Beispiel. Die Aussage A(x): „alle Schwäne sind weiß“, ist durch das Aufzeigen eines einzigen nicht weißen Schwans, z.B. eines schwarzen Schwans widerlegt. Man beachte aber, daß durch das Auffinden von noch so vielen weißen Schwänen nicht über den Wahrheitswert dieser Aussage entschieden werden kann. Die Nichtbeachtung dieser Feststellung ist ein sehr häufig auftretender Fehler.

## 1.13 Vollständige Induktion

Will man von einer Aussage, die von der natürlichen (positiven ganzen) Zahl k abhängt, zeigen, daß sie für alle natürlichen Zahlen von einer kleinsten Zahl m an richtig ist, dann wendet man das Beweisverfahren der vollständigen Induktion an.

Bei diesem Verfahren geht man in drei Schritten vor:

*1. Schritt:* ***Induktionsanfang***
Im sogenannten Induktionsanfang wird die Richtigkeit der betreffenden Aussage für $k = m$ *gezeigt.*

*2. Schritt:* ***Induktionsvoraussetzung***
In der Induktionsvoraussetzung wird *angenommen*, die Aussage gelte für ein beliebiges $k = n$, wobei $n \geqslant m$ ist.

*3. Schritt:* ***Induktionsschritt***
Im Induktionsschritt wird dann *versucht*, die Richtigkeit der Aussage für $k = n + 1$ unter Ausnutzung der Induktionsvoraussetzung zu *zeigen.*

Man bezeichnet den Induktionsschritt auch als den Schluß von $n$ auf $n + 1$.

Hat man den ersten und dritten Schritt gezeigt, dann gilt die zu beweisende Aussage für alle Zahlen $m, m + 1, m + 2, \ldots$.

Den Beweisgang kann man sich graphisch darstellen

| *1. Schritt*<br>*2. Schritt*<br>*3. Schritt* *erfolgreich ausgeführt* | $\Longrightarrow$ | *Die Aussage gilt für alle* $n \geqslant m$ |
|---|---|---|

Diese Implikation kann man folgendermaßen beweisen (indirekt):

Angenommen sie ist falsch, dann gibt es unter den natürlichen Zahlen $m, m + 1, m + 2, \ldots$ mindestens eine solche, für die die zu beweisende Aussage falsch ist. Diese Zahlen fassen wir zur Menge $F$ zusammen. $F$ hat ein kleinstes Element $f$. Somit ist die mit dem Induktionsschluß zu beweisende Aussage für $f$ falsch und für $(f-1)$ richtig. Andererseits folgt mit dem dritten Schritt des Induktionsbeweises aus der Wahrheit der Aussage für $(f-1)$ auch die für $(f-1) + 1 = f$. Das ist ein Widerspruch, da die Aussage für $f$ nicht zugleich wahr und falsch sein kann. ●

Beispiele zum Induktionsbeweis:

**Beispiel 3:**

Die Behauptung $1 + 2 + 3 + \ldots + k = \frac{1}{2} k(k+1)$ soll durch vollständige Induktion bewiesen werden.

Als erstes muß der Induktionsanfang für ein $k = m$ gezeigt werden.

*1. Induktionsanfang:* $k = 1$

$$1 = 1(1+1) / 2 = 1$$

Dann wird vorausgesetzt, die Aussage sei richtig für $k = n$ mit $n$ größer oder gleich 1.

*2. Induktionsvoraussetzung:* $k = n$

$$1 + 2 + \ldots + n = n(n+1) / 2$$

Im Induktionsschritt wird versucht, aus der Gültigkeit der Aussage für $n$ auf die Gültigkeit für $n + 1$ zu schließen.

*3. Induktionsschritt:* Schluß von $n$ auf $n + 1$.

$$1 + 2 + \ldots + n + (n+1) = (1+2+\ldots+n) + (n+1)$$

Auf die ersten $n$ Summanden kann man die Induktionsvoraussetzung anwenden

$$= n(n+1) / 2 + (n+1)$$
$$= (n+1)(n/2+1)$$
$$= (n+1)(n+2) / 2$$

Das ist aber gerade die Behauptung für $k = n + 1$. Damit ist die Behauptung für alle natürlichen Zahlen richtig. ●

Bei einem Induktionsbeweis wird von uns sowohl im Induktionsanfang als auch im Induktionsschritt verlangt, eine Aussage zu beweisen. Die beiden nächsten Beispiele machen deutlich, daß diese beiden „Beweisteile“ gleichgewichtig nebeneinander stehen.

**Beispiel 4:**
*Notwendigkeit des Induktionsschrittes.*
Wir haben zwar gerade die Formel

$$1 + 2 + \ldots + k = k(k+1) / 2$$

bewiesen, das soll uns aber für den Augenblick nicht hindern zu behaupten, die Formel müßte lauten

$$1 + 2 + \ldots + k = 2k - 1 \,.$$

Machen wir einen Beweisversuch mit vollständiger Induktion.

*1. Induktionsanfang:* $k = 1$ und also $1 = 2 \cdot 1 - 1$

d.h. der Induktionsanfang ist uns großartig gelungen.

*2. Induktionsvoraussetzung:* $k = n$ wir nehmen also an

$1 + 2 + \ldots + n = 2n - 1$ sei richtig.

Würden wir auf die Durchführung des Induktionsschrittes verzichten, so hätten wir einen großen Fehlschluß getan, denn es zeigt sich:

*3. Induktionsschritt:* Schluß von $n$ auf $n+1$

$$1+2+\ldots+n+(n+1)=2n-1+(n+1)=3n$$

und nicht $2(n+1)-1=2n+1$ was sich nach der *falschen* Formel ergeben müßte.

Es gelingt also nicht, im Induktionsschritt die Richtigkeit der Formel für beliebiges $k$ zu zeigen. Es genügt also nicht – wie oft gerne gemacht – für einige $k = 1, 2, 3$ usw. die Gültigkeit einer Aussage zu zeigen und auf den eigentlichen Induktionsschritt zu verzichten. Unsere „Formel" stimmt übrigens auch noch für $k = 2$. ●

**Beispiel 5:**

*Notwendigkeit des Induktionsanfanges.*

Aber auch auf die Durchführung des Induktionsanfanges kann nicht verzichtet werden. Ungeachtet unseres besseren Wissens behaupten wir

$$1+2+\ldots+k=k(k+1)/2+100\,.$$

Machen wir wieder einen Beweisversuch durch vollständige Induktion.

*2. Induktionsvoraussetzung:* $k = n \geqslant m$ d.h. wir nehmen an, daß

$$1+2+\ldots+n=n(n+1)/2+100 \text{ ist.}$$

*3. Induktionsschritt:* Schluß von $n$ auf $n+1$

$$\begin{aligned}1+2+\ldots+n+(n+1) &= n(n+1)/2+100+n+1\\ &= n(n+1)/2+n+1+100\\ &= (n+1)(n/2+1)+100\\ &= (n+1)(n+2)/2+100\end{aligned}$$

Das ist gerade die Behauptung für $k = n + 1$. Induktionsschritt gelungen, aber leider nicht die Beweisführung. Die setzt voraus, daß wir auch für ein $k = m$ zeigen können, daß

$$1+2+\ldots+m=m(m+1)/2+100$$

gilt. Es gibt jedoch kein $m$, für das uns dies gelingt. Haben wir doch gerade im Beispiel 3 gezeigt, daß

$$1+2+\ldots+m=m(m+1)/2$$

gilt. Die beiden Ausdrücke sind auch offensichtlich nicht ineinander überführbar. Wir sehen also an diesem Beispiel, daß wir den „Beweisschritt" des Induktionsanfanges wirklich durchführen müssen. ●

Nach diesen drei Beispielen zur Verdeutlichung des Schemas des Induktionsbeweises und der Bedeutung der einzelnen Schritte noch einige kurz gehaltene Beispiele.

**Beispiel 6:**
Als weiteres Beispiel soll gezeigt werden, daß der Wert der sogenannten „endlichen" geometrischen Reihe,

$$a + aq + aq^2 + \ldots + aq^{k-1} = a(q^k - 1) / (q-1) \text{ ist, wobei } a, q \neq 1$$

reelle Zahlen sind.

*1. Induktionsanfang:* $k = 1$

$$a = a$$

*2. Induktionsvoraussetzung:* $k = n$

$$a + aq + aq^2 + \ldots + aq^{n-1} = a(q^n - 1) / (q-1)$$

*3. Induktionsschritt:* Schluß von $n$ auf $n + 1$

$$\begin{aligned} a + aq + aq^2 + \ldots + aq^{n-1} + aq^n &= [a + aq + \ldots + aq^{n-1}] + aq^n \\ &= a(q^n - 1) / (q-1) + aq^n \\ &= a[q^n - 1 + q^n(q-1)] / (q-1) \\ &= a(q^{n+1} - 1) / (q-1) \end{aligned}$$

Das ist aber gerade die angegebene Summenformel für $k = n + 1$. Damit ist die Gültigkeit dieser Summenformel für alle natürlichen Zahlen $n$ bewiesen. ●

Damit man nicht glaubt, Induktionsbeweise hätten immer mit Summen zu tun.

**Beispiel 7:**
Jede Zahl der Form $6^k - 1$ ist durch 5 teilbar.

*1. Induktionsanfang:* $k = 1$

$$6^1 - 1 = 5$$

*2. Induktionsvoraussetzung:* $k = n$

$6^n - 1$ ist durch 5 teilbar, d.h. es gibt eine natürliche Zahl $r$ für die gilt

$6^n - 1 = 5r$ und damit $6^n = 5r + 1$.

*3. Induktionsschritt:* Schluß von $n$ auf $n + 1$

$$\begin{aligned} 6^{n+1} - 1 &= 6 \cdot 6^n - 1 \\ &= 6(5r+1) - 1 \\ &= 30r + 6 - 1 \\ &= 30r + 5 \\ &= 5(6r+1) \\ &= 5s, \end{aligned}$$

das heißt aber doch gerade, daß 5 die Zahl $6^{n+1} - 1$ teilt. ●

Damit sich nicht die Meinung festsetzt, der Anfang sei immer $k = 1$.

**Beispiel 8:**

$$\sum_{i=3}^{n} (2i-1) = (n+2)(n-2)$$

*1. Induktionsanfang:* $k = 3$

$$(2 \cdot 3 - 1) = 5 = (3+2)(3-2)$$

*2. Induktionsvoraussetzung:* $k = n \geqslant 3$

$$\sum_{i=3}^{n} (2i-1) = (n+2)(n-2)$$

*3. Induktionsschritt:* Schluß von $n$ auf $n + 1$

$$\begin{aligned} \sum_{i=3}^{n+1} (2i-1) &= \sum_{i=3}^{n} (2i-1) + 2(n+1) - 1 \\ &= (n+2)(n-2) + 2n + 1 \\ &= n^2 + 2n - 2n - 4 + 2n + 1 \\ &= n^2 + 2n - 3 \\ &= (n+3)(n-1) \\ &= ((n+1) + 2)((n+1) - 2) \end{aligned}$$ ●

## 1.14 Aufgaben

1. Beweise direkt oder indirekt:

   (a) $x, y$ sind ungerade Zahlen $\Leftrightarrow x \cdot y$ ist ungerade.
   (b) $a^2$ ist durch 3 teilbar $\Leftrightarrow a$ ist durch 3 teilbar.
   (c) $\sqrt{3}$ ist irrational.

2. Schreibe folgenden Beweis in Symbolform und prüfe seine Richtigkeit: Student X kann nur dann die Prüfung ablegen, wenn er zu ihr zugelassen ist. Er wird nur dann zu ihr zugelassen, wenn er über die erforderlichen Kenntnisse in „Betriebswirtschaftslehre" verfügt. Seine Kenntnisse in „Betriebswirtschaftslehre" sind unzureichend. Daher kann er die Prüfung nicht ablegen.

3. Prüfe folgende Aussagen:

   (a) $a^2$ ist durch 4 teilbar $\Leftrightarrow a$ ist durch 4 teilbar.
   (b) Es seien $a,b$ ganze Zahlen. Dann gilt:
   $a-b$ gerade $\Leftrightarrow a$ und $b$ sind gerade.

4. Sind folgende Aussagen richtig?

   (a) $\bigvee_{x} x = 2x$
   (b) $\bigwedge_{a} 2a + 3a \neq 6a$
   (c) $\bigwedge_{a,b} \bigvee_{x} ax + b = 0$
   (d) $\bigwedge_{x \neq 0} \dot{\bigvee_{y}} xy = 4$

   mit $a,b,x,y \in \mathbb{R}$.

5. Beweise durch vollständige Induktion

   (a) $\sum_{i=1}^{n} i^2 = \frac{n}{6}(n+1)(2n+1)$
   (b) $\sum_{i=1}^{n} \frac{1}{i(i+1)} = \frac{n}{n+1}$
   (c) Die Zahl $A(n) = n^3 + 6n^2 + 14n$ ist stets durch 3 teilbar.

# 2. Mengen und Mengenoperationen

## 2.1 Definition einer Menge

Im folgenden werden wir häufig Gesamtheiten von Objekten betrachten. Es erscheint daher zweckmäßig, dafür einen neuen Begriff einzuführen.

> **Definition 1**: Eine wohldefinierte Gesamtheit unterscheidbarer Elemente heißt eine Menge.

In der Definition der Menge kommt den Adjektiven „wohldefiniert“ und „unterscheidbar“ zentrale Bedeutung zu. Mit „wohldefiniert“ meint man, daß bei jedem vorgelegten Element einwandfrei und objektiv feststeht, ob es zur Menge gehört oder nicht.

Beispiele für Mengen sind die Gesamtheit der in einem bestimmten Jahr in der Bundesrepublik geborenen Kinder, – unser System der Standesämter sichert uns, daß es sich um eine (über die Geburtsurkunde) wohldefinierte Gesamtheit handelt – die Gesamtheit der in einem bestimmten Jahr produzierten Kraftfahrzeuge – durch die Fahrgestellnummer sind auch zwei rote Autos gleichen Typs unterscheidbar. Auch die im vorigen Abschnitt mehrfach erwähnten natürlichen Zahlen bilden eine Menge.

Mengen werden wir im folgenden häufig mit großen lateinischen Buchstaben $A, B, C, \ldots$ bezeichnen, die Elemente der Mengen mit kleinen lateinischen Buchstaben. Für den Tatbestand, $x$ ist ein Element von $A$, gilt die abkürzende Schreibweise $x \in A$ ; $x \notin A$ besagt, daß $x$ nicht zur Menge $A$ gehört oder – wie man auch sagt – $x$ kein Element von $A$ ist. Steht $P$ abkürzend für die definierende Eigenschaft der Menge $A$, dann werden wir häufig für $A$ auch die folgende Schreibweise wählen.

$$A = \{x | x \text{ hat die Eigenschaft } P\},$$

gesprochen: $A$ ist die Menge aller $x$, die die Eigenschaft $P$ haben. Die oben erwähnte Menge der in einem bestimmten Jahr – sagen wir 1979 – geborenen Kinder schreibt sich damit

$$A = \{x | x \text{ ist im Jahr 1979 in der Bundesrepublik geboren}\}.$$

Dies ist die sogenannte *beschreibende* Form der Angabe einer Menge.

Daneben gibt es noch die *aufzählende* Form bei der Angabe einer Menge, die insbesondere bei endlichen Mengen oft gewählt wird.

Hat A endlich viele Elemente $x_i$, $i = 1, 2, \ldots, n$, so schreibt man für A auch

$$A = \{x_1, x_2, \ldots, x_n\} .$$

Die Zahl der Elemente einer Menge braucht nicht endlich zu sein. Man spricht dann auch von unendlichen Mengen zur Unterscheidung von den endlichen Mengen.

## 2.2 Teilmengen und Gleichheit von Mengen

Ehe wir uns diesen beiden Begriffen zuwenden, wollen wir mit dem sogenannten Venn-Diagramm ein graphisches Hilfsmittel einführen, das gut geeignet ist, sich Beziehungen zwischen Mengen zu veranschaulichen. In einem Venn-Diagramm symbolisiert man eine Menge A durch eine geometrische Figur wie z.B. einen Kreis oder ein Rechteck.

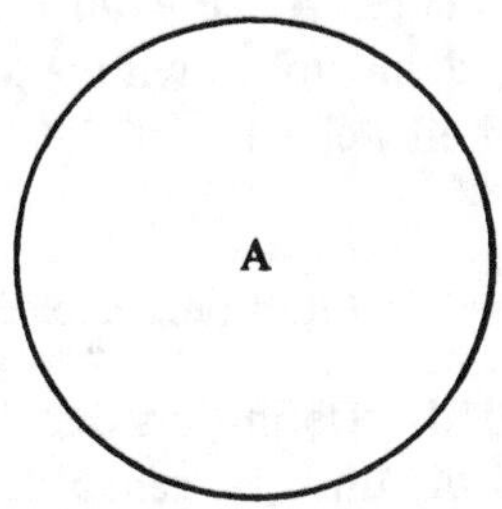


*Abb. 2.1:* Menge A

Wenden wir uns nun dem Begriff der Teilmenge zu.

> **Definition 2**: Eine Menge A heißt Teilmenge einer Menge B, wenn jedes Element x von A auch Element von B ist.
> Für diesen Tatbestand schreiben wir abkürzend $A \subseteq B$ .

**Beispiel 1**:
Für die Mengen $B = \{1,2,3,4,5\}$ und $A = \{2,3,4,5\}$ gilt $A \subseteq B$, wie man unmittelbar sieht. ●

In dem obigen Beispiel enthält die Menge B das Element 1, das nicht in der Menge A vorkommt; man spricht dann auch davon, daß A echte Teilmenge von B ist und schreibt dafür $A \subset B$ .

Das nachstehende Venn-Diagramm veranschaulicht die Teilmengenbeziehung.

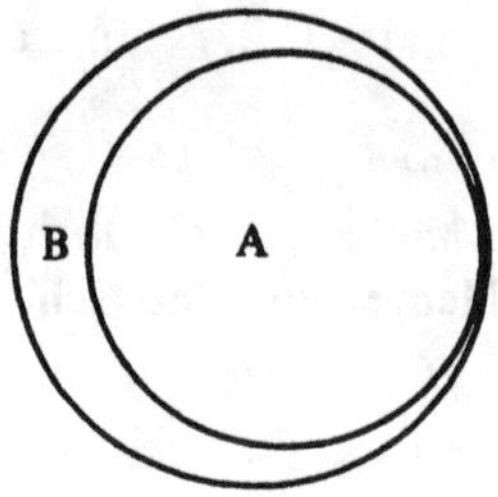

*Abb. 2.2:* $A \subsetneqq B$

Mit Hilfe des im vorangegangenen Kapitel eingeführten All-Quantors können wir die Definition der Teilmenge kurz schreiben als

**Definition 2'**: $A \subseteq B$ ist definiert $\bigwedge_x x \in A \Rightarrow x \in B$ .

Gehört jedes Element einer Menge A zu einer Menge B und umgekehrt auch jedes Element von B zu A, dann wollen wir die Mengen A und B gleich nennen. In der abgekürzten Schreibweise lautet die Definition der Gleichheit von Mengen

**Definition 3**: $A = B$ ist definiert $\bigwedge_x x \in A \Leftrightarrow x \in B$ .

Betrachten wir noch einmal die Definition der Teilmenge einer Menge, dann sehen wir, daß zwei Mengen A und B genau dann gleich sind, wenn A Teilmenge von B ist und umgekehrt. Man definiert auch oft die Gleichheit von Mengen in dieser Form, also abkürzend geschrieben

**Definition 3'**: $A = B \Leftrightarrow A \subseteq B \wedge B \subseteq A$ .

Auf diese Form der Definition der Gleichheit greift man besonders bei Beweisführungen oft zurück.

## 2.3 Vereinigung und Durchschnitt von Mengen

Die neu eingeführten Objekte „Mengen" werden für uns erst dann fruchtbar, wenn wir mit ihnen in irgend einer Weise „rechnen" können, genau wie der Zahlenbereich durch Operationen wie Addition und Multiplikation sowie ihre Umkehrungen zu einem mächtigen Instrument wird.

Im Augenblick ist unser Umgang mit Mengen noch vergleichbar dem Umgang einer Person mit Zahlen, die zwar zählen, aber nicht 2 + 2 rechnen kann. Wir wenden uns daher jetzt der Einführung von Operationen mit Mengen zu.

Durch die Bildung der Vereinigung zweier Mengen gelangt man ausgehend von zwei Mengen A und B zu einer neuen Menge. Diese Vereinigungsmenge wird mit $A \cup B$ bezeichnet und ist definiert durch

**Definition 4**: $A \cup B = \{x | x \in A \vee x \in B\}$.

Die definierende Eigenschaft P der Menge $A \cup B$ ist also „Element von A oder Element von B".

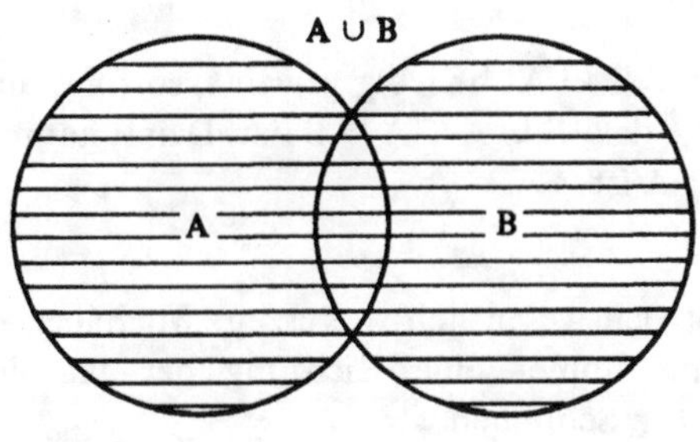


*Abb. 2.3:* $A \cup B$

Im Venn-Diagramm wird $A \cup B$ durch die schraffierte Fläche dargestellt. Die Vereinigung zweier Mengen A und B ist also die Menge aller Elemente, die zu A oder zu B (oder zu beiden) gehören.

**Beispiel 2**:
Ist $A = \{1,3,5\}$ und $B = \{1,2,3,4\}$, so ist $A \cup B = \{1,2,3,4,5\}$. ●

Elemente, die sowohl in A als auch in B vorkommen, werden in $A \cup B$ nur einmal aufgeführt, da sonst die Bedingung der Unterscheidbarkeit der Elemente – wie sie in der Definition einer Menge verlangt wird – verletzt wäre. Für die Vereinigung zweier Mengen A und B gilt das kommutative Gesetz.

**Satz 1**: Die Vereinigung von A mit B ist gleich der Vereinigung von B mit A. In Kurzform: $A \cup B = B \cup A$.

Betrachtet man das Venn-Diagramm, dann scheint dieser Satz unmittelbar einsichtig, da es sich bei $A \cup B$ und $B \cup A$ jeweils um die gleiche Fläche handelt.

Das Venn-Diagramm dient aber lediglich zur Verdeutlichung und kann eine exakte Beweisführung nicht ersetzen. Der Beweis von Satz 1 sei darum hier exemplarisch für die Beweisführung in der Mengenlehre erbracht.

Beweis: Wir benutzen die zweite Definition der Gleichheit von Mengen. Wir haben also zu zeigen: 1. $A \cup B \subseteq B \cup A$ und 2. $B \cup A \subseteq A \cup B$.

1. Sei $x \in A \cup B$ beliebig herausgegriffen. Das Element $x$ erfüllt also die definierende Aussage der Menge $A \cup B$, d.h. $x \in A \vee x \in B$. Schreiben wir $P$ für die Aussage $x \in A$ und $Q$ für die Aussage $x \in B$, so erhalten wir $P \vee Q$. Für die Disjunktion gilt nun $P \vee Q \Leftrightarrow Q \vee P$ (siehe 1.8 Nr. 10). Setzen wir die obige Bedeutung von $P$ und $Q$ ein, so haben wir $(x \in A \vee x \in B) \Leftrightarrow (x \in B \vee x \in A)$. Rechts steht aber gerade die definierende Eigenschaft der Menge $B \cup A$. Da $x$ ein beliebiges Element aus $A \cup B$ war, haben wir gezeigt, $A \cup B \subseteq B \cup A$.
2. Ist umgekehrt $x \in B \cup A$ beliebig gewählt, so folgt aus $(x \in B \vee x \in A) \Leftrightarrow (x \in A \vee x \in B)$, daß $B \cup A \subseteq A \cup B$ ist. Damit hat man insgesamt gezeigt, daß $A \cup B = B \cup A$ ist. ●

**Bemerkung:**
Der Beweisgang läßt sich wesentlich verkürzen. Wir haben im 1. und 2. Teil des Beweises jeweils nur immer eine Richtung der tautologischen Äquivalenz $P \vee Q \Leftrightarrow Q \vee P$ benutzt. Schreiben wir

$$(x \in A \vee x \in B) \Leftrightarrow (x \in B \vee x \in A),$$

so erhalten wir mit Definition 3 sofort $A \cup B = B \cup A$.

In ähnlicher Form verlaufen viele Beweise in der Mengenlehre. Man wendet auf die definierenden Aussagen der Menge die in Abschnitt 1.8 zusammengestellten tautologischen Implikationen und Äquivalenzen an.

Für die Vereinigungsbildung gilt auch das assoziative Gesetz.

**Satz 2:** $(A \cup B) \cup C = A \cup (B \cup C)$.

Der Beweis sei dem Leser überlassen.

Die nächste Operation zwischen Mengen, die wir definieren wollen, ist der Durchschnitt zweier Mengen $A$ und $B$ – geschrieben $A \cap B$.

**Definition 5:** $A \cap B = \{x | x \in A \wedge x \in B\}$.

Für den Durchschnitt ist auch die abkürzende Sprechweise *Schnitt* üblich.

Der Durchschnitt der beiden Mengen $A$ und $B$ wird im untenstehenden Venn-Diagramm durch die schraffierte Fläche angegeben.

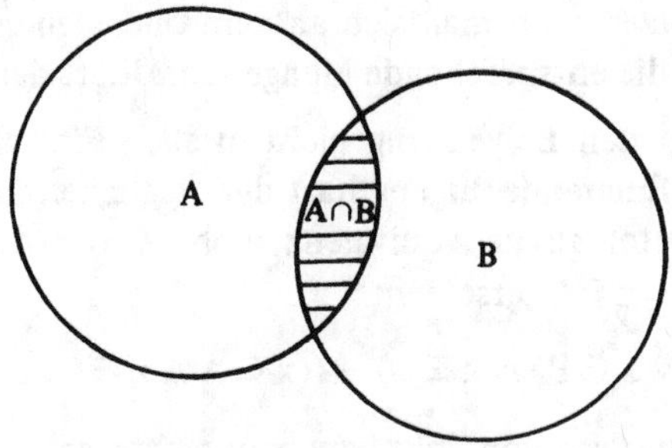


*Abb. 2.4:* A ∩ B

**Beispiel 3:**
Ist $A = \{1,2,3,4,5\}$ und $B = \{2,3,4,5,6\}$, dann ergibt sich $A \cap B = \{2,3,4,5\}$. ●

Auch bei der Bildung der Durchschnittsmenge werden Elemente, die sowohl in A als auch in B enthalten sind, in $A \cap B$ nur einmal aufgeführt.

Für die Durchschnittsbildung gilt das kommutative Gesetz.

> **Satz 3:** Der Durchschnitt von A und B ist gleich dem Durchschnitt von B und A. In Kurzform: $A \cap B = B \cap A$.

Den Beweis wollen wir nicht ausführen. Die Aussage des Satzes ist am obigen Venn-Diagramm einsichtig. Die Beweisführung verläuft analog zu der von Satz 1. Während dort auf die tautologische Äquivalenz $P \vee Q \Leftrightarrow Q \vee P$ zurückgegriffen wurde, muß man bei diesem Beweis die tautologische Äquivalenz $P \wedge Q \Leftrightarrow Q \wedge P$ verwenden.

Auch für die Durchschnittsbildung gilt das assoziative Gesetz.

Vereinigungs- und Durchschnittsbildung können auch kombiniert auftreten. Es gilt das distributive Gesetz.

> **Satz 4:** $(A \cup B) \cap C = (A \cap C) \cup (B \cap C)$.

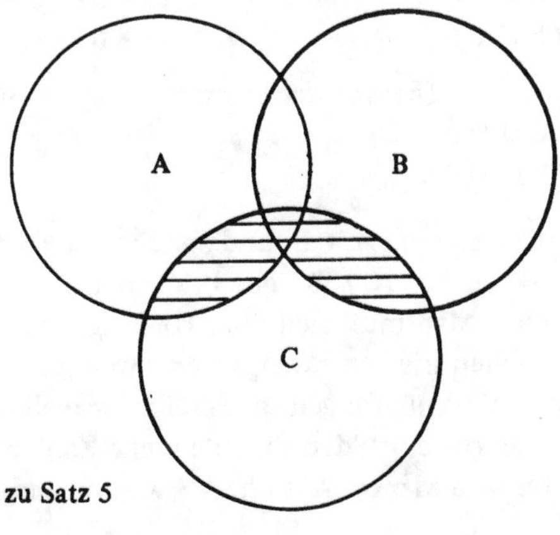


*Abb. 2.5:* Illustration zu Satz 5

Die Aussage des Satzes kann man sich an dem obenstehenden Venn-Diagramm klarmachen, in dem die entsprechende Menge schraffiert dargestellt ist.

Beweis: Wir wollen den Beweisgang nicht in allen Einzelheiten erbringen. Betrachten wir die definierende Eigenschaft der fraglichen Mengen, so gilt wegen Nr. 7 aus 1.8 die tautologische Äquivalenz, wobei wir P durch $x \in A$, Q durch $x \in B$ und R durch $x \in C$ ersetzen:

$$((x \in A \vee x \in B) \wedge x \in C) \Leftrightarrow ((x \in A \wedge x \in C) \vee (x \in B \wedge x \in C)).$$

Liest man diese Äquivalenz von links bzw. von rechts, so ergibt sich

$$(A \cup B) \cap C \subseteq (A \cap C) \cup (B \cap C) \quad \text{und} \quad (A \cap C) \cup (B \cap C) \subseteq (A \cup B) \cap C.$$

d.h. die behauptete Aussage gilt. ●

Einige weitere oft gebrauchte Beziehungen geben wir ohne Beweis an.

**Satz 5:**

$$A = B \Rightarrow A \cap C = B \cap C$$

$$A = B \Rightarrow A \cup C = B \cup C$$

$$(A \cap B) \cup C = (A \cup C) \cap (B \cup C).$$

Es fällt eine gewisse Ähnlichkeit der Operationen $\cup$ und $\cap$ mit der Addition und Multiplikation der reellen Zahlen auf. Genau wie für jene Operationen gilt für die Durchschnitts- und Vereinigungsbildung das kommutative, assoziative und distributive Gesetz.

| Mengen | Reelle Zahlen |
|---|---|
| *Kommutatives Gesetz* | |
| $A \cup B = B \cup A$ | $a + b = b + a$ |
| $A \cap B = B \cap A$ | $a \cdot b = b \cdot a$ |
| *Assoziatives Gesetz* | |
| $(A \cup B) \cup C = A \cup (B \cup C)$ | $(a + b) + c = a + (b + c)$ |
| $(A \cap B) \cap C = A \cap (B \cap C)$ | $(a \cdot b) \cdot c = a \cdot (b \cdot c)$ |
| *Distributives Gesetz* | |
| $(A \cup B) \cap C = (A \cap C) \cup (B \cap C)$ | $(a + b) \cdot c = (a \cdot c) + (b \cdot c)$ |
| $(A \cap B) \cup C = (A \cup C) \cap (B \cup C)$ | |

Man schreibt für $A \cup B$ auch $A + B$ und spricht von der Summe zweier Mengen, während $A \cap B$ auch $A \cdot B$ geschrieben und als Produkt der beiden Mengen bezeichnet wird. Man muß sich aber vor Augen halten, daß dieses Additions- bzw. Produktzeichen hier auf Mengen angewendet wird. Ein Unterschied zu den entsprechenden Verknüpfungen innerhalb der reellen Zahlen wird besonders deutlich, wenn man bedenkt, daß für jede reelle Zahl $a$ gilt $a + a = 2a$ und $a \cdot a = a^2$, während für jede Menge $A$ sich $A + A = A$ und $A \cdot A = A$ ergibt.

## 2.4 Die leere Menge und die Komplementärmenge

Im Abschnitt 2.1 hatten wir festgelegt, daß wir eine Menge A angeben wollten als

$$A = \{x | x \text{ hat die Eigenschaft } P\} .$$

Es kann nun aber sein, daß die definierende Eigenschaft P so geartet ist, daß es kein x gibt, dem sie zukommt. Die Menge A enthält dann kein Element. Eine Menge, die kein Element enthält, bezeichnet man als leere Menge und schreibt dafür abkürzend $\phi$. Ist beispielsweise P die Aussage „ist ein 1968 geborener Mensch, der 1967 gestorben ist", so gibt es kein x, auf das diese Aussage zutrifft.

Insbesondere bei der Bildung des Durchschnitts zweier Mengen A und B kann es vorkommen, daß es kein Element gibt, das in $A \cap B$ liegt.

Die Situation zeigt das untenstehende Venn-Diagramm.

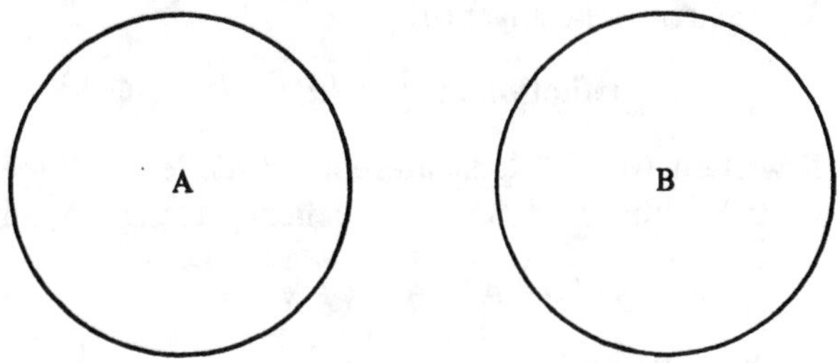


*Abb. 2.6:* $A \cap B = \phi$

Ist $A \cap B = \phi$, dann sagt man auch A und B seien elementfremd oder *disjunkt*.

**Beispiel 4:**
Die Mengen $A = \{1,2,3\}$ und $B = \{4,5\}$ sind disjunkt. •

Die leere Menge ist Teilmenge jeder beliebigen Menge A, denn da $\phi$ kein Element enthält, wird die definierende Aussage von A immer erfüllt.

Seien U und A zwei Mengen und gelte $A \subseteq U$. Die Elemente von U lassen sich offenbar in zwei Mengen teilen, diejenigen, die zu A gehören und alle übrigen Elemente von U. Das führt uns zu einer neuen Begriffsbildung. Diese letzte Menge wollen wir die *Komplementärmenge* von A bezüglich U – abgekürzt $\overline{A}$ – nennen. Man spricht meistens kurz vom Komplement von A und läßt auch die Angabe der Menge U weg, sofern aus dem Zusammenhang hervorgeht, welche Menge U gemeint ist. Im untenstehenden Venn-Diagramm gibt das Rechteck die Menge U an.

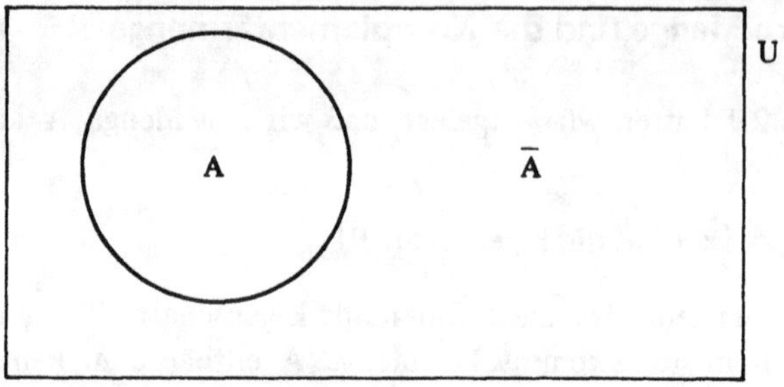


*Abb. 2.7:*

**Beispiel 5:**
Ist $U = \{1,2,3,4,5,6\}$ und $A = \{2,4,6\}$ dann ist $\overline{A}$ (das Komplement von A bezüglich U) gegeben durch $\overline{A} = \{1,3,5\}$.

Die oben gegebene Definition des Komplements $\overline{A}$ einer Menge A bezüglich einer Menge U wollen wir noch einmal explizit in der uns nun schon bekannten Kurzschreibweise angeben.

**Definition 6:** $\overline{A} = \{x \mid x \in U \wedge x \notin A\}$.

Erweitern wir die Rechenregeln auf die leere Menge und das Komplement. Unmittelbar klar ist, daß für eine beliebige Menge A gilt

$$A \cup \phi = A \qquad A \cap \phi = \phi .$$

Auch die Regeln

$$A \cup \overline{A} = U \qquad A \cap \overline{A} = \phi \qquad \overline{U} = \phi \qquad \overline{\overline{A}} = A \quad (\overline{\overline{A}} \text{ Komplement von } \overline{A})$$

kann der Leser leicht selbst zeigen. Den folgenden Satz wollen wir zur Illustration beweisen.

**Satz 6:** $\overline{A \cup B} = \overline{A} \cap \overline{B}$.

Beweis: Sei $x \in \overline{A \cup B}$ beliebig gewählt.

$$[\neg (x \in A \vee x \in B)] \Rightarrow [x \notin A \wedge x \notin B] \Rightarrow x \in (\overline{A} \cap \overline{B})$$
$$\Rightarrow \overline{A \cup B} \subseteq \overline{A} \cap \overline{B} .$$

Sei nun $x \in (\overline{A} \cap \overline{B})$ beliebig herausgegriffen.

$$[x \in \overline{A} \wedge x \in \overline{B}] \Rightarrow [x \notin A \wedge x \notin B] \Rightarrow [\neg (x \in A \vee x \in B)]$$
$$\Rightarrow x \in \overline{A \cup B} \Rightarrow \overline{A} \cap \overline{B} \subseteq \overline{A \cup B} .$$

Damit ist dann aber $\overline{A \cup B} = \overline{A} \cap \overline{B}$. ●

Außer einigen aus 1.8 bekannten tautologischen Implikationen haben wir in diesem Beweis benutzt, daß man die Negation der Aussage $x \in A$, nämlich $\neg(x \in A)$, im Falle der Mengenlehre auch $x \notin A$ schreiben kann.

Mit Hilfe des Begriffs des Komplements können wir jetzt auch die sogenannte Differenzmenge zweier Mengen einführen.

> **Definition 7**: Die Differenzmenge $A \backslash B$ zweier Mengen $A$ und $B$ ist gegeben durch $A \cap \overline{B}$.

Das folgende Venn-Diagramm veranschaulicht die Situation.

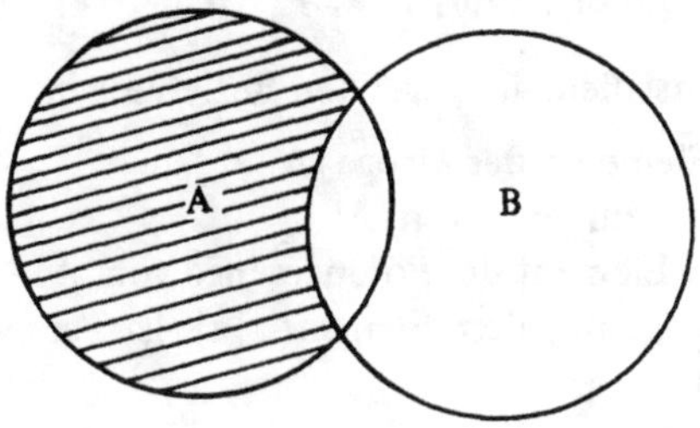


*Abb. 2.8:* Differenzmenge

## 2.5 Potenzmenge, kartesisches Produkt

Nachdem wir nun die ersten Erfahrungen im Umgang (sprich: Operieren) mit Mengen haben, wollen wir in diesem Abschnitt zwei Begriffe einführen, die uns, ausgehend von einer Menge (oder von Mengen), die Bildung neuer Objekte gestatten.

Sei $A$ eine beliebige Menge. In den vorstehenden Abschnitten haben wir gelernt, was eine Teilmenge von $A$ ist. Wir haben auch gesehen, daß $A$ Teilmenge von sich selbst ist und daß die leere Menge $\phi$ Teilmenge von $A$ ist. Nun wollen wir einmal alle Teilmengen von $A$ als Ganzes betrachten, d.h. wir fassen alle Teilmengen von $A$ zu einem „Gebilde" zusammen, man spricht auch von einem *Mengensystem*. Unser Mengensystem ist also durch folgende Aussage festgelegt: *Eine Menge $B$ gehört zum System, wenn $B$ Teilmenge von $A$ ist.* Was können wir nun über dieses System sagen? Erinnern wir uns an die Definition einer Menge: *Eine wohldefinierte Gesamtheit unterscheidbarer Elemente heißt* eine Menge. Betrachten wir im Lichte dieser Definition noch einmal die Aussage, die uns unser System aller Teilmengen festlegte. Offensichtlich erfüllt das durch diese Aussage bestimmte System die Mengendefinition. Wir können zusammenfassen.

**Definition 8**: Das System aller Teilmengen einer beliebigen Menge A ist eine Menge. Diese Menge wird Potenzmenge von A genannt und $\mathbf{P}(A)$ geschrieben.

Die Potenzmenge ist also eine Menge, deren Elemente selber Mengen sind.

**Beispiel 6**:
Sei die Menge A gegeben als $A = \{a,b,c\}$. Die Potenzmenge dieser Menge ist dann

$$\mathbf{P}(A) = \{\{a,b,c\}, \{a,b\}, \{a,c\}, \{b,c\}, \{a\}, \{b\}, \{c\}, \phi\}.$$

Man beachte die Unterschiede in folgenden Beziehungen

| | |
|---|---|
| $a \in A$ | a ist Elemente der Menge A |
| $\{a\} \subset A$ | $\{a\}$ ist Teilmenge von A |
| $\{a\} \in \mathbf{P}(A)$ | $\{a\}$ ist Element der Potenzmenge von A |
| $\{\{a\}\} \subset \mathbf{P}(A)$ | die Menge mit dem Element $\{a\}$ ist Teilmenge der Potenzmenge von A. ● |

Zu einem weiteren mathematischen Objekt gelangen wir durch die folgende Überlegung. Seien zwei Mengen A und B gegeben. Sind $a \in A$ und $b \in B$ zwei beliebige Elemente aus A bzw. B, dann wollen wir das Gebilde (a,b) als *geordnetes Paar* bezeichnen. Geordnet bezieht sich darauf, daß die Reihenfolge des Auftretens in dem Tupel (a,b) von Bedeutung ist. Für zwei feste $a \in A$ und $b \in B$ wollen wir nämlich das Gebilde (a,b) als unterschiedlich vom Gebilde (b,a) ansehen.

Betrachten wir nun die Gesamtheit aller geordneten Paare (a,b) mit $a \in A$ und $b \in B$. Erinnern wir uns wieder an den Wortlaut der Mengendefinition, so wird klar, daß diese Gesamtheit wiederum eine Menge ist.

**Definition 9**: Das kartesische Produkt $A \times B$ zweier Mengen A und B ist die Menge aller geordneten Paare (a,b) mit $a \in A$ und $b \in B$. In Kurzschreibweise: $A \times B = \{(a,b) \mid a \in A \wedge b \in B\}$.

**Beispiel 7**:
Sei $A = \{a_1, a_2\}$ und $B = \{b_1, b_2, b_3\}$ dann ist das kartesische Produkt von A und B die Menge

$$A \times B = \{(a_1,b_1), (a_1,b_2), (a_1,b_3), (a_2,b_1), (a_2,b_2), (a_2,b_3)\}. \bullet$$

Die Definition des kartesischen Produkts läßt sich auf den Fall endlich vieler Mengen verallgemeinern.

**Definition 10**: Das kartesische Produkt $\bigtimes_i A_i = A_1 \times \ldots \times A_n$ von n Mengen $A_i$ ist gegeben durch

$$\bigtimes_i A_i = \{(a_1, \ldots, a_n) \mid a_1 \in A_1 \wedge \ldots \wedge a_n \in A_n\}.$$

Für kartesische Produkte ergeben sich in Verbindung mit den Operationen Schnitt und Vereinigung die folgenden Rechenregeln.

**Satz 7**: Seien zwei Systeme $A_i$, $i = 1, \ldots, n$ und $B_j$, $j = 1, \ldots, m$ gegeben, dann gilt

$$(\bigcup_i A_i) \times (\bigcup_j B_j) = \bigcup_{i,j} A_i \times B_j$$

$$(\bigcap_i A_i) \times (\bigcap_j B_j) = \bigcap_{i,j} A_i \times B_j.$$

## 2.6 Zahlenmengen

Sind die Elemente einer Menge Zahlen, dann spricht man auch von Zahlenmengen. Da sie in mathematischen Untersuchungen eine große Rolle spielen, haben sich für sie besondere Bezeichnungen eingebürgert.

Die Menge der natürlichen Zahlen, d.h. die Menge mit den Elementen 1,2,3,4,... wird mit $\mathbb{N}$ abkürzend bezeichnet. $\mathbb{Z}$ steht abkürzend für die Menge der ganzen Zahlen, d.h. $\mathbb{Z} = \{\ldots, -2, -1, 0, +1, +2, \ldots\}$. Wie man sieht, ist die Menge der natürlichen Zahlen Teilmenge von $\mathbb{Z}$.

Die Menge der rationalen Zahlen wird im allgemeinen mit $\mathbb{Q}$ abgekürzt, während $\mathbb{R}$ für die Menge der reellen Zahlen steht. Die Komplementärmenge von $\mathbb{Q}$ bezüglich $\mathbb{R}$ ist die Menge der irrationalen Zahlen. Dafür hat sich kein eigenes Symbol eingebürgert, man schreibt lediglich $\bar{\mathbb{Q}}$.

Die Beziehungen der verschiedenen Zahlenmengen zueinander läßt sich durch das folgende Venn-Diagramm kennzeichnen.

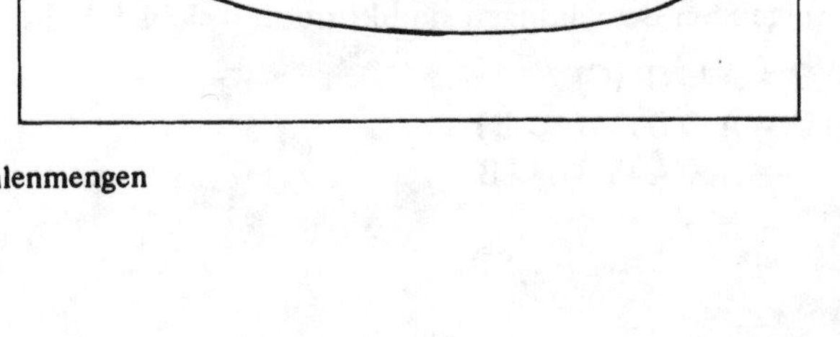


*Abb. 2.9:* Zahlenmengen

Im vorigen Abschnitt hatten wir das kartesische Produkt eines Systems von Mengen eingeführt. Betrachten wir nun speziell den Fall, daß für jedes $A_i$ gerade $\mathbb{R}$ gewählt wird. Wir erhalten dann

> **Definition 11**: Die Menge $\mathbb{R}^n$ der n-Tupel ist das kartesische Produkt $\mathbb{R} \times \ldots \times \mathbb{R} = \{(x_1, \ldots, x_n) \mid x_1 \in \mathbb{R} \wedge \ldots \wedge x_n \in \mathbb{R}\}$.

Man spricht von den Elementen des $\mathbb{R}^n$ auch als Punkten im n-dimensionalen Raum. Diese Redeweise wird im 4. Kapitel deutlicher werden.

**Bemerkung:**
Nach Definition 11 ist die Menge $\mathbb{R}^n$ für jedes $n > 1$ festgelegt. Um die Einschränkung $n > 1$ zu beseitigen, setzt man $\mathbb{R}^1 = \mathbb{R}$.

Zum Abschluß seien noch zwei Teilmengen des $\mathbb{R}$ besonders hervorgehoben.

> **Definition 12**: Mit $\mathbb{R}^+$ ist die Menge aller $x \in \mathbb{R}$ mit $x > 0$ bezeichnet, d.h. in Kurzform: $\mathbb{R}^+ = \{x | x \in \mathbb{R} \wedge x > 0\}$

Analog ist die Menge $\mathbb{R}^-$ festgelegt.

> **Definition 13**: $\mathbb{R}^- = \{x | x \in \mathbb{R} \wedge x < 0\}$

Damit können wir $\mathbb{R}$ zerlegen in die 3 Mengen $\mathbb{R}^+$, $\mathbb{R}^-$ und $\{0\}$, d.h.

$$\mathbb{R} = \mathbb{R}^+ \cup \mathbb{R}^- \cup \{0\}.$$

**Bemerkung:**
Manchmal betrachtet man auch $\mathbb{R}^n_+$. Diese Teilmenge des $\mathbb{R}^n$ ist gegeben durch $\mathbb{R}^n_+ = \{(x_1, \ldots, x_n) \mid x_i \in \mathbb{R} \wedge x_i > 0\}$.

Gelegentlich wird auch der Punkt $(0, \ldots, 0)$ mit zu $\mathbb{R}^n_+$ gerechnet.

## 2.7 Aufgaben

1. Man zeige, daß
   a) $\overline{A \cap B} = \overline{A} \cup \overline{B}$
   b) $(A \cap B) \cup C = (A \cup C) \cap (B \cup C)$
   c) $(A \cup B) \cap A = A$
   d) $(A \cap B) \cup A = A$.
2. Welche der folgenden Beziehungen sind korrekt, welche falsch?
   a) $(A \cup B) \setminus C = A \cup (B \setminus C)$
   b) $A \cap B \cap C = A \cap B \cap (C \cup B)$
   c) $A \cup B = (A \setminus (A \cap B)) \cup B$

d) $(A \cap B) \cup (B \cap C) \cup (C \cap A) \supset A \cap B \cap C$

e) $(A \cup B) \setminus A = B$

3. Man zeige, daß die Anzahl der Teilmengen einer endlichen Menge $A$ gleich $2^n$ ist, wenn $n$ die Anzahl der Elemente der Menge $A$ angibt.

   Hinweis: $A$ und $\phi$ sind Teilmengen von $A$.

4. Sei eine Folge von Mengen $E_i$ mit $E_1 \subset E_2 \subset E_3 \subset \ldots \subset E_n \subset \ldots$ gegeben. Zeige, daß man für die Mengen $D_i = E_i \setminus E_{i-1}$ (man setze $E_0 = \phi$) gilt: $D_i \cap D_j = \phi$ für $i \neq j$.

5. Sind $a$ und $b$ zwei reelle Zahlen, so kann man aus $a \nleqslant b$ (d.h. $a$ ist nicht kleiner oder gleich $b$) folgern, daß $b < a$ ist.

   Die Teilmengenbeziehung $\subseteq$ bzw. $\subset$ erinnert ein wenig an $\leqslant$ bzw. $<$.

   Darf man für zwei Mengen $A$ und $B$ folgern

$$A \not\subseteq B \Rightarrow B \subset A\,?$$

# 3. Reelle und komplexe Zahlen, Polynome

In diesem Kapitel werden wir die Menge der reellen Zahlen beschreiben, d.h. ihre Eigenschaften zusammenstellen. Wie in der modernen Mathematik üblich, stehen dabei am Anfang einige Axiome, d.h. unbewiesene Grundforderungen, aus denen sich alle weiteren Eigenschaften ableiten lassen.

Man teilt die Axiome und „weiteren Eigenschaften" in drei Gruppen, die je verschiedenen Strukturen der reellen Zahlen entsprechen. Es sind dies:

1. Algebraische Struktur
2. Ordnungsstruktur
3. Topologische Struktur.

In diesem Kapitel behandeln wir nur die beiden ersten Strukturen. Auf die topologische Struktur wird in Kapitel 8 eingegangen.

## 3.1 Algebraische Struktur der reellen Zahlen

In $\mathbb{R}$ sind zwei Verknüpfungen „+" und „·" definiert derart, daß mit $a \in \mathbb{R}$ und $b \in \mathbb{R}$ die eindeutig bestimmte Zahl $a + b \in \mathbb{R}$ existiert. Für die Multiplikation gilt entsprechend $a \in \mathbb{R}$ und $b \in \mathbb{R} \Rightarrow a \cdot b \in \mathbb{R}$ und $a \cdot b$ ist eindeutig bestimmt*. Mit $a,b,c,x, \ldots$ werden stets reelle Zahlen bezeichnet. Für die Verknüpfungen werden folgende Eigenschaften gefordert:

**Axiom 1** (Addition):

(i) $a + b = b + a$ (Kommutativgesetz der Addition)

(ii) $a + (b+c) = (a+b) + c$ (Assoziativgesetz der Addition)

(iii) Zu zwei Zahlen $a,b$ existiert genau eine Zahl $x \in \mathbb{R}$ mit $a + x = b$. (Dieses Element $x$ wird mit $b - a$ bezeichnet)

(iv) Es gibt genau ein Element $0 \in \mathbb{R}$ mit der Eigenschaft $a + 0 = 0 + a = a$ für alle $a \in \mathbb{R}$.

**Axiom 2** (Multiplikation):

(i) $a \cdot b = b \cdot a$ (Kommutativgesetz der Multiplikation)

(ii) $a \cdot (b \cdot c) = (a \cdot b) \cdot c$ (Assoziativgesetz der Multiplikation)

(iii) Sind $a \neq 0$ und $b$ beliebig aus $\mathbb{R}$, so gibt es genau ein $x \in \mathbb{R}$ mit $ax = b$ (man schreibt auch $x = \frac{b}{a}$)

* Für $a \cdot b$ schreibt man meistens kurz $ab$.

(iv) Es gibt genau ein Element $1 \in \mathbb{R}$ mit der Eigenschaft $a \cdot 1 = 1 \cdot a = a$ für alle $a \in \mathbb{R}$

(v) $a \cdot (b+c) = a \cdot b + a \cdot c$ (Distributivgesetz)

Man nennt eine Menge mit zwei Verknüpfungen, die den Axiomen 1 und 2 genügen, einen *„Körper"*.

Aus diesen Grundforderungen lassen sich eine Reihe von Eigenschaften ableiten, die wir – ohne Beweis – aufzählen.

**Folgerungen:**

1. Bei Summation bzw. Multiplikation mit mehr als zwei Zahlen können beliebig Klammern gesetzt und weggelassen werden.
2. $a \cdot b = 0 \Rightarrow a = 0$ oder $b = 0$
3. $a \cdot 0 = 0$ für alle $a \in \mathbb{R}$
4. Bezeichnet man die (nach (iii) Axiom 1) eindeutig bestimmte Zahl $x$ mit $a + x = 0$ mit $-a$, so gilt $-(-a) = a$
5. $a + (-b) = a - b$
6. $(-a)\, b = -ab$
7. $(-a) \cdot (-b) = ab$

Die Beweise dieser Folgerungen sind nicht kompliziert. Der Leser sollte einige versuchen.

## 3.2 Ordnungsstruktur und das Rechnen mit Ungleichungen

**Axiom 3:**

(i) Für beliebige Zahlen $a, b$ des Körpers $\mathbb{R}$ gilt genau eine der Relationen $a = b$ , $a < b$ , $b < a$*

(ii) $a > b$ und $b > c \Rightarrow a > c$ (Transitivität)

(iii) $a > a' \Rightarrow a + b > a' + b$ für jedes $b$

(iv) $a > 0$ und $b > 0 \Rightarrow a \cdot b > 0$

Ein Körper, für den zusätzlich Axiom 3 gilt, heißt *angeordneter* Körper. Dabei wird mit „angeordnet" – im Gegensatz zur geordneten Menge – zum Ausdruck gebracht, daß die Menge der Elemente des Körpers nicht nur geordnet sind, sondern daß die Ordnung mit den algebraischen Eigenschaften verträglich ist, und zwar im Sinne von Axiom 3. Aus Axiom 3 ergeben sich einige Folgerungen, die wir zusammenfassen unter dem Stichwort

* statt $b < a$ schreiben wir auch $a > b$
$a < b$ bedeutet $a$ kleiner als $b$
$b$ heißt positiv, wenn $b > 0$
$a$ heißt negativ, wenn $a < 0$

**Rechnen mit Ungleichungen:**

1. $a > b$ und $c > d \quad \Rightarrow a + c > b + d$
2. $a > 0$ und $b > 0 \quad \Rightarrow a + b > 0$
3. $a < 0$ und $b < 0 \quad \Rightarrow a + b < 0$
4. $a > 0$ und $b$ beliebig $\quad a + b > b$
5. $a > 0 \quad \Rightarrow -a < 0$
6. $a > b$ und $c > 0 \quad \Rightarrow ac > bc$
7. $a > b$ und $c < 0 \quad \Rightarrow ac < bc$
8. $a > 0$ und $b < 0 \quad \Rightarrow ab < 0$
9. $a^2 \geqslant 0$* für alle $a \in \mathbb{R}$

## 3.3 Absolutbetrag einer reellen Zahl

Mit Hilfe der „>"-Relation kann man den Absolutbetrag einer reellen Zahl erklären, und zwar setzen wir

$$|a| = \begin{cases} a, & \text{wenn } a \geqslant 0 \\ -a, & \text{wenn } a < 0 \end{cases}$$

Mit anderen Worten: Der Absolutbetrag einer reellen Zahl ist gleich der Zahl selbst, wenn diese positiv oder Null ist. Er ist gleich dem Negativen der Zahl, wenn diese negativ ist.

**Beispiel 1:**

$$|5| = 5 \qquad |-27| = 27 \bullet$$

Andererseits bedeutet $|a| = 27$, daß entweder $a = 27$ oder $a = -27$ ist. Man kann leicht die folgenden Eigenschaften für den Absolutbetrag und das Rechnen damit beweisen.

1. $|-a| = |a|$
2. $-|a| \leqslant a \leqslant |a|$
3. Für $\epsilon > 0$ gilt: $|x-c| < \epsilon \Leftrightarrow c - \epsilon < x < c + \epsilon$
4. $|a+b| \leqslant |a| + |b|$
5. $|b-a| \geqslant |b| - |a|$
6. $|ab| = |a| \cdot |b|$
7. $\left|\frac{a}{b}\right| = \frac{|a|}{|b|}$ falls $b \neq 0$.

* $c \geqslant d$ bedeutet: $c > d$ oder $c = d$

## 3.4 Komplexe Zahlen

Bereits zu Beginn des 16. Jahrhunderts (noch vor den negativen Zahlen!) wurden die komplexen Zahlen eingeführt. Anlaß dazu war die Tatsache, daß für reelle Zahlen die Gleichung

$$x^2 + 1 = 0$$

unlösbar war. Es existiert nämlich keine reelle Zahl, deren Quadrat gleich $-1$ ist. Man ist daher gezwungen, die Menge $\mathbb{R}$ durch Hinzufügen der komplexen Zahlen zu erweitern, damit etwa die obige und ähnliche Gleichungen lösbar werden. Diese Erweiterung soll natürlich so vorgenommen werden, daß die algebraischen Eigenschaften (Körperaxiome s. Abschn. 3.1) der reellen Zahlen auch für den erweiterten Zahlenbereich gültig sind.

**Definition 1**: Eine komplexe Zahl ist ein geordnetes Zahlenpaar, $\xi = (a,b)$ mit $a \in \mathbb{R}$, $b \in \mathbb{R}$.

Neben dieser Schreibweise ist auch die Form

$$\xi = a + ib$$

üblich, wobei $i^2 = -1$ gilt. Wir benutzen bei den folgenden Rechenregeln jeweils beide Schreibweisen.

**Axiome für Komplexe Zahlen**
Seien $\xi_1 = (a_1, b_1)$ und $\xi_2 = (a_2, b_2)$
$\xi_1 = a_1 + ib_1$ und $\xi_2 = a_2 + ib_2$
zwei komplexe Zahlen. Dann gilt

(1) $\xi_1 = \xi_2$ genau dann, wenn $a_1 = a_2$ und $b_1 = b_2$

(2) $\xi_1 + \xi_2 = (a_1+a_2, b_1+b_2)$
$\xi_1 + \xi_2 = (a_1+a_2) + i(b_1+b_2)$

(3) $k \cdot \xi_1 = (ka_1, kb_1)$ mit $k \in \mathbb{R}$
$k \cdot \xi_1 = ka_1 + ikb_1$

(4) $\xi_1 \cdot \xi_2 = (a_1a_2 - b_1b_2, a_1b_2 + b_1a_2)$.
$\xi_1 \cdot \xi_2 = (a_1a_2 - b_1b_2) + i \cdot (a_1b_2 + b_1a_2)$.

Man beachte, daß eine komplexe Zahl ein geordnetes Zahlenpaar ist. Das bedeutet, daß die Vertauschung der beiden „Komponenten" des Paares die komplexe Zahl in der Regel ändert.

**Satz 1**: Die Menge $\mathbb{C}$ aller komplexen Zahlen mit den Axiomen (1) bis (4) bilden einen Körper*.

* Körpereigenschaft bedeutet Gültigkeit von Axiom 1 und Axiom 2 aus 3.1.

Den sehr einfachen Beweis dieses Satzes übergehen wir. Es sei vermerkt, daß sich dieser Körper aber *nicht* anordnen läßt.

**Spezielle komplexe Zahlen:**

1. Alle $\xi \in \mathbb{C}$ mit $\xi = (a,0)$ bilden mit den für $\mathbb{C}$ erklärten Verknüpfungen (Rechenregeln) einen Körper, der offenbar in $\mathbb{C}$ enthalten ist. Dies sind genau sämtliche reellen Zahlen. (Wir identifizieren die „komplexe" Zahl $\xi = (a,0)$ mit der reellen Zahl a, d.h. $(a,0) = a$.)
2. Die komplexe Zahl $(0,0) \in \mathbb{C}$ ist das neutrale Element der Addition, d.h. $(a,b) + (0,0) = (a,b)$, und es gilt nach (4) $(0,0) \cdot (a,b) = (0,0)$ für alle Paare $(a,b) \in \mathbb{C}$.
3. Die komplexe Zahl $(0,1) \in \mathbb{C}$ erfüllt die Gleichung

$$(0,1) \cdot (0,1) = (-1,0) = -1 \;.$$

Diese Zahl wird mit i bezeichnet, d.h. $i = (0,1)$, und es gilt $i^2 = -1$.

Damit erklärt sich die Darstellung $\xi = a + ib$. Es ist nämlich

$$\xi = (a,b) = (a,0) + (0,b) = (a,0) + b(0,1) = a + ib \;.$$

Damit können wir die eingangs gestellte Aufgabe

$$x^2 + 1 = 0$$

lösen und erhalten $x_1 = i$ und $x_2 = -i$. Diese Lösungen liegen aber nicht in $\mathbb{R}$.

**GAUSSche Zahlenebene** (Geometrische Darstellung komplexer Zahlen): Da komplexe Zahlen geordnete Paare reeller Zahlen sind, liegt es nahe, sie als Punkte in einem Koordinatensystem der Ebene darzustellen.

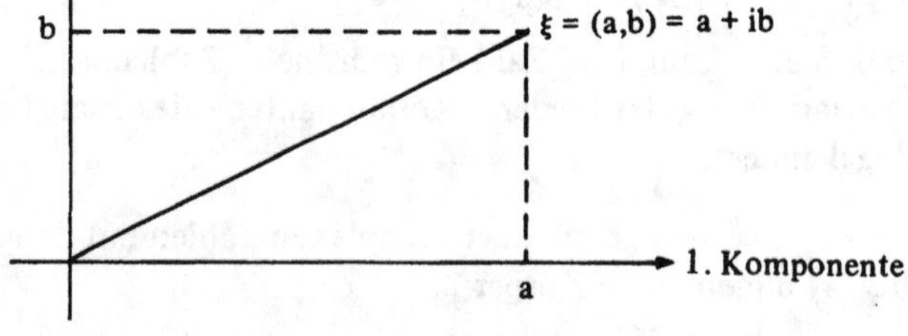


*Abb. 3.1:* Geometrische Darstellung komplexer Zahlen

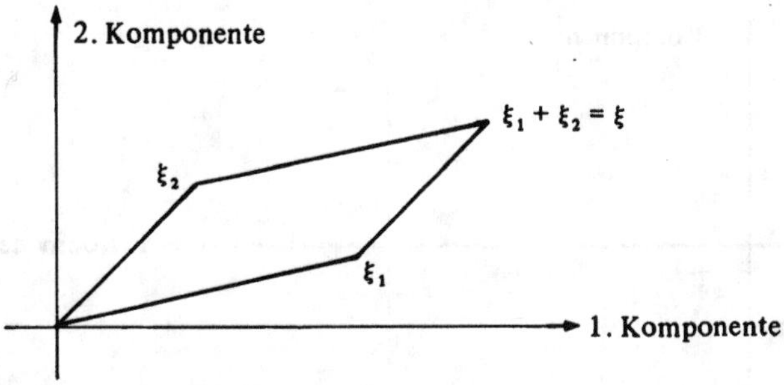


*Abb. 3.2:* Addition komplexer Zahlen

Es ist $\xi = \xi_1 + \xi_2$ der eindeutig bestimmte Punkt der Gaußschen Zahlenebene, der zusammen mit $(0,0); \xi_1; \xi_2$ ein Parallelogramm bildet (Abbildung 3.2). Für die komplexe Zahl $\xi = (a,b)$ definiert man als Absolutbetrag $|\xi| = \sqrt{a^2 + b^2}$. Dieser stellt also die Entfernung der Zahl $\xi$ vom Nullpunkt dar.

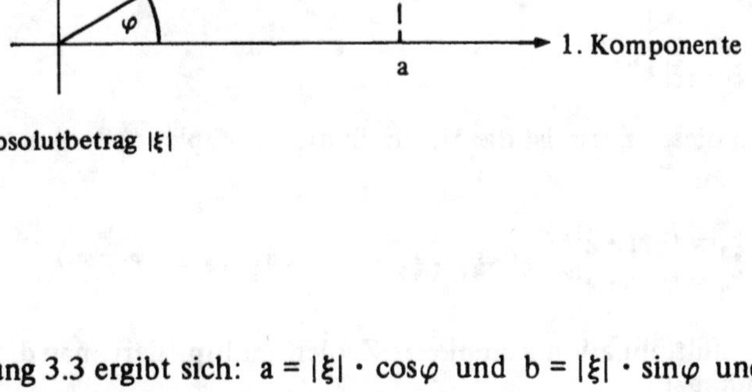


*Abb. 3.3:* Absolutbetrag $|\xi|$

Aus Abbildung 3.3 ergibt sich: $a = |\xi| \cdot \cos\varphi$ und $b = |\xi| \cdot \sin\varphi$ und damit

$$\xi = |\xi| \cos\varphi + i\,|\xi| \cdot \sin\varphi$$
$$\xi = |\xi| (\cos\varphi + i \sin\varphi).$$

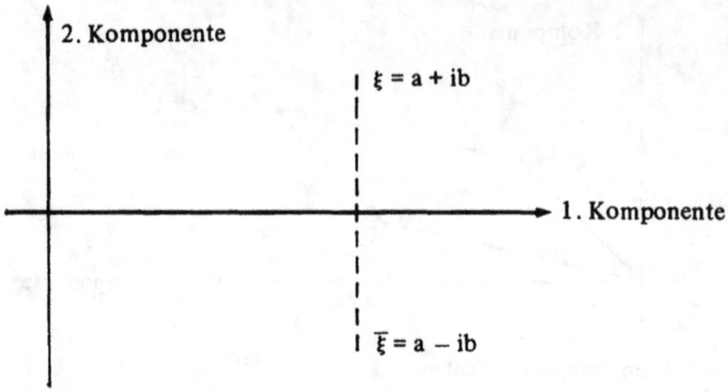


*Abb. 3.4:* Konjugiert komplexe Zahl

Die komplexe Zahl $\bar{\xi} = (a,-b) = a - ib$ heißt zu $\xi = (a,b) = a + ib$ konjugiert. Man rechnet leicht die Gleichung

$$\xi \cdot \bar{\xi} = |\xi|^2$$

nach.

Für den Absolutbetrag von komplexen Zahlen gilt:
1. $|\xi| \geqslant 0$ und $|\xi| = 0 \Leftrightarrow \xi = (0,0)$
2. $|\xi_1 \cdot \xi_2| = |\xi_1| \cdot |\xi_2|$
3. $|\xi_1 + \xi_2| \leqslant |\xi_1| + |\xi_2|$.

Auf Grund der Formel von Moivre

$$e^{i\varphi} = \cos\varphi + i \sin\varphi^*$$

und wegen $|e^{i\varphi}| = 1$ kann man die komplexe Zahl $\xi = |\xi| \cdot (\cos\varphi + i \sin\varphi)$ auch in der Form

$$\xi = |\xi| \, e^{i\varphi}$$

schreiben. In dieser Form ist die Multiplikation komplexer Zahlen besonders einfach:

$$\begin{array}{l} \xi_1 = |\xi_1| \cdot e^{i\varphi_1} \\ \xi_2 = |\xi_2| \cdot e^{i\varphi_2} \end{array} \qquad \xi_1 \cdot \xi_2 = |\xi_1| \cdot |\xi_2| \cdot e^{i \cdot (\varphi_1 + \varphi_2)}$$

d.h. bei der Multiplikation komplexer Zahlen multipliziert man die Beträge und addiert die Winkel.

* $e \approx 2{,}718$ (Eulersche Zahl e)

## 3.5 Polynome und ihre Nullstellen

**Definition 2**: Es seien $c_0, c_1 \dots c_n$ fest gewählte reelle Zahlen mit $c_n \neq 0$.

Der Ausdruck

$c_n x^n + c_{n-1} x^{n-1} + \dots + c_1 x + c_0 = P_n(x)$

heißt Polynom vom Grad n ($n \in \mathbb{N}$).

Die folgende Definition erklärt, wie mit Polynomen operiert werden kann.

**Definition 3**: Sind $P_n(x) = \sum_{i=0}^{n} d_i x^i$ und $Q_m(x) = \sum_{j=0}^{m} b_j x^j$ Polynome vom Grade n bzw. m (o.B.d.A.* sei $n > m$), dann ist die Summe bzw. die Differenz der beiden Polynome gegeben durch

$$P_n(x) \pm Q_m(x) = \sum_{i=0}^{n} c_i x^i$$

mit

$$c_i = \begin{cases} d_i \pm b_i & i = 0, \dots, m \\ d_i & i = m+1, \dots, n \end{cases}$$

Das Produktpolynom $R(x)$ ist definiert durch

$$R(x) = P_n(x) Q_m(x) = \left(\sum_{i=0}^{n} c_i x^i\right)\left(\sum_{j=0}^{m} b_j x^j\right) = \sum_{i=0}^{n} \sum_{j=0}^{m} c_i b_j x^{i+j} .$$

**Beispiel 2:**

Fürdie Polynome $P_3(x) = x^3 - x + 1$ und

$Q_2(x) = x^2 + 7x$ ergibt sich das Summenpolynom

$S_3(x) = x^3 + x^2 + 6x + 1$ . ●

**Satz 2**: $P_n(x)$ und $Q_m(x)$ seien Polynome vom Grade n bzw. m. Dann ist $P_n(x) \cdot Q_m(x) = R_{n+m}(x)$ ein Polynom vom Grade $n + m$.

Beweis: $P_n(x) = c_n x^n + c_{n-1} x^{n-1} + \dots + c_0$ ; $Q_m(x) = b_m x^m + \dots b_0$

$\Rightarrow R(x) = P_n(x) \cdot Q_m(x) = (c_n x^n + \dots + c_0) \cdot (b_m x^m + \dots + b_0) =$

$= c_n b_m x^{n+m} + \dots + c_0 b_0$

ist vom Grade $n + m$. ●

* o.B.d.A. bedeutet: ohne Beschränkung der Allgemeinheit

**Beispiel 3:**
Für die Polynome $P_3(x) = x^3 - x + 1$ und

$Q_2(x) = x^2 + 7x$ ergibt sich das Produktpolynom

$R_5(x) = x^5 + 7x^4 - x^3 - 6x^2 + 7x$ . ●

**Definition 4**: Gibt es zu zwei Polynomen $P_n(x)$ und $Q_m(x)$ mit $m < n$ ein Polynom $T(x)$, so daß gilt

$$P_n(x) = T(x)\,Q_m(x),$$

dann heißen die Polynome $T(x)$ und $Q_m(x)$ Teiler (Teilerpolynome) von $P_n(x)$.

**Beispiel 4:**
Sei $P_3(x) = x^3 - x^2 - x + 1$ und $Q_2 = x^2 - 2x + 1$,
so erfüllt $T(x) = x + 1$ die Bedingung

$$P_3(x) = T(x)\,Q_2(x),$$

wie man durch Ausmultiplizieren verifiziert. ●

Ist $Q_m(x)$ Teilerpolynom von $P_n(x)$, so kann man das zweite Teilerpolynom $T(x)$ formal schreiben als $T(x) = P_n(x)/Q_m(x)$. Die explizite Gestalt von $T(x)$ erhält man durch ganz formale Durchführung der Division, wobei man den jeweiligen Faktor so wählt, daß der Term in $x$ mit dem höchsten Exponenten verschwindet.

**Beispiel 5:**
Sei $P_3(x) = x^3 - x^2 - x + 1$ und $Q_2 = x^2 - 2x + 1$, dann ist formal die Divisionsaufgabe $(x^3-x^2-x+1)/(x^2-2x+1)$ zu lösen. Dies führt zu folgender Ausrechnung:

$$
\begin{array}{l}
(x^3 - x^2 - x + 1) : (x^2 - 2x + 1) = x + 1 \\
\underline{x^3 - 2x^2 + x} \\
\qquad x^2 - 2x + 1 \\
\qquad \underline{x^2 - 2x + 1} \\
\qquad\qquad 0
\end{array}
$$

●

**Definition 5**: Die Zahl $a$ heißt Nullstelle von $P_n(x)$, wenn $P_n(a) = 0$.

Die Zahl $a$ kann auch komplex sein, wie das Beispiel $x^2 + 1 = 0$ zeigt.

**Beispiel 6:**
$P_3(x) = x^3 + x + 2$ , $a = -1$ ist Nullstelle. ●

> **Satz 3:** Sei $a$ eine Nullstelle des Polynoms $P_n(x)$. Dann ist $(x-a)$ Teiler von $P_n(x)$, d.h. es gibt ein Polynom $P^*(x)$ mit der Eigenschaft $P_n(x) = (x-a)P^*(x)$.

Beweis: Sei $x_0 \in \mathbb{R}$ eine feste Zahl. Dann gilt
$x^i - x_0^i = (x-x_0) \cdot (x^{i-1} + x_0x^{i-2} + \ldots + x_0^{i-1})$, was man durch die formale Division $(x^i-x_0^i)/(x-x_0) = \ldots$ leicht nachrechnet.

Aus $P_n(x) = \sum_{i=0}^{n} c_ix^i$ folgt für $x = x_0$ durch Einsetzen $P_n(x_0) = \sum_{i=0}^{n} c_ix_0^i$, also:

$$P_n(x) - P_n(x_0) = \sum_{i=1}^{n} c_i(x^i-x_0^i) = (x-x_0) \sum_{i=1}^{n} c_i (x^{i-1} + x^{i-2}x_0 + \ldots + x_0^{i-1}) .$$

Diese Formel gilt für beliebige Zahlen $x_0$.
Jetzt sei jedoch speziell $x_0 = a$ eine Nullstelle von $P_n(x)$, dann gilt $P_n(x_0) = P_n(a) = 0$.
Folglich ist

$$P_n(x) = (x-a) \cdot \sum_{i=1}^{n} c_i (x^{i-1} + x^{i-2}a + \ldots + a^{i-1}) .$$

Der Summenausdruck stellt offensichtlich ein Polynom $(n-1)$ten Grades dar, d.h. $P_n(x) = (x-a) \cdot P_{n-1}(x)$. ●

**Folgerung 1:**
$P^*(x)$ hat den Grad $(n-1)$.
Beweis: Nach Satz 2 gilt: $P_n(x) = (x-a)P^*(x) \Rightarrow$

$$\text{Grad } P_n(x) = \underbrace{\text{Grad }(x-a)}_{=1} + \text{Grad } P^*(x) . \bullet$$

Es stellt sich nun die Frage, wieviele Nullstellen überhaupt ein Polynom n-ten Grades besitzt. Mit Hilfe des Satzes 3 können wir zeigen:

**Folgerung 2:**
Ein Polynom n-ten Grades hat *höchstens* n Nullstellen.

Beweis: Den Beweis führen wir durch vollständige Induktion nach dem Grad des Polynoms.

1. Induktionsanfang: $k = 0$
Da nach Definition $a_0 \neq 0$ ist, hat das Polynom 0-ten Grades überhaupt keine Nullstellen, d.h. die Behauptung ist richtig.

2. Induktionsvoraussetzung: $k = n$
Ein Polynom n-ten Grades hat höchstens n Nullstellen.

3. Induktionsschritt: Schluß von n auf n + 1
Für ein Polynom beliebigen Grades wurde im Beweis von Satz 3 die Beziehung hergeleitet

$$P_{n+1}(x) - P_{n+1}(x_0) = (x - x_0) \cdot Q(x).$$

$Q(x)$ ist ein Polynom n-ten Grades. Nach Induktionsvoraussetzung hat es also höchstens n Nullstellen. Sei a eine Nullstelle von $P_{n+1}(x)$, dann ergibt sich

$$P_{n+1}(x) = (x-a)Q(x)\,.$$

Für jede weitere Nullstelle $\alpha \neq a$ von $P_{n+1}(x)$ ergibt sich

$$P_{n+1}(\alpha) = (\alpha - a)Q(\alpha) = 0$$

und damit $Q(\alpha) = 0$, d.h. diese Nullstellen von $P_{n+1}(x)$ sind auch Nullstellen von $Q(x)$. Damit hat also $P_{n+1}(x)$ höchstens eine Nullstelle mehr als $Q(x)$, d.h. $P_{n+1}(x)$ hat höchstens n + 1 Nullstellen. ●

Praktische Anwendung dieser Folgerungen:

Hat man eine Nullstelle a von $P_n(x)$ etwa durch Probieren gefunden, so teilt man $P_n(x)$ durch $(x-a)$ und erhält ein Polynom $P_{n-1}(x)$, das sämtliche weiteren Nullstellen von $P_n(x)$ enthält. Also kann die Suche nach weiteren Nullstellen bei $P_{n-1}(x)$ erfolgen. Dieses Polynom ist aber nur noch vom Grad $(n-1)$ und somit leichter zu behandeln.

Der sogenannte Fundamentalsatz der Algebra liefert uns die Möglichkeit, die genaue Anzahl der Nullstellen eines Polynoms n-ten Grades zu bestimmen. Dieser Satz besagt, daß jedes nicht konstante Polynom *mindestens* eine Nullstelle (reell oder komplex) besitzt. Mit dieser Aussage können wir aus Satz 3 folgern:

**Folgerung 3:**
Ein Polynom vom Grade n hat genau n Nullstellen, wobei mehrfach auftretende Nullstellen entsprechend mehrfach gezählt werden.

## 3.6 Berechnung von Nullstellen von Polynomen und das Horner-Schema

Im vorigen Abschnitt wurde gezeigt, daß ein Polynom $P_n(x)$ genau n Nullstellen oder – wie man auch sagt – Wurzeln hat. Bezeichnet man diese nicht notwendig verschiedenen Nullstellen mit $a_1, a_2, \ldots, a_n$, dann läßt sich der sogenannte Faktorisierungssatz formulieren

**Satz 4**: Für das Polynom $P_n(x) = \sum_{j=0}^{n} c_j x^j$ mit den Nullstellen $a_i, i = 1, \ldots, n$, gilt die Darstellung

$$P_n(x) = c_n(x-a_1) \cdot (x-a_2) \ldots (x-a_n) .$$

Beweis: Mit Satz 3 ergibt sich für die Nullstelle $a_1$

$$P_n(x) = (x-a_1)P^*(x) ,$$

wobei $P^*(x)$ vom Grad $n-1$ ist, und alle Nullstellen von $P^*(x)$ auch Nullstellen von $P_n(x)$ sind. Fortgesetzte Anwendung von Satz 3 auf $P^*(x)$ usw. liefert das behauptete Ergebnis. ●

Aus dem Faktorisierungssatz folgt, daß alle ganzzahligen Nullstellen von $P_n(x)$ stets Teiler des absoluten Gliedes (oben mit $c_0$ ... bezeichnet) des Polynoms sind, wenn die Koeffizienten ganzzahlig sind.

**Beispiel 7**:

$P_3(x) = x^3 + x + 2$, $a_1 = -1$ erraten, also

$\frac{P_3(x)}{x - a_1} = \frac{x^3 + x + 2}{x + 1} = x^2 - x + 2$, was man leicht nachrechnet (algebraische Division). Also gilt $P_{n-1}(x) = P_2(x) = x^2 - x + 2$. Die weiteren Nullstellen findet man nun aus der Gleichung

$$P_2(x) = 0 , \quad \text{d.h. } x^2 - x + 2 = 0 . \bullet$$

Neben den Nullstellen eines Polynoms ist man oft auch an dem Funktionswert $P_n(x)$ an einer bestimmten Stelle $x = x_0$ interessiert.

Die Auswertung eines Polynoms $P_n(x) = \sum_{i=0}^{n} c_i x^i$ an einer Stelle $x = x_0$ bereitet im Prinzip keine Schwierigkeiten. Nach Bildung der Potenzen von $x_0$ sind lediglich Multiplikationen mit den entsprechenden Koeffizienten $c_j$ und Additionen notwendig. Eine einfache Umformung liefert nun aber ein Rechenschema, das noch handlicher ist.

$$\begin{aligned} P_n(x) &= c_n x^n + c_{n-1} x^{n-1} + \ldots + c_2 x^2 + c_1 x + c_0 \\ &= (c_n x^{n-1} + c_{n-1} x^{n-2} + \ldots + c_2 x + c_1)\, x + c_0 \\ &= ((c_n x^{n-2} + c_{n-1} x^{n-3} + \ldots + c_2)\, x + c_1)\, x + c_0 \end{aligned}$$

Die durchgeführten Schritte sind selbsterklärend. Fährt man in dieser Weise mit der Zusammenfassung und Ausklammerung fort, so gelangt man zu

$$P_n(x) = (\ldots((c_n x + c_{n-1})\, x + c_{n-2})\, x + \ldots) + c_0 .$$

Diese Formel bietet nun einen Weg, durch fortgesetzte Multiplikation und nachfolgende Addition das Polynom an der Stelle $x = x_0$ auszuwerten. Dazu braucht man nur bei dem innersten Klammerausdruck zu beginnen, d.h. man bildet

Multiplikation $\underbrace{c_n x_0}$

Addition $\underbrace{c_n x_0 + c_{n-1}}$

Multiplikation $\underbrace{(c_n x_0 + c_{n-1}) x_0}$

Addition $(c_n x_0 + c_{n-1}) x_0 + c_{n-2}$.

Diese Rechenanweisung können wir in Form des sogenannten Horner-Schemas zusammenfassen.

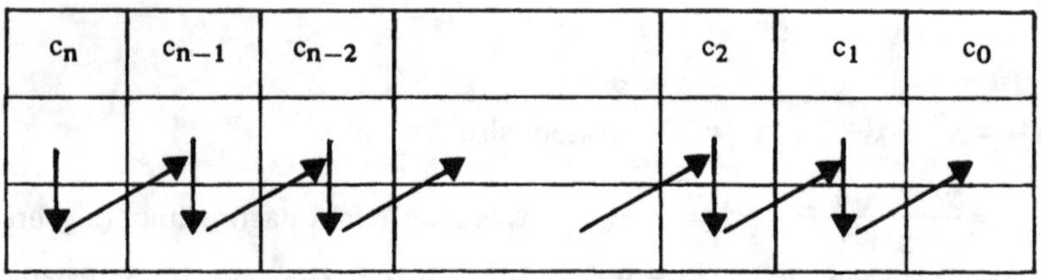


Der Pfeil nach unten bedeutet eine Multiplikation der im Ausgangskästchen stehenden Größe mit $x_0$; das Ergebnis wird dabei in das Kästchen geschrieben, in dem der Pfeil endet. Ein schräger Pfeil bedeutet, daß zur Größe, die im Ausgangskästchen steht, der Koeffizient $c_j$ addiert wird, der über dem Endkästchen des entsprechenden Pfeils steht. Das Ergebnis wird in das Endkästchen geschrieben. Dieses Schema wird von links oben beginnend durchlaufen. Nach Abschluß des Vorgangs steht im Kästchen unter $c_0$ der Wert $P_n(x_0)$.

**Beispiel 8:**
Berechne den Wert von $P_4(x) = x^4 + 2x^3 - 5x^2 + 6x - 1$ an der Stelle $x_0 = 2$.

| 1 | 2 | –5 | 6 | –1 |
|---|---|---|---|---|
| 1 | 4 | 3 | 12 | 23 |
| 2 | 8 | 6 | 24 | |

Bei der Anwendung des Hornerschemas ist zu beachten, daß für im Polynom $P_n(x)$ nicht auftretende Potenzen dennoch entsprechende Spalten mit den Koeffizienten 0 eingerichtet werden müssen.

**Beispiel 9:**
Berechne $P_3(x) = x^3 + x + 2$ für $x_0 = -1$

| 1 | 0 | 1 | 2 |
|---|---|---|---|
| 1 | –1 | 2 | 0 |
| –1 | 1 | –2 | |

## 3.7 Aufgaben

1. Zeige, daß gilt

   a) $|a+b| \leqslant |a| + |b|$
   b) $|a-b| \leqslant |a| + |b|$
   c) $||a|-|b|| \leqslant |a+b|$
   d) $||a|-|b|| \leqslant |a-b|$.

2. Zeige, daß das Polynom

$$x^n + z_1 x^{n-1} + \ldots + z_{n-1}x + z_0 \,, \quad z_i \in \mathbb{Z} \,,$$

   keine rationalen Wurzeln der Gestalt $a/b$ mit $b \neq 1$ haben kann, wobei $a$ und $b$ teilerfremd sind.

3. Zeige, daß gilt

$$\binom{n}{0}^2 + \binom{n}{1}^2 + \ldots + \binom{n}{n}^2 = \binom{2n}{n}$$

   Hinweis: Beachte, daß $(1+x)^{2n} = (1+x)^n(1+x)^n$ ist.

4. Bestimme die Nullstellen des Polynoms

$$P_4(x) = x^4 - 4x^3 - 2x + 1.$$

5. Bestimme den Funktionswert an der Stelle $x_0 = 4$ für das Polynom $P_4(x) = x^4 - 4x^3 - 2x + 1$.

6. Beweise indirekt

(a) $x + \frac{1}{x} \geqslant 2$ für $x > 0,\ x \in \mathbb{R}$

(b) $\frac{a+b}{2} \geqslant \sqrt{ab}$ für $a,b > 0,\ a,b \in \mathbb{R}$

(c) $(1-x)^3 < \frac{1-x}{1+2x}$ für $0 < x < 1$

(d) $(1+a)^n > 1 + na$ für $a > -1$ und $a \neq 0$, $n \geqslant 2$
(Bernoullische Ungleichung)

# 4. Vektorraum, Vektoren, Lineare Gleichungssysteme

In der Schulmathematik werden gewöhnlich lineare Gleichungssysteme (sog. Gleichungen mit mehreren Unbekannten) behandelt. Dabei beschränkt man sich jedoch nur auf die einfachsten Fälle, bei denen z.B. die Anzahl der Unbekannten mit der Anzahl der Gleichungen übereinstimmt. Die „Lösung" des Systems besteht in den von der Schulmathematik ausgewählten Fällen im allgemeinen nur aus einer einzigen Zahlenangabe für die Unbekannten.

Die Frage nach der Existenz von Lösungen bzw. die Frage nach der Menge aller Lösungen, die in der Schule im allgemeinen nicht gestellt wird, kann mit den Mitteln der Vektorrechnung einfach beantwortet werden.

Wir wollen daher im folgenden die Begriffe der Vektorrechnung entwickeln. Dabei werden wir uns zunächst von den Fragestellungen der linearen Gleichungslehre so weit entfernen, daß es für den Lernenden kaum mehr erkennbar sein wird, wo die Zusammenhänge zwischen Vektorrechnung und den linearen Gleichungssystemen bestehen. In der Vektorrechnung werden wir ohne viel Aufwand einige Sätze beweisen, die sich dann mittels einer sehr einfachen Interpretation sofort auf lineare Gleichungen anwenden lassen.

## 4.1 Vektoren und Vektorraum

Als ein Beispiel von Vektoren betrachten wir sogenannte „Preisvektoren"

$$\mathbf{p} = \begin{pmatrix} p_1 \\ p_2 \\ \vdots \\ p_n \end{pmatrix}$$

Dabei bedeuten: $p_1$ Preis pro Mengeneinheit des Gutes 1, $p_2$ Preis pro Mengeneinheit des Gutes 2 usw.

Verzeichnet man nicht die Preise der $n$ Güter, sondern die hergestellten Mengen, so erhält man z.B. einen „Mengenvektor"

$$\mathbf{m} = \begin{pmatrix} m_1 \\ m_2 \\ \vdots \\ m_n \end{pmatrix}$$

Sind nun

$$\mathbf{m}_1 = \begin{pmatrix} a_1 \\ a_2 \\ \vdots \\ a_n \end{pmatrix} \text{ und } \mathbf{m}_2 = \begin{pmatrix} b_1 \\ b_2 \\ \vdots \\ b_n \end{pmatrix}$$

die Mengenvektoren zweier Produktionsstätten, die zu einer einzigen zusammengelegt werden, so erhält man mit

$$\mathbf{m} = \mathbf{m}_1 + \mathbf{m}_2 = \begin{pmatrix} a_1 + b_1 \\ a_2 + b_2 \\ \vdots \\ a_n + b_n \end{pmatrix}$$

den leicht zu interpretierenden „Summenvektor". Würde man dagegen den Ausstoß der ersten Produktionsstätte durch Ausbau verdoppeln, so lautete der neue Mengenvektor

$$2 \cdot \mathbf{m}_1 = \begin{pmatrix} 2a_1 \\ 2a_2 \\ \vdots \\ 2a_n \end{pmatrix}.$$

Sieht man nun von der Bedeutung der Komponenten der bisher betrachteten Vektoren ab, so kommt man zur folgenden

**Definition 1**: Sind $a_1, a_2, \ldots a_n$ reelle Zahlen, so heißt

$$\mathbf{a} = \begin{pmatrix} a_1 \\ a_2 \\ \vdots \\ a_n \end{pmatrix}$$

n-Tupel oder n-Vektor*.

* Kleine Buchstaben im Fettdruck bedeuten nun stets „Vektoren".

Für beliebige n-Vektoren

$$\mathbf{a} = \begin{pmatrix} a_1 \\ a_2 \\ \vdots \\ a_n \end{pmatrix} \text{ und } \mathbf{b} = \begin{pmatrix} b_1 \\ b_2 \\ \vdots \\ b_n \end{pmatrix}$$

heißt

$$\mathbf{a} + \mathbf{b} = \begin{pmatrix} a_1 + b_1 \\ a_2 + b_2 \\ \vdots \\ a_n + b_n \end{pmatrix}$$

Summenvektor von $\mathbf{a}$ und $\mathbf{b}$.

Ist ferner $k \in \mathbb{R}$, so definiert man weiter

$$k \cdot \mathbf{a} = \begin{pmatrix} ka_1 \\ ka_2 \\ \vdots \\ ka_n \end{pmatrix}$$

Dabei heißt $k \cdot \mathbf{a}$ das skalare Vielfache von $\mathbf{a}$.

Wir sagen die Vektoren $\mathbf{a}$ und $\mathbf{b}$ sind gleich: $\mathbf{a} = \mathbf{b}$, wenn sie in allen Komponenten übereinstimmen.

Die Menge aller Vektoren mit n Komponenten wird mit $\mathbb{R}^n$ bezeichnet, siehe 2.6.

**Anmerkung:**
In dieser Definition sind bei $\mathbf{a} + \mathbf{b}$ und $k \cdot \mathbf{a}$ die verwendeten Symbole „+" und „·" ihrer Bedeutung nach zu unterscheiden von den äußerlich gleichen Verknüpfungssymbolen in den Ausdrücken $a_1 + b_1 \ldots$ bzw. $k \cdot a_1$. Während im ersten Falle ($\mathbf{a}+\mathbf{b}$;$k \cdot \mathbf{a}$) „+" bzw. „·" Verknüpfungen zweier Vektoren bzw. eines Vektors mit einer reellen Zahl bedeuten, stellen „+" und „·" bei $a_1 + b_1$ bzw. $k \cdot a_1$ die gewöhnliche Addition bzw. Multiplikation reeller Zahlen dar.

Häufig läßt man das Multiplikationszeichen weg und schreibt statt $k \cdot \mathbf{a}$ einfach $k\mathbf{a}$.

Aus der Definition von $\mathbf{a} + \mathbf{b}$ und $k \cdot \mathbf{a}$ ergeben sich einige Folgerungen, die wir zusammenfassen in dem folgenden

**Satz 1**: Seien $\mathbf{a}, \mathbf{b}, \mathbf{c}$ Vektoren aus $\mathbb{R}^n$.
Dann gilt:

(1) $\mathbf{a} \in \mathbb{R}^n$ und $\mathbf{b} \in \mathbb{R}^n \Rightarrow \mathbf{a} + \mathbf{b} \in \mathbb{R}^n$

(2) $\mathbf{a} + \mathbf{b} = \mathbf{b} + \mathbf{a}$ (Kommutatives Gesetz)

(3) $\mathbf{a} + (\mathbf{b} + \mathbf{c}) = (\mathbf{a} + \mathbf{b}) + \mathbf{c}$ (Assoziatives Gesetz)

(4) In der Menge aller n-Vektoren gibt es genau einen n-Vektor $\mathbf{o}$ mit der Eigenschaft

$$\mathbf{a} + \mathbf{o} = \mathbf{a} \text{ für alle } \mathbf{a} \in \mathbb{R}^n$$

(5) Zu jedem $\mathbf{a} \in \mathbb{R}^n$ gibt es genau ein $\mathbf{x} \in \mathbb{R}^n$ mit $\mathbf{a} + \mathbf{x} = \mathbf{o}$

(6) $k \in \mathbb{R}$ und $\mathbf{b} \in \mathbb{R}^n \Rightarrow k \cdot \mathbf{b} \in \mathbb{R}^n$

(7) $k \cdot (\mathbf{a} + \mathbf{b}) = k\mathbf{a} + k\mathbf{b}$ für alle $k \in \mathbb{R}$ (1. Distributivgesetz)

(8) $(k_1 + k_2) \cdot \mathbf{a} = k_1\mathbf{a} + k_2\mathbf{a}$ für alle $k_1, k_2 \in \mathbb{R}$ (2. Distributivgesetz)

(9) $k_1 \cdot (k_2 \cdot \mathbf{a}) = (k_1 k_2) \cdot \mathbf{a}$ für alle $k_1, k_2 \in \mathbb{R}$

(10) $1 \cdot \mathbf{a} = \mathbf{a}$

Beweis:

(2)

$$\mathbf{a} + \mathbf{b} = \begin{pmatrix} a_1 \\ a_2 \\ \vdots \\ a_n \end{pmatrix} + \begin{pmatrix} b_1 \\ b_2 \\ \vdots \\ b_n \end{pmatrix} = \begin{pmatrix} a_1 + b_1 \\ a_2 + b_2 \\ \vdots \\ a_n + b_n \end{pmatrix} = \begin{pmatrix} b_1 + a_1 \\ b_2 + a_2 \\ \vdots \\ b_n + a_n \end{pmatrix} = \begin{pmatrix} b_1 \\ b_2 \\ \vdots \\ b_n \end{pmatrix} + \begin{pmatrix} a_1 \\ a_2 \\ \vdots \\ a_n \end{pmatrix} = \mathbf{b} + \mathbf{a}$$

(3) Den Beweis führe der Leser selbst (Ausnutzung der Assoziativität der Addition reeller Zahlen).

(4) Offenbar ist

$$\mathbf{o} = \begin{pmatrix} 0 \\ 0 \\ \vdots \\ 0 \end{pmatrix}$$

ein Vektor mit den in (4) genannten Eigenschaften, denn für jedes $\mathbf{a} \in \mathbb{R}^n$ gilt

$$\mathbf{a} + \mathbf{o} = \begin{pmatrix} a_1 \\ a_2 \\ \vdots \\ a_n \end{pmatrix} + \begin{pmatrix} 0 \\ 0 \\ \vdots \\ 0 \end{pmatrix} = \begin{pmatrix} a_1 + 0 \\ a_2 + 0 \\ \vdots \\ a_n + 0 \end{pmatrix} = \begin{pmatrix} a_1 \\ a_2 \\ \vdots \\ a_n \end{pmatrix}.$$

Um zu zeigen, daß es *genau ein* solches Element in $\mathbb{R}^n$ gibt, beweisen wir indirekt, daß es keinen weiteren Vektor in $\mathbb{R}^n$ mit dieser Eigenschaft geben kann.

Angenommen $\tilde{\mathbf{o}} \in \mathbb{R}^n$ hat die gleichen Eigenschaften wie $\mathbf{o}$ und $\tilde{\mathbf{o}} \neq \mathbf{o}$. Dann muß gelten

$$\tilde{\mathbf{o}} = \tilde{\mathbf{o}} + \mathbf{o} = \mathbf{o} + \tilde{\mathbf{o}} = \mathbf{o} \,,$$

was man leicht einsieht, wenn man einmal bei $\mathbf{o}$ und zum anderen bei $\tilde{\mathbf{o}}$ die Eigenschaft aus (4) ausnutzt. Also ist $\tilde{\mathbf{o}} = \mathbf{o}$ im Widerspruch zur Annahme $\tilde{\mathbf{o}} \neq \mathbf{o}$. Das somit eindeutig bestimmte Element $\mathbf{o} \in \mathbb{R}^n$ heißt Nullvektor in $\mathbb{R}^n$.

(5) Zu jedem $\mathbf{a} \in \mathbb{R}^n$ findet man sofort ein $\mathbf{x} \in \mathbb{R}^n$ mit $\mathbf{a} + \mathbf{x} = \mathbf{o}$. Man wählt einfach

$$\mathbf{x} = \begin{pmatrix} -a_1 \\ -a_2 \\ \vdots \\ -a_n \end{pmatrix} .$$

Dann gilt nämlich

$$\mathbf{a} + \mathbf{x} = \begin{pmatrix} a_1 \\ a_2 \\ \vdots \\ a_n \end{pmatrix} + \begin{pmatrix} -a_1 \\ -a_2 \\ \vdots \\ -a_n \end{pmatrix} = \begin{pmatrix} a_1 - a_1 \\ a_2 - a_2 \\ \vdots \\ a_n - a_n \end{pmatrix} = \begin{pmatrix} 0 \\ 0 \\ \vdots \\ 0 \end{pmatrix} = \mathbf{o} \,.$$

Um die Eindeutigkeit von $\mathbf{x}$ bei gegebenen $\mathbf{a}$ zu zeigen, nehmen wir an, es gäbe ein $\tilde{\mathbf{x}} \neq \mathbf{x}$, für das ebenfalls gilt $\mathbf{a} + \tilde{\mathbf{x}} = \mathbf{o}$. Das bedeutet

$$\mathbf{a} + \tilde{\mathbf{x}} = \begin{pmatrix} a_1 \\ a_2 \\ \vdots \\ a_n \end{pmatrix} + \begin{pmatrix} \tilde{x}_1 \\ \tilde{x}_2 \\ \vdots \\ \tilde{x}_n \end{pmatrix} = \begin{pmatrix} a_1 + \tilde{x}_1 \\ a_2 + \tilde{x}_2 \\ \vdots \\ a_n + \tilde{x}_n \end{pmatrix} = \begin{pmatrix} 0 \\ 0 \\ \vdots \\ 0 \end{pmatrix} = \mathbf{o} \,.$$

Aus der Definition der Gleichheit zweier Vektoren folgt nun die komponentenweise Gleichheit der beiden letzten Vektoren, d.h.

$$\begin{aligned} a_1 + \tilde{x}_1 &= 0 \\ a_2 + \tilde{x}_2 &= 0 \\ &\vdots \\ a_n + \tilde{x}_n &= 0 \,, \end{aligned}$$

woraus

$$\begin{aligned}\tilde{x}_1 &= -a_1\\ \tilde{x}_2 &= -a_2\\ &\vdots\\ \tilde{x}_n &= -a_n\end{aligned}$$

folgt, was aber $\tilde{\mathbf{x}} = \mathbf{x}$ bedeutet. Damit ist ein Widerspruch zur Annahme $\tilde{\mathbf{x}} \neq \mathbf{x}$ hergeleitet und mithin die Eindeutigkeit von $\mathbf{x}$ mit $\mathbf{a} + \mathbf{x} = \mathbf{o}$ bewiesen. ●

**Bemerkung:**
Der somit eindeutig bestimmte Vektor

$$\mathbf{x} = \begin{pmatrix} -a_1 \\ -a_2 \\ \vdots \\ -a_n \end{pmatrix}$$

mit der Eigenschaft $\mathbf{a} + \mathbf{x} = \mathbf{o}$ wird mit $-\mathbf{a}$ bezeichnet und heißt invers zu $\mathbf{a}$. Die Beweise der restlichen Aussagen seien dem Leser überlassen. ●

**Definition 2**: Eine Menge $\mathbf{V}$ von Vektoren mit den Verknüpfungen „+“ bzw. „·“ heißt Vektorraum, wenn (1) bis (10) aus Satz 1 erfüllt sind.

**Folgerung:**

(1) Die Menge $\mathbb{R}^n$ aller Vektoren mit n Komponenten ist in diesem Sinne ein Vektorraum.

(2) Auch Teilmengen U des $\mathbb{R}^n$ können im Sinne von Definition 2 Vektorräume sein. Sie erhalten einen besonderen Namen.

**Definition 3**: Eine Menge $U \subseteq \mathbb{R}^n$ heißt Unterraum von $\mathbb{R}^n$, wenn alle Eigenschaften von Satz 1 bereits für U gelten.

**Bemerkung:**
Will man von einer Teilmenge U von $\mathbb{R}^n$ die Eigenschaft des Unterraums nachweisen, so braucht man nur die Eigenschaft (1), (4), (5), (6) von Satz 1 nachzuweisen, denn die Eigenschaft (2), (3), (7), (8), (9), (10) gelten ja für alle Elemente von $\mathbb{R}^n$, also auch für jede Teilmenge U von $\mathbb{R}^n$.

**Beispiel 1:**
Betrachten wir das Gleichungssystem

$$\begin{aligned} x_1 + 2x_2 + 2x_3 - x_4 &= 0 \\ 2x_1 - 2x_2 \qquad\quad + x_4 &= 0 \end{aligned}$$

Wir werden zeigen, daß die Menge $\mathbb{L}$ aller Lösungen dieses Systems eine echte Teilmenge des $\mathbb{R}^4$ und selbst ein Vektorraum, d.h. ein Unterraum ist.

Man bestätigt durch Einsetzen* (Probe), daß durch

$$\begin{aligned} x_1 &= 2 & & x_1 = 0 \\ x_2 &= 2 & & x_2 = 1 \\ x_3 &= -3 \quad \text{und} & & x_3 = 0 \\ x_4 &= 0 & & x_4 = 2 \end{aligned}$$

zwei Lösungen gegeben sind, die wir in Vektorform so schreiben:

$$\mathbf{x}_1 = \begin{pmatrix} 2 \\ 2 \\ -3 \\ 0 \end{pmatrix} \quad \text{und} \quad \mathbf{x}_2 = \begin{pmatrix} 0 \\ 1 \\ 0 \\ 2 \end{pmatrix}.$$

Also sind $\mathbf{x}_1$ und $\mathbf{x}_2$ zwei Elemente der Lösungsmenge** $\mathbb{L}$ des Gleichungssystems. Bildet man daraus mit beliebigen reellen Zahlen $k_1, k_2 \in \mathbb{R}$ den Vektor

$$\mathbf{x} = k_1\mathbf{x}_1 + k_2\mathbf{x}_2 = \begin{pmatrix} 2k_1 \\ 2k_1 + k_2 \\ -3k_1 \\ 2k_2 \end{pmatrix}$$

und setzt seine 4 Komponenten für $x_1, x_2, x_3, x_4$ in das Gleichungssystem ein, so liefert das

$$\begin{aligned} 2k_1 + 4k_1 + 2k_2 - 6k_1 - 2k_2 &= 0 \\ 4k_1 - 4k_1 - 2k_2 \qquad\quad + 2k_2 &= 0\,. \end{aligned}$$

Also gehören mit $\mathbf{x}_1$ und $\mathbf{x}_2$ auch sämtliche Vektoren der Form $\mathbf{x} = k_1\mathbf{x}_1 + k_2\mathbf{x}_2$ zur Lösungsmenge $\mathbb{L}$ des betrachteten Gleichungssystems. Setzt man einmal $k_2 = 0$, so ist offenbar (6) aus Satz 1 für $\mathbb{L}$ erfüllt, während (1) für $k_1 = k_2 = 1$ sofort folgt. Man kann nun für die beiden speziellen Lösungen mühelos die restlichen Merkmale eines Vektorraums aus Satz 1 für $\mathbb{L}$ nachweisen. Also gehören mit $\mathbf{x}_1$ und $\mathbf{x}_2$ auch alle (unendlich vielen!) Vektoren der Form $k_1\mathbf{x}_1 + k_2\mathbf{x}_2$ zur Lösungsmenge $\mathbb{L}$ des linearen Gleichungssystems.

* Methoden zur Bestimmung solcher Lösungen werden in 4.6 behandelt.

** Menge aller Lösungen des Systems.

Sind weiterhin $\mathbf{a} = \begin{pmatrix}\alpha_1\\ \alpha_2\end{pmatrix}$ und $\mathbf{b} = \begin{pmatrix}\beta_1\\ \beta_2\end{pmatrix}$ zwei *beliebige* Lösungen des betreffenden Gleichungssystems, so kann man für alle $k_1, k_2 \in \mathbb{R}$ auch zeigen, daß $k_1\mathbf{a} + k_2\mathbf{b}$ eine Lösung des betrachteten Gleichungssystems ist. Nunmehr läßt sich die Gültigkeit von Satz 1 für beliebige Elemente der Lösungsmenge $\mathbf{L}$ des vorliegenden Gleichungssystems zeigen. Beispielsweise folgt die Beziehung (1) von Satz 1 mit $k_1 = k_2 = 1$, während sich (6) mit $k_2 = 0$ ergibt. Offen bleibt allerdings noch die Frage, wie man die gesamte Lösungsmenge $\mathbf{L}$ bestimmt. Dieses Problem wird in Abschnitt 4.6 behandelt.

Dennoch gehören keineswegs sämtliche Vektoren mit 4 Komponenten zu $\mathbf{L}$. Man sieht z.B. durch Einsetzen, daß

$$\mathbf{x} = \begin{pmatrix}0\\0\\1\\0\end{pmatrix}$$

das System nicht löst und somit nicht zu $\mathbf{L}$ gehört. $\mathbf{L}$ ist also eine echte Teilmenge von $\mathbb{R}^4$, bildet aber dennoch bereits einen Vektorraum. $\mathbf{L}$ ist also Unterraum von $\mathbb{R}^4$. ●

**Beispiel 2:**
Ein anderes Beispiel für einen Vektorraum, der Unterraum des $\mathbb{R}^n$ ist, ist die mit den vereinbarten Verknüpfungen „+“ und „·“ versehene Menge $V_\mathbf{a} = \{\mathbf{x} | \mathbf{x} = k \cdot \mathbf{a}\,;\, k \in \mathbb{R}\,,\, \mathbf{a} \in \mathbb{R}^n\}$. Die Menge $V_\mathbf{a}$ umfaßt also alle skalaren Vielfachen des Vektors $\mathbf{a} \in \mathbb{R}^n$.

Um zu zeigen, daß $V_\mathbf{a}$ einen Vektorraum bildet, muß man die Eigenschaften (1) bis (10) aus Satz 1 nachweisen.

Die Eigenschaften (2), (3), (7), (8), (9), (10) sind natürlich erfüllt, weil sie – wie in Satz 1 bewiesen – für beliebige Vektoren aus $\mathbb{R}^n$ gelten. Also haben wir nur noch die Gültigkeit von (1), (4), (5), (6) für $V_\mathbf{a}$ zu zeigen.

Zu (1):
Hier müssen wir nachweisen, daß aus $\mathbf{a}_1 \in V_\mathbf{a}$ und $\mathbf{a}_2 \in V_\mathbf{a}$ für beliebige $\mathbf{a}_1, \mathbf{a}_2$ auch $\mathbf{a}_1 + \mathbf{a}_2 \in V_\mathbf{a}$ folgt, daß also $V_\mathbf{a}$ gegenüber der Addition abgeschlossen ist.

Aus $\mathbf{a}_1 \in V_\mathbf{a}$ folgt: $\bigvee_{k_1 \in \mathbb{R}} \mathbf{a}_1 = k_1\mathbf{a}$ und aus $\mathbf{a}_2 \in V_\mathbf{a}$ folgt: $\bigvee_{k_2 \in \mathbb{R}} \mathbf{a}_2 = k_2\mathbf{a}$.
Also gilt $\mathbf{a}_1 + \mathbf{a}_2 = k_1\mathbf{a} + k_2\mathbf{a}$ und wegen (8) aus Satz 1 folgt: $\mathbf{a}_1 + \mathbf{a}_2 = k_1\mathbf{a} + k_2\mathbf{a} = (k_1+k_2)\,\mathbf{a}$. Also ist auch $\mathbf{a}_1 + \mathbf{a}_2$ ein skalares Vielfaches von $\mathbf{a}$, mithin also $\mathbf{a}_1 + \mathbf{a}_2 \in V_\mathbf{a}$, was zu beweisen war.

Zu (4):
Man hat zu zeigen, daß in $V_a$ ein Nullvektor existiert. Man setzt einfach $k = 0$ und erhält $\mathbf{o} = 0 \cdot \mathbf{a}$. Also gehört $\mathbf{o}$ zu $V_a$, und es gilt

$$\mathbf{b} + \mathbf{o} = \mathbf{o} + \mathbf{b} = \mathbf{b} \text{ für alle } \mathbf{b} \in V_a,$$

denn die Komponenten von $\mathbf{o}$ sind sämtlich gleich 0.

Zu (5):
Hier ist zu zeigen, daß zu jedem $\mathbf{b} \in V_a$ genau ein $\mathbf{x} \in V_a$ existiert, für das gilt $\mathbf{b} + \mathbf{x} = \mathbf{o}$. Offensichtlich ist mit gegebenem $\mathbf{b} = k \cdot \mathbf{a}$ aus $V_a$ der Vektor $\mathbf{x} = (-k) \cdot \mathbf{a}$ ebenfalls aus $V_a$, und er erfüllt $\mathbf{b} + \mathbf{x} = k \cdot \mathbf{a} + (-k) \cdot \mathbf{a} = (k-k) \cdot \mathbf{a} = 0 \cdot \mathbf{a} = \mathbf{o}$.

Zu (6):
Man muß zeigen, daß jedes skalare Vielfache eines Vektors $\mathbf{b} \in V_a$ wieder zu $V_a$ gehört. Aus $\mathbf{b} \in V_a$ folgt aber $\mathbf{b} = k \cdot \mathbf{a}$. Also gilt für jedes $k' \in \mathbb{R}: k'\mathbf{b} = k'k\mathbf{a}$. Das zeigt, daß auch $k'\mathbf{b}$ ein skalares Vielfaches von $\mathbf{a}$ ist. Also haben wir $k'\mathbf{b} \in V_a$ nachgewiesen.

Es sei nochmals betont, daß für den Nachweis der Eigenschaften eines Unterraums in $\mathbb{R}^n$ lediglich die Punkte (1), (4), (5), (6) geprüft werden müssen, weil die Punkte (2), (3), (7), (8), (9), (10) für alle Vektoren aus $\mathbb{R}^n$, also auch für alle aus $V_a$ gelten. ●

**Beispiel 3:**

(a) Die Menge der Lösungen des folgenden linearen Gleichungssystems bildet keinen Vektorraum:

$$\begin{aligned} x_1 + 2x_2 &= 4 \\ 2x_1 - x_2 &= -2\,. \end{aligned}$$

Wie man sieht, existiert in der Lösungsmenge $\mathbb{L}$ dieses Systems kein Element $\mathbf{o}$, d.h. die Eigenschaft (4) von Satz 1 trifft für $\mathbb{L}$ nicht zu.

(b) Ganz ähnlich sieht man, daß die Menge $M = \left\{\begin{pmatrix} m_1 \\ \vdots \\ m_k \end{pmatrix} \middle| \; m_i \in \mathbb{N}\right\}$ kein Vektorraum ist, weil $\mathbf{o} \notin M$ und weil mit $\mathbf{x} \in M$ und $h \in \mathbb{R} \setminus \mathbb{N}$ offenbar $h \cdot \mathbf{x} \notin M$ gilt. ●

## 4.2 Lineare Abhängigkeit und Basis

Im folgenden werden einige wichtige Begriffe der Linearen Algebra zusammengefaßt und erläutert. Hierbei sei $\mathbf{V}$ stets ein Unterraum von $\mathbb{R}^n$ oder $\mathbb{R}^n$ selbst.

**Definition 4**: $\mathbf{b}, \mathbf{a}_1, \ldots, \mathbf{a}_r \in \mathbf{V}$ seien gegeben.
$\mathbf{b}$ heißt Linearkombination (LK) der Vektoren $\mathbf{a}_i$, falls es reelle Zahlen $k_i$ gibt, so daß
$\mathbf{b} = k_1\mathbf{a}_1 + \ldots + k_r\mathbf{a}_r$ gilt.

**Definition 5**: $\mathbf{a}_1, \ldots, \mathbf{a}_r \in \mathbf{V}$ heißen linear abhängig (l.a.), falls sich mindestens einer der Vektoren $\mathbf{a}_i$ als Linearkombination der anderen darstellen läßt.

**Bemerkung**:
Dies heißt noch lange nicht, daß sich *jeder* der Vektoren $\mathbf{a}_i$ als Linearkombination der restlichen darstellen läßt. Man weiß nur, daß es einen Vektor $\mathbf{a}_j$ unter den Vektoren $\mathbf{a}_1, \ldots, \mathbf{a}_r$ gibt, so daß gilt:

$$\mathbf{a}_j = k_1\mathbf{a}_1 + \ldots + k_{j-1}\mathbf{a}_{j-1} + k_{j+1}\mathbf{a}_{j+1} + \ldots + k_r\mathbf{a}_r \; .$$

**Beispiel 4**:
Die Vektoren $\mathbf{a}_1 = \begin{pmatrix}1\\0\end{pmatrix}$, $\mathbf{a}_2 = \begin{pmatrix}2\\0\end{pmatrix}$, $\mathbf{a}_3 = \begin{pmatrix}0\\1\end{pmatrix}$ sind daher linear abhängig, weil

$$\mathbf{a}_2 = \begin{pmatrix}2\\0\end{pmatrix} = 2 \cdot \begin{pmatrix}1\\0\end{pmatrix} + 0 \cdot \begin{pmatrix}0\\1\end{pmatrix} = 2\mathbf{a}_1 + 0 \cdot \mathbf{a}_3$$

oder

$$\mathbf{a}_1 = \begin{pmatrix}1\\0\end{pmatrix} = \frac{1}{2}\cdot\begin{pmatrix}2\\0\end{pmatrix} + 0\cdot\begin{pmatrix}0\\1\end{pmatrix} = \frac{1}{2}\mathbf{a}_2 + 0\mathbf{a}_3 \quad \text{gilt} .$$

Dagegen ist es nicht möglich, reelle Zahlen $k_1, k_2$ zu finden mit

$$\mathbf{a}_3 = k_1 \cdot \begin{pmatrix}1\\0\end{pmatrix} + k_2 \cdot \begin{pmatrix}2\\0\end{pmatrix}, \text{ weil das}$$

$$\begin{pmatrix}0\\1\end{pmatrix} = \begin{pmatrix}k_1\\0\end{pmatrix} + \begin{pmatrix}2k_2\\0\end{pmatrix} = \begin{pmatrix}k_1 + 2k_2\\0\end{pmatrix}$$

bedeuten würde und den Widerspruch $1 = 0$ zur Folge hätte. Also lassen sich nicht sämtliche Vektoren dieser l.a. Menge als Linearkombination der restlichen darstellen. ●

**Definition 6**: $\mathbf{a}_1, \ldots, \mathbf{a}_r \in \mathbf{V}$ heißen linear unabhängig (l.u.), falls sie nicht linear abhängig sind.

Dies heißt mit anderen Worten, daß sich *keiner* der Vektoren $\mathbf{a}_j$ als Linearkombination der restlichen Vektoren darstellen läßt. Dieses Kriterium für lineare Unabhängigkeit ist jedoch relativ unhandlich. Deshalb der folgende

**Satz 2**: Sei $\mathbf{a}_1, \ldots, \mathbf{a}_r \in \mathbf{V}, k_1, \ldots, k_r \in \mathbb{R}$. Dann sind folgende Aussagen äquivalent

$$\mathbf{a}_1, \ldots, \mathbf{a}_r \text{ linear unabhängig} \tag{1}$$
$$k_1\mathbf{a}_1 + \ldots + k_r\mathbf{a}_r = \mathbf{o} \Rightarrow k_1 = k_2 = \ldots = k_r = 0. \tag{2}$$

Anhand dieses Satzes läßt sich die lineare Unabhängigkeit von Vektoren $\mathbf{a}_1, \ldots, \mathbf{a}_r$ besser nachweisen. Man gibt sich einfach die Gleichung

$$k_1\mathbf{a}_1 + \ldots + k_r\mathbf{a}_r = \mathbf{o}$$

vor und zeigt dann, daß alle $k_i = 0$ sein müssen. Wenn dies gelingt, so sind die vorliegenden Vektoren linear unabhängig.

**Beispiel 5**:
Die Vektoren

$$\begin{pmatrix}1\\0\\0\end{pmatrix}, \begin{pmatrix}0\\1\\0\end{pmatrix}, \begin{pmatrix}0\\0\\1\end{pmatrix}$$

sind l.u., denn aus

$$k_1\begin{pmatrix}1\\0\\0\end{pmatrix} + k_2\begin{pmatrix}0\\1\\0\end{pmatrix} + k_3\begin{pmatrix}0\\0\\1\end{pmatrix} = \begin{pmatrix}0\\0\\0\end{pmatrix} \quad \text{folgt} \quad \begin{pmatrix}k_1\\k_2\\k_3\end{pmatrix} = \begin{pmatrix}0\\0\\0\end{pmatrix}$$

und damit $k_1 = k_2 = k_3 = 0$. ●

In jedem Vektorraum $\mathbf{V}$ gibt es *ausgezeichnete Teilmengen* $\mathbf{B}$ mit der Eigenschaft, daß sich jeder Vektor des Raumes als Linearkombination der Elemente aus $\mathbf{B}$ darstellen läßt.

Wir werden sehen, daß für $\mathbb{R}^n$ und jeden seiner Unterräume die Maximalzahl l.u. Vektoren endlich ist.

**Definition 7**: Die Maximalzahl linear unabhängiger Vektoren eines Vektorraums nennt man seine Dimension.

Um die Dimension eines Vektorraums $\mathbf{V}$ zu bestimmen, muß man feststellen, wieviel linear unabhängige Vektoren in $\mathbf{V}$ höchstens existieren. Die Anzahl dieser Vektoren ist die Dimension von $\mathbf{V}$. Man schreibt dafür abkürzend $\dim \mathbf{V}$.

**Definition 8**: $\mathbf{B} = \{\mathbf{a}_1, \ldots, \mathbf{a}_r\} \subseteq \mathbf{V}$ heißt Basis von $\mathbf{V}$, wenn gilt:

(i) $\mathbf{a}_1, \ldots, \mathbf{a}_r$ sind l.u.

(ii) $\dim \mathbf{V} = r$.

Eine Menge $\mathbf{B} \subseteq \mathbf{V}$ ist also genau dann Basis von $\mathbf{V}$, wenn sie zwei Eigenschaften hat: Einmal müssen alle Elemente von $\mathbf{B}$ linear unabhängig sein, und dann muß die Anzahl der Elemente von $\mathbf{B}$ übereinstimmen mit der Maximalzahl linear unabhängiger Vektoren in $\mathbf{V}$.

Mit den Hilfsmitteln, die uns bisher zur Verfügung stehen, läßt sich die Maximalzahl linear unabhängiger Vektoren und damit die Dimension eines Vektorraums nur schwer bestimmen. Um die Entscheidung über die Basiseigenschaft einer Menge $\mathbf{B}$ zu erleichtern, benutzen wir den folgenden

**Satz 3**: $\mathbf{B} = \{a_1, \ldots, \mathbf{a}_r\} \subseteq \mathbf{V}$. Dann sind folgende Aussagen äquivalent:

(i) $\mathbf{B}$ ist Basis von $\mathbf{V}$

(ii) $\mathbf{a}_1, \ldots, \mathbf{a}_r$ sind l.u., und jedes Element von $\mathbf{V}$ ist LK von Elementen aus $\mathbf{B}$.

**Beispiel 6:**

Für den $\mathbb{R}^n$ gilt: $\dim \mathbb{R}^n = n$, d.h. $r = n$, denn die Vektoren (n-Stück)

$$\begin{pmatrix}1\\0\\\vdots\\\vdots\\0\end{pmatrix}, \begin{pmatrix}0\\1\\0\\\vdots\\0\end{pmatrix}, \ldots, \begin{pmatrix}0\\\vdots\\\vdots\\0\\1\end{pmatrix}$$

sind l.u. und bilden sogar eine Basis, da jeder n-Vektor

$$\mathbf{x} = \begin{pmatrix}x_1\\x_2\\\vdots\\\vdots\\x_n\end{pmatrix}$$

geschrieben werden kann als

$$\mathbf{x} = x_1 \begin{pmatrix}1\\0\\\vdots\\\vdots\\0\end{pmatrix} + x_2 \begin{pmatrix}0\\1\\0\\\vdots\\0\end{pmatrix} + \ldots + x_n \begin{pmatrix}0\\\vdots\\\vdots\\0\\1\end{pmatrix}.$$

d.h. eine LK der obigen Vektoren ist. ●

Diese Basiseigenschaft besagt auch, daß die Vektoren

$$\begin{pmatrix}1\\0\\\cdot\\\cdot\\\cdot\\0\end{pmatrix}, \begin{pmatrix}0\\1\\0\\\cdot\\\vdots\\0\end{pmatrix}, \ldots, \begin{pmatrix}0\\\cdot\\\cdot\\\cdot\\0\\1\end{pmatrix}$$

durch Hinzufügen jedes beliebigen Vektors

$$\mathbf{x} = \begin{pmatrix}x_1\\x_2\\\vdots\\x_n\end{pmatrix}$$

linear abhängig werden. Insofern ist eine Basis eine maximale Menge linear unabhängiger Vektoren.

Allerdings ist nicht jede l.u. Menge von Vektoren eine Basis eines Vektorraumes. Im $\mathbb{R}^3$ sind z.B. die Vektoren $\begin{pmatrix}1\\0\\0\end{pmatrix}$ und $\begin{pmatrix}0\\1\\0\end{pmatrix}$ l.u., ohne eine Basis zu bilden, denn sämtliche Vektoren $\begin{pmatrix}x_1\\x_2\\x_3\end{pmatrix}$ aus $\mathbb{R}^3$ mit $x_3 \neq 0$ sind durch die angegebenen Vektoren nicht darstellbar.

Da die Maximalzahl l.u. Vektoren eines Vektorraums ($\mathbb{R}^n$ oder ein Unterraum davon) eindeutig bestimmt ist, müssen zwei verschiedene Basen desselben Raumes offenbar je die gleiche Anzahl von Basisvektoren haben.

Dies sagt der folgende

**Satz 4**: Alle Basen eines Vektorraumes haben gleichviel Elemente.

Beweis: Sind $\mathbf{B}_1$ und $\mathbf{B}_2$ zwei Basen von $\mathbf{V}$, so gilt

$$\dim \mathbf{V} = \text{Anzahl der Elemente von } \mathbf{B}_1$$

und

$$\dim \mathbf{V} = \text{Anzahl der Elemente von } \mathbf{B}_2.$$

Also folgt die Behauptung. ●

## 4.3 Inneres Produkt zweier Vektoren

Wir haben bisher die Addition zweier Vektoren $(\mathbf{a}+\mathbf{b})$ und die Multiplikation eines Vektors mit einer reellen Zahl $(k \cdot \mathbf{a})$ als Verknüpfungen erklärt. Eine große Zahl praktischer Fragestellungen führt uns nun zur Definition des Produktes zweier Vektoren, das im Gegensatz zu anderen Möglichkeiten (direktes Produkt, äußeres Produkt) auch inneres bzw. skalares Produkt genannt wird, da das „Ergebnis" dieses Produkts eine reelle Zahl (Skalar) ist. Greifen wir ein typisches Beispiel heraus. Sei

$$\mathbf{p} = \begin{pmatrix} p_1 \\ p_2 \\ p_3 \\ p_4 \end{pmatrix} \quad \text{ein Preisvektor für 4 Güter (je Mengeneinheit)}$$

und

$$\mathbf{m} = \begin{pmatrix} m_1 \\ m_2 \\ m_3 \\ m_4 \end{pmatrix} \quad \text{ein Mengenvektor für dieselben 4 Güter.}$$

Will man diese 4 Güter in den Mengen $m_1, m_2, m_3, m_4$ kaufen, so hat man den Betrag

$$p_1 m_1 + p_2 m_2 + p_3 m_3 + p_4 m_4$$

zu zahlen. Diesen Ausdruck nennt man „Inneres Produkt" aus $\mathbf{p}$ und $\mathbf{m}$.

Abstrahiert man von dem konkreten Beispiel, so kommen wir zu der

**Definition 9:**

Sind $\mathbf{a} = \begin{pmatrix} a_1 \\ a_2 \\ \vdots \\ a_n \end{pmatrix}$ und $\mathbf{b} = \begin{pmatrix} b_1 \\ b_2 \\ \vdots \\ b_n \end{pmatrix}$ Vektoren, so heißt

$$\mathbf{a} \cdot \mathbf{b} = a_1 b_1 + a_2 b_2 + \ldots + a_n b_n = \sum_{i=1}^{n} a_i b_i$$

Inneres Produkt bzw. Skalarprodukt von $\mathbf{a}$ und $\mathbf{b}$.

**Beispiel 7:**

(1) $\mathbf{a}_1 = \begin{pmatrix} 1 \\ -2 \\ 1 \\ 3 \end{pmatrix}$, $\mathbf{b}_1 = \begin{pmatrix} 3 \\ 0 \\ 2 \\ 1 \end{pmatrix}$, so ist: $\mathbf{a}_1 \cdot \mathbf{b}_1 = 1 \cdot 3 + (-2) \cdot 0 + 1 \cdot 2 + 3 \cdot 1 = 8$

(2) $\mathbf{a}_2 = \begin{pmatrix} 2 \\ 3 \\ 4 \end{pmatrix}$, $\mathbf{b}_2 = \begin{pmatrix} 1 \\ -2 \\ 1 \end{pmatrix}$, so ist: $\mathbf{a}_2 \cdot \mathbf{b}_2 = 2 \cdot 1 + 3\,(-2) + 4 \cdot 1 = 0$ •

Wie (2) des obigen Beispiels zeigt, kann das Produkt zweier Vektoren gleich 0 sein, ohne daß einer der Faktoren (Vektoren) gleich dem Nullvektor ist.

Diese Besonderheit bezeichnet man als Orthogonalität der Vektoren $\mathbf{a}_2$ und $\mathbf{b}_2$.

> **Definition 10**: Zwei Vektoren $\mathbf{a},\mathbf{b}$ eines Vektorraumes heißen orthogonal, wenn ihr Inneres Produkt gleich Null ist.

**Beispiel 8:**

(1) Die Vektoren $\mathbf{a} = \begin{pmatrix} 1 \\ 1 \\ 2 \end{pmatrix}$ und $\mathbf{b} = \begin{pmatrix} 1 \\ 1 \\ -1 \end{pmatrix}$ sind orthogonal.

(2) Zu $\mathbf{a} = \begin{pmatrix} 1 \\ 1 \\ 2 \end{pmatrix}$ gibt es offenbar unendlich viele orthogonale Vektoren, denn jeder Vektor $\mathbf{x} = \begin{pmatrix} x_1 \\ x_2 \\ x_3 \end{pmatrix}$ ist orthogonal zu $\mathbf{a}$, wenn seine Komponenten die Gleichung

$$1 \cdot x_1 + 1 \cdot x_2 + 2x_3 = 0$$

erfüllen. Diese Gleichung kann aber für unendlich viele verschiedene Tupel $\begin{pmatrix} x_1 \\ x_2 \\ x_3 \end{pmatrix}$ erfüllt werden.

Man kann auch sagen, daß der Lösungsvektor $\mathbf{x} = \begin{pmatrix} x_1 \\ x_2 \\ \vdots \\ x_n \end{pmatrix}$ der Gleichung

$a_1x_1 + a_2x_2 + \ldots + a_nx_n = o$ orthogonal ist zum Vektor der Koeffizienten

$\mathbf{a} = \begin{pmatrix} a_1 \\ a_2 \\ \vdots \\ a_n \end{pmatrix}$ dieser Gleichung. ●

Unmittelbar aus der Definition des Inneren Produkts ergeben sich die folgenden Eigenschaften.

**Satz 5**: Für alle $\mathbf{a}, \mathbf{b}, \mathbf{c}$ eines Vektorraumes und alle reellen Zahlen t gilt

(1) $\mathbf{a} \cdot \mathbf{b} = \mathbf{b} \cdot \mathbf{a}$
(2) $\mathbf{a} \cdot \mathbf{a} \geqslant 0$ und $\mathbf{a} \cdot \mathbf{a} = 0 \Leftrightarrow \mathbf{a} = \mathbf{o}$
(3) $(t\mathbf{a}) \cdot \mathbf{b} = t \cdot (\mathbf{a} \cdot \mathbf{b})$
(4) $(\mathbf{a}+\mathbf{b}) \cdot \mathbf{c} = \mathbf{a} \cdot \mathbf{c} + \mathbf{b} \cdot \mathbf{c}$.

Der Beweis dieser Eigenschaften erfolgt durch direktes Nachrechnen und sei dem Leser überlassen.

**Definition 11**: $\|\mathbf{a}\| = +\sqrt{\mathbf{a} \cdot \mathbf{a}}$ heißt Norm bzw. Länge von $\mathbf{a}$.

**Beispiel 9**:

$$\mathbf{a} = \begin{pmatrix} 1 \\ -2 \\ 3 \end{pmatrix} \Rightarrow \|\mathbf{a}\| = +\sqrt{1^2 + (-2)^2 + 3^2} = +\sqrt{14} \quad ●$$

Für die Norm ergeben sich folgende Eigenschaften:

**Satz 6**:

(1) $\|\mathbf{a}-\mathbf{b}\| = \|\mathbf{b}-\mathbf{a}\|$
(2) $\|\mathbf{a}-\mathbf{b}\| \geqslant 0$ und $\|\mathbf{a}-\mathbf{b}\| = 0 \Leftrightarrow \mathbf{a} = \mathbf{b}$
(3) $\|\mathbf{a}-\mathbf{b}\| \leqslant \|\mathbf{a}-\mathbf{c}\| + \|\mathbf{c}-\mathbf{b}\|$.

Beweis: (1), (2) folgen unmittelbar aus (1), (2) des vorangegangenen Satzes. Um (3) zu zeigen, schließen wir zunächst folgendermaßen:

Für beliebige $\mathbf{a}, \mathbf{b} \neq \mathbf{o}$ und beliebiges $t \in \mathbb{R}$ gilt:

$$0 \leqslant \|\mathbf{a} - t\mathbf{b}\|^2 = (\mathbf{a}-t\mathbf{b}) \cdot (\mathbf{a}-t\mathbf{b}) = \mathbf{a} \cdot \mathbf{a} - 2t\,(\mathbf{a} \cdot \mathbf{b}) + t^2\,(\mathbf{b} \cdot \mathbf{b}).$$

Da $t \in \mathbb{R}$ beliebig ist, können wir t auch in der Form $t = \frac{\mathbf{a} \cdot \mathbf{b}}{\mathbf{b} \cdot \mathbf{b}}$ wählen.

Dann folgt:

$$0 \leqslant \mathbf{a} \cdot \mathbf{a} - \frac{(\mathbf{a} \cdot \mathbf{b})^2}{\mathbf{b} \cdot \mathbf{b}}, \text{ d.h. } (\mathbf{a} \cdot \mathbf{b})^2 \leqslant (\mathbf{a} \cdot \mathbf{a})\,(\mathbf{b} \cdot \mathbf{b}),$$

woraus sich

(*) $\quad |\mathbf{a} \cdot \mathbf{b}| \leqslant \|\mathbf{a}\| \cdot \|\mathbf{b}\|$

ergibt. $|\mathbf{a} \cdot \mathbf{b}|$ ist dabei der absolute Betrag des inneren Produkts $\mathbf{a} \cdot \mathbf{b}$. Die Ungleichung

$$(\mathbf{a} \cdot \mathbf{b})^2 \leqslant (\mathbf{a} \cdot \mathbf{a})(\mathbf{b} \cdot \mathbf{b})$$

heißt Cauchy-Schwarz-Ungleichung. Nun erhält man

$$\|\mathbf{a}+\mathbf{b}\|^2 = (\mathbf{a}+\mathbf{b}) \cdot (\mathbf{a}+\mathbf{b}) = (\mathbf{a} \cdot \mathbf{a}) + 2(\mathbf{a} \cdot \mathbf{b}) + (\mathbf{b} \cdot \mathbf{b}) \leqslant (\mathbf{a} \cdot \mathbf{a}) + 2|\mathbf{a} \cdot \mathbf{b}| + (\mathbf{b} \cdot \mathbf{b})$$

Und wegen (*)

$$\|\mathbf{a}+\mathbf{b}\|^2 \leqslant \|\mathbf{a}\|^2 + 2\,\|\mathbf{a}\| \cdot \|\mathbf{b}\| + \|\mathbf{b}\|^2 = (\|\mathbf{a}\| + \|\mathbf{b}\|)^2 ,$$

woraus wegen der Nichtnegativität der Norm

$$\|\mathbf{a}+\mathbf{b}\| \leqslant \|\mathbf{a}\| + \|\mathbf{b}\|$$

folgt.

Ersetzt man nun noch $\mathbf{a}$ durch $\mathbf{a} - \mathbf{c}$ und $\mathbf{b}$ durch $\mathbf{c} - \mathbf{b}$, so folgt die Behauptung (3). ●

**Beispiel 10:**

Sei $\quad \mathbf{a} = \begin{pmatrix} 1 \\ 2 \\ 3 \end{pmatrix}, \ \mathbf{b} = \begin{pmatrix} 1 \\ -1 \\ 0 \end{pmatrix}$ so ist: $\mathbf{a} + \mathbf{b} = \begin{pmatrix} 2 \\ 1 \\ 3 \end{pmatrix}$

$$\begin{aligned} \|\mathbf{a}+\mathbf{b}\| &= +\sqrt{2^2 + 1^2 + 3^2} = +\sqrt{14} \\ \|\mathbf{a}\| &= +\sqrt{1^2 + 2^2 + 3^2} = +\sqrt{14} \\ \|\mathbf{b}\| &= +\sqrt{1^2 + (-1)^2 + 0^2} = +\sqrt{2}\,. \end{aligned}$$

Also $\quad \|\mathbf{a}+\mathbf{b}\| \leqslant \|\mathbf{a}\| + \|\mathbf{b}\|$ . ●

## 4.4 Lineare Gleichungen im Vektorraum

Eine Vektorgleichung $x_1\mathbf{a}_1 + x_2\mathbf{a}_2 + \ldots + x_n\mathbf{a}_n = \mathbf{o}$ mit den reellen Unbekannten $x_1, x_2, \ldots, x_n$ und den gegebenenen Vektoren $\mathbf{a}_1, \mathbf{a}_2, \ldots, \mathbf{a}_n$ heißt *homogen*, während die analoge Gleichung $x_1\mathbf{a}_1 + x_2\mathbf{a}_2 + \ldots + x_n\mathbf{a}_n = \mathbf{b}$ mit $\mathbf{b} \neq \mathbf{0}$ *inhomogen* genannt wird.

Wir befassen uns zunächst mit dem Typ der homogenen Gleichungen.

### 4.4.1 Lineare homogene Gleichungen (LHG)

Man sieht sofort, daß $\mathbf{x}' = (0, 0, \ldots, 0)$* immer eine Lösung der homogenen Gleichung $x_1\mathbf{a}_1 + x_2\mathbf{a}_2 + \ldots + x_n\mathbf{a}_n = \mathbf{o}$ ist, da auf der linken Seite der Nullvektor entsteht, wenn $x_1 = 0,\ x_2 = 0, \ldots, x_n = 0$. Sind die Vektoren $\mathbf{a}_1, \mathbf{a}_2, \ldots, \mathbf{a}_n$ l.u., dann ist diese Null-Lösung sogar die einzige, wie man aus Satz 2 sieht.

Im allgemeinen Fall linear abhängiger Vektoren ist jedoch die triviale Null-Lösung nur eine unter vielen. Einen Überblick über die Lösungsmenge vermittelt der folgende Satz 7.

Der Leser sei besonders auf den Beweis dieses Satzes verwiesen. Er ist konstruktiv bewiesen und liefert in seinem Aufbau sogleich ein Verfahren zur einfachen Auflösung der Gleichung.

> **Satz 7:** Sind unter den $n$ Vektoren $\mathbf{a}_1, \ldots, \mathbf{a}_n$ der LHG $x_1\mathbf{a}_1 + \ldots + x_n\mathbf{a}_n = \mathbf{o}$ genau $k$ Stück l.u., dann hat der Vektorraum $\mathbf{L}$ der Lösungen der LHG die Dimension $n - k$.

Beweis: Den Nachweis, daß $\mathbf{L}$ einen Vektorraum darstellt, überlassen wir dem Leser. Er hat nur die Gültigkeit von (1), (4), (5), (6) aus Satz 1 für $\mathbf{L}$ nachzuweisen.

Zum Nachweis von $\dim \mathbf{L} = n - k$ können wir ohne Beschränkung der Allgemeinheit unterstellen, daß die ersten $k$ Vektoren $\mathbf{a}_1, \ldots, \mathbf{a}_k$ aus der LHG l.u. sind und daß $k$ maximal ist. Notfalls kann man dies ja durch einfache Umstellung der $\mathbf{a}$-Vektoren erreichen. Da $k$ maximal ist, müssen sich alle weiteren $n-k$ der $\mathbf{a}$-Vektoren aus der LHG aus diesen l.u. $\mathbf{a}_1, \ldots, \mathbf{a}_k$ linear darstellen lassen.

Wir wählen die Form

$$\begin{aligned}
\mathbf{a}_{k+1} &= b_{1,k+1}\mathbf{a}_1 + b_{2,k+1}\mathbf{a}_2 + \ldots + b_{k,k+1}\mathbf{a}_k \\
\mathbf{a}_{k+2} &= b_{1,k+2}\mathbf{a}_1 + b_{2,k+2}\mathbf{a}_2 + \ldots + b_{k,k+2}\mathbf{a}_k \\
&\ldots\ldots\ldots\ldots\ldots\ldots\ldots\ldots\ldots\ldots \\
\mathbf{a}_n &= b_{1,n}\mathbf{a}_1 + b_{2,n}\mathbf{a}_2 + \ldots + b_{k,n}\mathbf{a}_k\,.
\end{aligned}$$

Aus den Koeffizienten dieser Darstellung bilden wir nun die folgenden n-Vektoren

* Mit $\mathbf{x}'$ bezeichnen wir aus schreibtechnischen Gründen den in einer Zeile (statt Spalte) geschriebenen Vektor. Seine Komponenten sind die von $\mathbf{x}$.

$$\mathbf{b}_1 = \begin{pmatrix} b_{1,k+1} \\ b_{2,k+1} \\ \vdots \\ b_{k,k+1} \\ -1 \\ 0 \\ \vdots \\ 0 \end{pmatrix}, \quad \mathbf{b}_2 = \begin{pmatrix} b_{1,k+2} \\ b_{2,k+2} \\ \vdots \\ b_{k,k+2} \\ 0 \\ -1 \\ 0 \\ \vdots \\ 0 \end{pmatrix}, \ldots, \mathbf{b}_{n-k} = \begin{pmatrix} b_{1,n} \\ b_{2,n} \\ \vdots \\ b_{k,n} \\ 0 \\ \vdots \\ 0 \\ -1 \end{pmatrix}$$

Von diesen Vektoren $\mathbf{b}_1, \ldots, \mathbf{b}_{n-k}$ behaupten wir, daß sie eine Basis des Vektorraums $\mathbf{L}$ der Lösungen der LHG $x_1\mathbf{a}_1 + \ldots + x_n\mathbf{a}_n = \mathbf{o}$ bilden.

Der Beweis zerfällt in drei Teile

(i) $\mathbf{b}_1, \ldots, \mathbf{b}_{n-k}$ sind Lösungen der LHG
(ii) $\mathbf{b}_1, \ldots, \mathbf{b}_{n-k}$ sind l.u.
(iii) Jede Lösung der LHG läßt sich als Linearkombination der $\mathbf{b}_1, \ldots, \mathbf{b}_{n-k}$ darstellen.

**Zu (i)**
Setzen wir dazu die Vektoren $\mathbf{b}_1, \ldots, \mathbf{b}_{n-k}$ in die LHG ein. Wir führen das hier nur für $\mathbf{b}_1$ aus. Es ergibt sich

$$\underbrace{b_{1,k+1} \cdot \mathbf{a}_1 + \ldots + b_{k,k+1} \cdot \mathbf{a}_k}_{= \mathbf{a}_{k+1}} + (-1) \cdot \mathbf{a}_{k+1} + 0 \cdot \mathbf{a}_{k+2} + \ldots + 0 \cdot \mathbf{a}_n = \mathbf{o}\,.$$

Also ist $\mathbf{b}_1$ eine Lösung der LHG. Für die anderen Vektoren $\mathbf{b}_i$ sieht man das ebenso.

**Zu (ii)**
Daß alle $\mathbf{b}_1, \mathbf{b}_2, \ldots, \mathbf{b}_{n-k}$ l.u. sind, erkennt man an den letzten $(n-k)$ Komponenten, die nur aus 0 bzw. $-1$ bestehen.

**Zu (iii)**
Wir zeigen nun, daß $\mathbf{b}_1, \mathbf{b}_2, \ldots, \mathbf{b}_{n-k}$ eine Basis im Lösungsraum $\mathbf{L}$ bilden. Dazu müssen wir nachweisen, daß sich jedes Element des Lösungsraumes durch die $\mathbf{b}_1, \mathbf{b}_2, \ldots, \mathbf{b}_{n-k}$ als Linearkombination darstellen läßt. Sei also $\mathbf{y} \in \mathbf{L}$ eine beliebige Lösung der LHG. Dann ist auch

$$(*) \qquad \mathbf{p} = \mathbf{y} + y_{k+1}\mathbf{b}_1 + \ldots + y_n\mathbf{b}_{n-k}$$

eine Lösung, da die Menge der Lösungen einen Vektorraum bildet. Die benutzten Koeffizienten $y_{k+1}, y_{k+2}, \ldots, y_n$ sind gerade die letzten $(n-k)$ Komponenten des Vektors $\mathbf{y}$.

Berechnet man in (*) die Summe komponentenweise, so erhält man einen Vektor $\mathbf{p}$ der Form

$$\mathbf{p}' = (p_1, p_2, \ldots, p_k, 0, 0, \ldots, 0),$$

dessen Komponenten $p_j$ sich aus den $y_i$ und $b_{j,i}$ zusammensetzen. Da $\mathbf{p}$ eine Lösung der LHG darstellt, gilt die Gleichung

$$p_1 \cdot \mathbf{a}_1 + p_2 \cdot \mathbf{a}_2 + \ldots + p_k \cdot \mathbf{a}_k + 0 \cdot \mathbf{a}_{k+1} + \ldots + 0 \cdot \mathbf{a}_n = \mathbf{o}.$$

Wegen der vorausgesetzten linearen Unabhängigkeit der $\mathbf{a}_1, \ldots, \mathbf{a}_k$ folgt nun notwendig $p_1 = p_2 = p_3 = \ldots = p_k = 0$. Also ist der oben angegebene Vektor $\mathbf{p}$ der Nullvektor. Daraus folgt

$$\mathbf{y} = -y_{k+1}\mathbf{b}_1 - y_{k+2}\mathbf{b}_2 - \ldots - y_n\mathbf{b}_{n-k}.$$

Mithin lassen sich alle Elemente des Lösungsraumes durch die Elemente $\mathbf{b}_1, \mathbf{b}_2, \ldots, \mathbf{b}_{n-k}$ linear darstellen. $\mathbf{B} = \{\mathbf{b}_1, \mathbf{b}_2, \ldots, \mathbf{b}_{n-k}\}$ ist somit eine Basis des Lösungsraumes $\mathbf{L}$.

Bezeichnen wir nun mit $\dim \mathbf{L}$ die Dimension des Lösungsraumes und mit $\mathbf{A}$ den Raum, den die l.u. Vektoren $\mathbf{a}_1, \mathbf{a}_2, \ldots, \mathbf{a}_k$ aufspannen, so gilt

$$\dim \mathbf{L} = n - \dim \mathbf{A}$$

bzw. $\dim \mathbf{L} + \dim \mathbf{A} = n$. ●

**Bemerkung:**

1. Dieses Ergebnis gewinnt man auch unmittelbar aus Aufgabe 4(b), denn offenbar gilt $\mathbf{L}^\perp = \mathbf{A}$ bzw. $\mathbf{A}^\perp = \mathbf{L}$, d.h. der Lösungsraum ist das orthogonale Komplement zu dem von den $\mathbf{a}_1, \ldots, \mathbf{a}_n$ „aufgespannten" k-dimensionalen Unterraum des $\mathbb{R}^n$.

2. Wir haben mit Satz 7 festgestellt, daß eine LHG $x_1\mathbf{a}_1 + \ldots + x_n\mathbf{a}_n = \mathbf{o}$ in der Regel unendlich viele Lösungen besitzt, die einen Vektorraum bilden. Da man einen Vektorraum aber vollständig kennt, wenn man eine seiner Basen kennt, so ist damit das „Lösen einer LHG" identisch mit der Berechnung einer Basis des Lösungsraumes. Wie das praktisch geschehen kann, ist im Beweis des Satzes 7 ausgeführt.

   Wir werden später einen Algorithmus zur Berechnung von $\mathbf{b}_1, \mathbf{b}_2, \ldots, \mathbf{b}_{n-k}$ kennenlernen.

### 4.4.2 Lineare inhomogene Gleichungen (LIG)

Wir fragen wie bei homogenen Gleichungen, unter welchen Bedingungen die LIG $x_1\mathbf{a}_1 + \ldots + x_n\mathbf{a}_n = \mathbf{b}$ Lösungen besitzt. Eine Antwort gibt der folgende

**Satz 8**: Die LIG $x_1\mathbf{a}_1 + x_2\mathbf{a}_2 + \ldots + x_n\mathbf{a}_n = \mathbf{b}$ besitzen genau dann mindestens eine Lösung, wenn die Maximalzahl der l.u. Vektoren von $\mathbf{a}_1, \mathbf{a}_2, \ldots, \mathbf{a}_n, \mathbf{b}$ gleich der Maximalzahl der l.u. Vektoren von $\mathbf{a}_1, \mathbf{a}_2, \ldots, \mathbf{a}_n$ ist, d.h. wenn dieser Bedingung nicht genügt wird, existieren keine Lösungen.

Ist Satz 8 erfüllt, ist offenbar die Dimension des von $\mathbf{a}_1, \mathbf{a}_2, \ldots, \mathbf{a}_n, \mathbf{b}$ aufgespannten Raumes gleich der Dimension des von den Vektoren $\mathbf{a}_1, \mathbf{a}_2, \ldots, \mathbf{a}_n$ aufgespannten Raumes.

Wie man die Dimenisonen praktisch bestimmt, wird später erklärt (Ausschöpfmethode).

Zwischen den Lösungen der inhomogenen Gleichung und der zugehörigen homogenen Gleichung ($\mathbf{b}$ wird durch $\mathbf{o}$ ersetzt) besteht eine enge Beziehung, die in dem folgenden Satz ausgedrückt wird.

**Satz 9**: Die allgemeine Lösung $\mathbf{x}_{AI}$ der LIG: $\mathbf{a}_1x_1 + \ldots + \mathbf{a}_nx_n = \mathbf{b}$ lautet: $\mathbf{x}_{AI} = \mathbf{x}_{AH} + \mathbf{x}_{SI}$, wobei $\mathbf{x}_{SI}$ eine spezielle Lösung der LIG und $\mathbf{x}_{AH}$ die allgemeine Lösung der zugehörigen LHG ist.

Beweis: Man hat folgendes zu zeigen:

(1) $\mathbf{x}_{AI} = \mathbf{x}_{AH} + \mathbf{x}_{SI}$ ist Lösung von LIG.

(2) Ist $\mathbf{z}$ Lösung der LIG, dann gilt $\mathbf{z} = \mathbf{x}_{AH} + \mathbf{x}_{SI}$.

**Zu (1):**
Sei $\mathbf{x}'_{AH} = (\alpha_1, \alpha_2, \ldots, \alpha_n)$ und $\mathbf{x}'_{SI} = (\beta_1, \beta_2, \ldots, \beta_n)$. Dann gilt

$$\alpha_1\mathbf{a}_2 + \alpha_2\mathbf{a}_2 + \ldots + \alpha_n\mathbf{a}_n = \mathbf{o}$$
$$\beta_1\mathbf{a}_1 + \beta_2\mathbf{a}_2 + \ldots + \beta_n\mathbf{a}_n = \mathbf{b}$$

und nach Addition beider Gleichungen

$$(\alpha_1+\beta_1)\,\mathbf{a}_1 + \ldots + (\alpha_n+\beta_n)\,\mathbf{a}_n = \mathbf{b}\,.$$

Also ist $\mathbf{x}'_{AI} = ((\alpha_1+\beta_1), \ldots, (\alpha_n+\beta_n))$ Lösung von LIG.

**Zu (2):**
Sei $\mathbf{z}' = (z_1, \ldots, z_n)$ Lösung von LIG, d.h. $z_1\mathbf{a}_1 + \ldots + z_n\mathbf{a}_n = \mathbf{b}$. Ferner sei $\mathbf{x}'_{SI} = (\beta_1, \ldots, \beta_n)$ eine Lösung von LIG, d.h. $\beta_1\mathbf{a}_1 + \ldots + \beta_n\mathbf{a}_n = \mathbf{b}$. Durch Substraktion erhält man:

$$(z_1-\beta_1)\,\mathbf{a}_1 + \ldots + (z_n-\beta_n)\,\mathbf{a}_n = \mathbf{o}\,.$$

Also ist $\mathbf{z} - \mathbf{x}_{SI}$ eine Lösung der zugehörigen LHG, und wir erhalten $\mathbf{z} = \mathbf{x}_{AH} + \mathbf{x}_{SI}$. ●

**Folgerung:**
Die Lösung der inhomogenen Gleichung ist eindeutig, wenn die zugehörige homogene Gleichung nur die triviale Lösung besitzt.

Das ergibt sich sofort aus Satz 9. Wie wir oben sahen, hat die LHG genau dann nur die triviale Lösung, wenn die Vektoren l.u. sind.

## 4.5 Anwendungen auf lineare Gleichungssysteme

Wir wenden uns nun den schon aus der Schulmathematik bekannten Systemen linearer Gleichungen zu. Hier betrachten wir jedoch von vornherein den allgemeinen Fall, bei dem $m$ Gleichungen mit $n$ Unbekannten vorliegen. Beginnen wir wie im Vektorraum zunächst mit dem homogenen Fall. Das homogene System hat die Gestalt:

LHS*
$$\begin{aligned} a_{11}x_1 + a_{12}x_2 + \ldots + a_{1n}x_n &= 0 \\ a_{21}x_1 + a_{22}x_2 + \ldots + a_{2n}x_n &= 0 \\ \ldots\ldots\ldots\ldots\ldots\ldots\ldots\ldots\ldots\ldots & \\ a_{m1}x_1 + a_{m2}x_2 + \ldots + a_{mn}x_n &= 0\,. \end{aligned}$$

Die $a_{ik}$ $(i = 1, 2, \ldots, m\,;\ k = 1, 2, \ldots, n)$ sind gegebene reelle Zahlen. Die $x_1, x_2, \ldots, x_n$ sind die Unbekannten. In diesem Gleichungssystem kann man die in der ersten „Spalte“ stehenden Koeffizienten $a_{11}, a_{21}, \ldots, a_{m1}$ zu dem m-Tupel $\mathbf{a}_1$ zusammenfassen. Entsprechend verfahren wir mit den anderen „Spalten“. Allgemein bezeichnet $\mathbf{a}_j$ die Koeffizienten $a_{1j}, a_{2j}, \ldots, a_{mj}$ der j-ten „Spalte“. Mit dieser Vereinbarung können wir das lineare homogene Gleichungssystem in der bekannten Form einer Vektorgleichung (LHG) zusammenfassen (s. 4.4):

$$x_1\mathbf{a}_1 + x_2\mathbf{a}_2 + \ldots + x_n\mathbf{a}_n = \mathbf{o}\,.$$

Damit eröffnet sich uns die Möglichkeit, sämtliche Sätze über Gleichungen im Vektorraum auf diesen Fall anzuwenden.

Ein System mit $m$ Gleichungen und $n$ Unbekannten $x_1, \ldots, x_n$ enthält also in vektorieller Schreibweise $n$ Koeffizientenvektoren (Spalten) $\mathbf{a}_1, \ldots, \mathbf{a}_n$, wobei die $\mathbf{a}_i$ m-Tupel sind.

* Statt LHG (Lineare Homogene Gleichung) bzw. LIG (Lineare Inhomogene Gleichung) verwenden wir, weil die Gleichungen einzeln Bedeutung haben, jetzt LHS (Lineares Homogenes System) bzw. LIS (Lineares Inhomogenes System).

In Zukunft werden wir – weil es sich als zweckmäßig erweist – zwischen „Spaltenvektoren" und „Zeilenvektoren" unterscheiden. Diese Unterscheidung ist rein schreibtechnischer Natur. Es bilden z.B. die Elemente

$$(a_{11}, a_{12}, a_{13}, \dots, a_{1n})$$

einen Zeilenvektor, während

$$\begin{pmatrix} a_{11} \\ a_{21} \\ a_{31} \\ \vdots \\ a_{m1} \end{pmatrix}$$

ein Spaltenvektor ist. Entsprechend kann man die anderen Zeilenvektoren (kurz Zeilen) und Spaltenvektoren (Spalten) aus den gegebenen Größen (Koeffizienten) $a_{11}, a_{12}, \dots, a_{mn}$ bilden.

Für jedes rechteckige Zahlenschema der Form*

$$\begin{matrix} a_{11} & a_{12} & a_{13} & \dots & a_{1n} \\ a_{21} & a_{22} & a_{23} & \dots & a_{2n} \\ a_{31} & a_{32} & a_{33} & \dots & a_{3n} \\ \dots & \dots & \dots & \dots & \dots \\ a_{m1} & a_{m2} & a_{m3} & \dots & a_{mn} \end{matrix}$$

gilt der folgende

> **Satz 10**: Der Spaltenrang eines rechteckigen Schemas reeller Zahlen ist gleich dem Zeilenrang.

Der Beweis ergibt sich später mit der „Ausschöpfmethode". Der Spaltenrang (Zeilenrang) bedeutet dabei – wie oben erklärt – die Maximalzahl linear unabhängiger Vektoren unter den $n$ Spaltenvektoren ($m$ Zeilenvektoren).

Das inhomogene lineare Gleichungssystem mit $n$ Unbekannten und $m$ Gleichungen hat allgemein das Aussehen

$$\begin{aligned} a_{11} x_1 + a_{12} x_2 + \dots + a_{1n} x_n &= b_1 \\ a_{21} x_1 + a_{22} x_2 + \dots + a_{2n} x_n &= b_2 \\ \dots\dots\dots\dots\dots\dots\dots\dots \\ a_{m1} x_1 + a_{m2} x_2 + \dots + a_{mn} x_n &= b_m \,. \end{aligned}$$

* Die Elemente $a_{ij}$ haben genau die Anordnung wie im oben angegebenen homogenen Gleichungssystem.

Dabei sind natürlich nicht alle $b_1, \ldots, b_m$ gleich Null, weil man sonst wieder ein homogenes System hätte. Faßt man die reellen Zahlen $b_1, b_2, \ldots, b_n$ zu dem Spaltenvektor $\mathbf{b}$ zusammen, so ergibt sich analog zum homogenen System die Vektorgleichung

$$x_1\mathbf{a}_1 + x_2\mathbf{a}_2 + \ldots + x_n\mathbf{a}_n = \mathbf{b}\,.$$

## 4.6 Methoden zur Lösung von linearen Gleichungssystemen

Wir haben bisher von der Dimension eines Vektorraumes gesprochen, der durch die Zeilen (bzw. Spalten) eines rechteckigen Schemas von reellen Zahlen aufgespannt wird. Die Maximalzahl linear unabhängiger Zeilen (bzw. Spalten) ist die Dimension des betreffenden Vektorraumes.

Wir wollen nunmehr eine Methode beschreiben, die sogenannte Ausschöpfmethode, mit der man diese Maximalzahl l.u. Zeilen (Spalten) bestimmen kann. Damit werden wir in die Lage versetzt, die Ergebnisse von 4.4 auf den konkreten Fall anzuwenden und z.B. die Existenz einer Lösung oder die Unlösbarkeit eines linearen Gleichungssystems nachzuweisen bzw. eine existierende Lösung mit relativ geringem Rechenaufwand zu ermitteln.

**Die Ausschöpfmethode:**
Gegeben sei das Schema reeller Zahlen

$$\begin{matrix} a_{11} & a_{12} & a_{13} & \ldots & a_{1n} \\ a_{21} & a_{22} & a_{23} & \ldots & a_{2n} \\ \ldots & \ldots & \ldots & \ldots & \ldots \\ a_{m1} & a_{m2} & a_{m3} & \ldots & a_{mn}\,. \end{matrix}$$

Unsere Aufgabe besteht darin, die Maximalzahl l.u. Zeilen zu ermitteln. Zu diesem Zweck formulieren wir zunächst folgenden

> **Satz 11:** Die Maximalzahl l.u. Vektoren in einem rechteckigen Schema von reellen Zahlen ändert sich nicht, wenn man folgende Operationen in dem Schema ausführt:
>
> (a) Vertauschung zweier Zeilen (bzw. Spalten),
> (b) Multiplikation einer Zeile mit einer Zahl $k \neq 0$,
> (c) Addition zweier Zeilen.

Aus (b) und (c) folgt: Man kann von einer Zeile das k-fache einer anderen Zeile subtrahieren bzw. zu dieser Zeile addieren.

Die in Satz 11 angegebenen Operationen bezeichnet man auch zusammenfassend als „Elementare Umformungen“.

Die Ausschöpfmethode funktioniert folgendermaßen:

Wir setzen voraus $a_{11} \neq 0$. Wäre das nicht der Fall, so würden wir durch Vertauschen von Zeilen eine Zeile in die oberste Position bringen, deren erstes Element eine von Null verschiedene Zahl ist.

Die erste Zeile wird nun durch $a_{11}$ dividiert und hat damit an der ersten Stelle eine 1.

Dann subtrahiert man das $a_{21}$-fache der neuen ersten Zeile von der zweiten. Von der dritten Zeile wird das $a_{31}$-fache der neuen ersten Zeile subtrahiert ... Schließlich subtrahieren wir das $a_{m1}$-fache der neuen ersten Zeile von der m-ten Zeile. Das Ergebnis ist ein Schema, dessen erste Spalte an erster Stelle eine 1 und an den anderen eine 0 hat. Wir sagen, die erste Spalte sei ausgeschöpft. Nun verfährt man mit dem Schema, das von den übrigen Zeilen gebildet wird, wobei die Elemente in der ersten Spalte nicht berücksichtigt werden, ebenso usw. Dieses Verfahren endet dann, wenn als letzte Zeilen nur Nullen erscheinen oder alle Zeilen erfaßt sind. Die Anzahl der Zeilen, mit denen wir das Schema ausschöpfen, ist gleich der Anzahl der l.u. Zeilenvektoren.

**Beispiel 11:**

1. Gegeben ist das Schema

$$\begin{matrix} 0 & 1 & 2 & 3 \\ 3 & -1 & 3 & 4 \\ 2 & 0 & 4 & 2 \\ 0 & 2 & 2 & -2 \end{matrix}$$

Man dividiert z.B. die 3. Zeile durch 2 und nimmt sie zur Ausschöpfung an die 1. Stelle des Schemas.

$$\begin{matrix} 1 & 0 & 2 & 1 \\ 3 & -1 & 3 & 4 \\ 0 & 1 & 2 & 3 \\ 0 & 2 & 2 & -2 \end{matrix}$$

Die 3. und 4. Zeile haben schon jeweils die gewünschte Null an der 1. Stelle. Von der 2. Zeile subtrahiert man das dreifache der ersten.

$$\begin{array}{c|ccc} 1 & 0 & 2 & 1 \\ \hline 0 & -1 & -3 & 1 \\ 0 & 1 & 2 & 3 \\ 0 & 2 & 2 & -2 \end{array}$$

1. Zeile und 1. Spalte werden nun nicht mehr verändert. Die 3. Zeile rückt an die Stelle der zweiten und dient zur weiteren Ausschöpfung.

$$\begin{array}{cc|cc} 1 & 0 & 2 & 1 \\ 0 & 1 & 2 & 3 \\ \hline 0 & 0 & -1 & 4 \\ 0 & 0 & -2 & -8 \end{array}$$

Die beiden ersten Zeilen und Spalten werden nicht mehr geändert. Die 3. Zeile wird mit (–1) multipliziert und dient zur weiteren Ausschöpfung ...

$$\begin{matrix} 1 & 0 & 2 & 1 \\ 0 & 1 & 2 & 3 \\ 0 & 0 & 1 & -4 \\ 0 & 0 & 0 & -16 \end{matrix}$$

Das Schema enthält 4 l.u. Spalten bzw. Zeilen. Die Maximalzahl l.u. Spalten (Zeilen) eines Schemas heißt, wie erwähnt, Rang des Schemas. Das angegebene Schema hat also den Rang 4. ●

**Beispiel 12:**
Ohne Erklärungen führen wir noch das folgende Beispiel an:

$$\begin{array}{cccc} 1 & 2 & 1 & 0 \\ 2 & 4 & 0 & 6 \\ 3 & 6 & 0 & 9 \end{array} \qquad \begin{array}{cccc} 1 & 2 & 1 & 0 \\ 0 & 0 & -2 & 6 \\ 0 & 0 & -3 & 9 \end{array} \qquad \begin{array}{cccc} 1 & 2 & 1 & 0 \\ 0 & 0 & 1 & -3 \\ 0 & 0 & 1 & -3 \end{array} \qquad \begin{array}{cccc} 1 & 2 & 1 & 0 \\ 0 & 0 & 1 & -3 \\ 0 & 0 & 0 & 0 \end{array}$$

Also ist der Rang gleich 2.
Die l.u. Zeilen sind

$$\begin{array}{cccc} 1 & 2 & 1 & 0 \\ 0 & 0 & 1 & -3 \end{array} \quad ●$$

**Bemerkung:**
Jedes rechteckige Zahlenschema vom Rang k kann offenbar mit Hilfe der Techniken (a), (b), (c) (Satz 11) auf die Gestalt

$$\begin{array}{lll} 1 \; 0 \; \ldots\ldots\ldots \; 0 & & b_{1,k+1} \ldots b_{1,n} \\ 0 \; 1 \; 0 \; \ldots\ldots \; 0 & & b_{2,k+1} \ldots b_{2,n} \\ \ldots\ldots\ldots\ldots\ldots\ldots & & \ldots\ldots\ldots\ldots \\ 0 \; \ldots\ldots\ldots\ldots \; 1 & & b_{k,k+1} \ldots b_{k,n} \end{array}$$

gebracht werden.

Um das obige Zahlenschema zu erreichen, muß man notfalls auch Spalten untereinander vertauschen. Hat man z.B. ein Schema der Form

$$\begin{array}{ccccc} 1 & 2 & 0 & 5 & 3 \\ 0 & 0 & 3 & 2 & 1 \\ 0 & 0 & 0 & 2 & 5, \end{array}$$

so muß man, um im „vorderen Quadrat" die 1 in die Diagonale zu bekommen, die 2. bzw. 3. gegen die 4. bzw. 5. Spalte tauschen.

## 4.7 Berechnung der Basis des Lösungsraumes für ein homogenes Gleichungssystem

Zur Bestimmung der „Lösung" bzw. des Vektorraumes der Lösungen eines homogenen Systems kombinieren wir nun Satz 7 über die Lösungen der homogenen Vektorgleichung mit der Ausschöpfmethode.

Zunächst unterstellen wir, daß das Koeffizientenschema des linearen homogenen Systems

$$\text{LHS:}\quad \begin{array}{l} a_{11}\,x_1 + a_{12}\,x_2 + \ldots + a_{1n}\,x_n = 0 \\ a_{21}\,x_1 + a_{22}\,x_2 + \ldots + a_{2n}\,x_n = 0 \\ \ldots\ldots\ldots\ldots\ldots\ldots\ldots\ldots \\ a_{m1}x_1 + a_{m2}x_2 + \ldots + a_{nm}x_n = 0 \end{array}$$

den Rang k $(k \leqslant m,n)$ hat.

Die Anwendung der „elementaren Umformungen" der Ausschöpfmethode auf die Zeilen des Koeffizientenschemas eines LHS ändert bekanntlich dessen Lösungsmenge nicht*. Also hat das

$$\text{LHS}_1:\quad \begin{array}{l} a_{11}\,x_1 + \ldots + a_{1n}\,x_n \;= 0 \\ \ldots\ldots\ldots\ldots\ldots\ldots \\ a_{m1}x_1 + \ldots + a_{mn}x_n \;= 0 \end{array}$$

dieselbe Lösungsmenge, wie das System

$$\text{LHS}_2:\quad \begin{array}{l} 1x_1 + 0x_2 + \ldots + 0x_k + b_{1,k+1}x_{k+1} + \ldots + b_{1,n}x_n = 0 \\ 0x_1 + 1x_2 + \ldots + 0x_k + b_{2,k+1}x_{k+1} + \ldots + b_{2,n}x_n = 0 \\ \ldots\ldots\ldots\ldots\ldots\ldots\ldots\ldots\ldots\ldots\ldots\ldots \\ 0x_1 + 0x_2 + \ldots + 1x_k + b_{k,k+1}x_{k+1} + \ldots + b_{k,n}x_n = 0\,, \end{array}$$

wobei das Koeffizientenschema von $\text{LHS}_2$ durch „Ausschöpfen" aus dem von $\text{LHS}_1$ hervorgegangen sei.

Die Bestimmung des Lösungsraumes von $\text{LHS}_2$ ist nun mit dem Satz 7 sehr einfach. Führen wir für die Spaltenvektoren der Koeffizienten aus $\text{LHS}_2$ die Bezeichnungen

$$\begin{pmatrix}1\\0\\\vdots\\0\end{pmatrix} = \mathbf{a}_1,\ \begin{pmatrix}0\\1\\0\\\vdots\\0\end{pmatrix} = \mathbf{a}_2,\ldots,\begin{pmatrix}0\\\vdots\\1\end{pmatrix} = \mathbf{a}_k\,,$$

$$\begin{pmatrix}b_{1,k+1}\\\vdots\\b_{k,k+1}\end{pmatrix} = \mathbf{a}_{k+1}\,,\ \begin{pmatrix}b_{1,k+2}\\\vdots\\b_{k,k+2}\end{pmatrix} = \mathbf{a}_{k+2},\ldots,\begin{pmatrix}b_{1,n}\\\vdots\\b_{k,n}\end{pmatrix} = \mathbf{a}_n$$

* Siehe Aufgabe 9 zu diesem Kapitel.

ein, so ergibt sich unmittelbar die Situation, wie sie beim Beweis von Satz 7 auftrat, d.h. die Spalten $\mathbf{a}_{k+1}, \mathbf{a}_{k+2}, \ldots, \mathbf{a}_n$ lassen sich als Linearkombinationen der Spaltenvektoren $\mathbf{a}_1, \mathbf{a}_2, \ldots, \mathbf{a}_k$ darstellen. Es gilt nämlich, wie man leicht nachrechnet:

$$\begin{aligned} \mathbf{a}_{k+1} &= b_{1,k+1}\mathbf{a}_1 + b_{2,k+1}\mathbf{a}_2 + \ldots + b_{k,k+1}\mathbf{a}_k \\ \mathbf{a}_{k+2} &= b_{1,k+2}\mathbf{a}_1 + b_{2,k+2}\mathbf{a}_2 + \ldots + b_{k,k+2}\mathbf{a}_k \\ &\ldots\ldots\ldots\ldots\ldots\ldots\ldots\ldots \\ \mathbf{a}_n &= b_{1,n}\mathbf{a}_1 + b_{2,n}\mathbf{a}_2 + \ldots + b_{k,n}\mathbf{a}_k \quad . \end{aligned}$$

Für diesen Fall wurde aber im Beweis von Satz 7 gezeigt, daß die Vektoren

$$\mathbf{b}_1 = \begin{pmatrix} b_{1,k+1} \\ b_{2,k+1} \\ \vdots \\ b_{k,k+1} \\ -1 \\ 0 \\ 0 \\ \vdots \\ 0 \end{pmatrix} \mathbf{b}_2 = \begin{pmatrix} b_{1,k+2} \\ b_{2,k+2} \\ \vdots \\ b_{k,k+2} \\ 0 \\ -1 \\ 0 \\ \vdots \\ 0 \end{pmatrix}, \ldots, \mathbf{b}_{n-k} = \begin{pmatrix} b_{1,n} \\ b_{2,n} \\ \vdots \\ b_{k,n} \\ 0 \\ \cdot \\ \cdot \\ \cdot \\ 0 \\ -1 \end{pmatrix}$$

eine Basis des Lösungsraumes der Vektorgleichung

$$x_1\mathbf{a}_1 + x_2\mathbf{a}_2 + \ldots + x_n\mathbf{a}_n = \mathbf{o}$$

bilden (Basislösungen). Also bilden sie nun entsprechend eine Basis für das $LHS_2$ und damit ebenso für das gegebene $LHS_1$. Mit der Berechnung der Basis des Lösungsraumes ist die Aufgabe, das $LHS_1$ zu lösen, aber bereits erledigt. Jede – sogenannte spezielle – Lösung von $LHS_1$ läßt sich nun nämlich als Linearkombination der „Basislösungen" $\mathbf{b}_1, \ldots, \mathbf{b}_{n-k}$ darstellen, d.h. für alle $\mathbf{x} \in \mathbf{L}$* gibt es passende reelle Zahlen $\lambda_1, \ldots, \lambda_{n-k}$ mit

$$\mathbf{x} = \lambda_1\mathbf{b}_1 + \lambda_2\mathbf{b}_2 + \ldots + \lambda_{n-k}\mathbf{b}_{n-k} \ .$$

Umgekehrt stellen alle Vektoren $\mathbf{x}$ der Form

$$\mathbf{x} = \lambda_1\mathbf{b}_1 + \ldots + \lambda_{n-k}\mathbf{b}_{n-k}$$

mit beliebigen reellen $\lambda_1, \ldots, \lambda_{n-k}$ Lösungen von $LHS_1$ dar. Eine Linearkombination der Basisvektoren $\mathbf{b}_1, \ldots, \mathbf{b}_{n-k}$ mit beliebigen Koeffizienten

* $\mathbf{L}$ ist der Vektorraum der Lösungen des LHS.

$\lambda_1, \ldots, \lambda_{n-k}$ nennen wir kurz „allgemeine Lösung“ des LHS. Die Dimension des Lösungsraumes ist dim $\mathbf{L} = n - k$ (s. Satz 7).

**Beispiel 13:**

1. Gesucht sind die Lösungen (genauer: eine Basis des Vektorraumes der Lösungen) des Systems

$$\begin{aligned} x_1 + 2x_2 + x_3 \phantom{{}+x_4} &= 0 \\ 2x_1 + 3x_2 + x_3 + x_4 &= 0 \\ 3x_1 + 5x_2 + 2x_3 + x_4 &= 0 \end{aligned}$$

Das Koeffizientenschema

$$\begin{matrix} 1 & 2 & 1 & 0 \\ 2 & 3 & 1 & 1 \\ 3 & 5 & 2 & 1 \end{matrix}$$

wird ausgeschöpft, und man erhält schrittweise

$$\begin{matrix} 1 & 2 & 1 & 0 \\ 0 & -1 & -1 & 1 \\ 0 & -1 & -1 & 1 \end{matrix}$$

und damit

$$\begin{matrix} 1 & 0 & -1 & 2 \\ 0 & 1 & 1 & -1 \end{matrix} .$$

Da 2 l.u. Zeilen übrigbleiben, ist also $k = 2$, und wir erhalten folgende Basisvektoren des Lösungsraumes.

$$\mathbf{b}_1 = \begin{pmatrix} b_{1,3} \\ b_{2,3} \\ -1 \\ 0 \end{pmatrix} = \begin{pmatrix} -1 \\ 1 \\ -1 \\ 0 \end{pmatrix} \text{ und } \mathbf{b}_2 = \begin{pmatrix} b_{1,4} \\ b_{2,4} \\ 0 \\ -1 \end{pmatrix} = \begin{pmatrix} 2 \\ -1 \\ 0 \\ -1 \end{pmatrix} .$$

Also lautet die allgemeine Lösung

$$\mathbf{x}_{AH} = \begin{pmatrix} x_1 \\ x_2 \\ x_3 \\ x_4 \end{pmatrix} = \lambda_1 \begin{pmatrix} -1 \\ 1 \\ -1 \\ 0 \end{pmatrix} + \lambda_2 \begin{pmatrix} 2 \\ -1 \\ 0 \\ -1 \end{pmatrix} = \begin{pmatrix} -\lambda_1 + 2\lambda_2 \\ \lambda_1 - \lambda_2 \\ -\lambda_1 \\ -\lambda_2 \end{pmatrix} .$$

*Probe:* Um dieses Ergebnis zu überprüfen, setzt man

$$\begin{aligned} x_1 &= -\lambda_1 + 2\lambda_2 \\ x_2 &= \lambda_1 - \lambda_2 \\ x_3 &= -\lambda_1 \\ x_4 &= -\lambda_2 \end{aligned}$$

in die gegebenen Gleichungen ein und erhält:

$$\begin{aligned} -\lambda_1 + 2\lambda_2 + 2(\lambda_1-\lambda_2) - \lambda_1 &= 0 \\ 2(-\lambda_1+2\lambda_2) + 3(\lambda_1-\lambda_2) - \lambda_1 - \lambda_2 &= 0 \\ 3(-\lambda_1+2\lambda_2) + 5(\lambda_1-\lambda_2) - 2\lambda_1 - \lambda_2 &= 0 \end{aligned}$$

Diese Gleichungen sind für sämtliche $\lambda_1, \lambda_2$ erfüllt, weil beide Seiten jeweils identisch Null sind. ●

**Beispiel 14:**
Gesucht ist die allgemeine Lösung des Systems

$$\begin{aligned} x_1 + 2x_2 + x_3 \qquad &= 0 \\ 2x_1 + 4x_2 \qquad + 6x_4 &= 0 \\ 3x_1 + 6x_2 \qquad + 9x_4 &= 0 . \end{aligned}$$

Das Koeffizientenschema lautet

$$\begin{matrix} 1 & 2 & 1 & 0 \\ 2 & 4 & 0 & 6 \\ 3 & 6 & 0 & 9 . \end{matrix}$$

Nach dreimaligem Umformen erhält man

$$\begin{matrix} 1 & 2 & 1 & 0 \\ 0 & 0 & 1 & -3 . \end{matrix}$$

Um die für das Lösungschema notwendige 1 auf Platz 2 der zweiten Zeile zu bekommen, vertauscht man die 2. mit der 3. Spalte, d.h.

$$\begin{matrix} 1 & 1 & 2 & 0 \\ 0 & 1 & 0 & -3 \end{matrix}$$

Damit haben aber die Unbekannten $x_2$ und $x_3$ ihre Plätze getauscht. Diesen Tausch merkt man sich und macht ihn in dem Schlußergebnis wieder rückgängig. Eine weitere Umformung liefert

$$\begin{matrix} 1 & 0 & 2 & 3 \\ 0 & 1 & 0 & -3 . \end{matrix}$$

Damit hat man – ohne Berücksichtigung des Tausches – die „Basislösungen“

$$\begin{pmatrix} 2 \\ 0 \\ -1 \\ 0 \end{pmatrix} \quad \text{und} \quad \begin{pmatrix} 3 \\ -3 \\ 0 \\ -1 \end{pmatrix}.$$

Tauscht man nun wieder $x_3$ gegen $x_2$ aus (Rücktausch), so lautet schließlich die Basis

$$\mathbf{b}_1 = \begin{pmatrix} 2 \\ -1 \\ 0 \\ 0 \end{pmatrix} \quad \text{und} \quad \mathbf{b}_2 = \begin{pmatrix} 3 \\ 0 \\ -3 \\ -1 \end{pmatrix}$$

und damit die allgemeine Lösung

$$\mathbf{x}_{AH} = \lambda_1 \begin{pmatrix} 2 \\ -1 \\ 0 \\ 0 \end{pmatrix} + \lambda_2 \begin{pmatrix} 3 \\ 0 \\ -3 \\ -1 \end{pmatrix}.$$

Die Probe sei dem Leser überlassen und empfohlen. ●

## 4.8 Lösungsmethode für den inhomogenen Fall

Die Auflösung des inhomogenen Systems

$$\text{LIS:} \quad \begin{array}{l} a_{11}\, x_1 + \ldots + a_{1n}\, x_n = b_1 \\ \ldots\ldots\ldots\ldots\ldots\ldots\ldots\ldots \\ a_{m1} x_1 + \ldots + a_{mn} x_n = b_m \end{array}$$

kann auf den homogenen Fall zurückgeführt werden, der in 4.7 behandelt wurde, vorausgesetzt das LIS ist lösbar (vgl. Satz 8). Das geschieht durch Einführung einer neuen Unbekannten $x_{n+1}$ (künstliche Unbekannte). Multiplizieren wir die rechte Seite des LIS mit $-x_{n+1}$, so erhalten wir nach Umformung das homogene System

$$(*) \qquad \begin{array}{l} a_{11}\, x_1 + \ldots + a_{1n}\, x_n + b_1\, x_{n+1} = 0 \\ \ldots\ldots\ldots\ldots\ldots\ldots\ldots\ldots\ldots\ldots \\ a_{m1} x_1 + \ldots + a_{mn} x_n + b_m x_{n+1} = 0 \end{array}$$

Das sind m Gleichungen mit $(n+1)$ Unbekannten. Nach Satz 7 hat dieses System $[(n+1)-k]$ l.u. Lösungen, wenn k die Zahl der l.u. Zeilenvektoren ist.

Wir suchen im Lösungsraum von (*) alle die Vektoren, deren (n+1)-te Komponente gleich $-1$ ist, da wir ja an Lösungen des LIS interessiert sind. Die n ersten Komponenten dieser Vektoren bilden dann eine Lösung des LIS. Ist das LIS unlösbar (s. Satz 8), dann läßt sich kein derartiger Vektor mit einer $(-1)$ als (n+1)-ter Komponente finden. Betrachtet man die Basis des Lösungsraumes von (*), die sich nach der „Ausschöpfmethode" leicht berechnen läßt, so sieht man, daß darin stets genau ein Vektor vorkommt, dessen (n+1)-te Komponente eine $-1$ enthält. Die n ersten Komponenten dieses Vektors stellen dann eine spezielle Lösung des LIS dar.

Nach Satz 9 kann man sich die allgemeine Lösung des LIS aus einer speziellen Lösung dieses Systems und der allgemeinen Lösung des zugehörigen homogenen Systems aufbauen. Damit haben wir auch den inhomogenen Fall vollkommen geklärt.

**Beispiel 15:**
Gegeben ist das System

$$\text{LIS:}\quad \begin{aligned} x_1 + 2x_2 + x_3 \phantom{{}+x_4} &= 3\\ 2x_1 + x_2 + 2x_3 + x_4 &= 2\\ 3x_1 + 3x_2 + 3x_3 + x_4 &= 5\,. \end{aligned}$$

Das zugehörige homogene System lautet:

$$\text{LHS:}\quad \begin{aligned} x_1 + 2x_2 + x_3 \phantom{{}+x_4} &= 0\\ 2x_1 + x_2 + 2x_3 + x_4 &= 0\\ 3x_1 + 3x_2 + 3x_3 + x_4 &= 0\,. \end{aligned}$$

Nach Einführung der „künstlichen Unbekannten" $x_5$ erhalten wir

$$\text{LHS*:}\quad \begin{aligned} x_1 + 2x_2 + x_3 \phantom{{}+x_4} + 3x_5 &= 0\\ 2x_1 + x_2 + 2x_3 + x_4 + 2x_5 &= 0\\ 3x_1 + 3x_2 + 3x_3 + x_4 + 5x_5 &= 0\,. \end{aligned}$$

Man könnte nun die allgemeine Lösung von LHS (zugehöriges homogenes System) und die partikuläre (spezielle) Lösung von LHS* in getrennten Rechengängen durch Ausschöpfung berechnen, d.h. man hätte dann zwei lineare homogene Systeme zu lösen. Wir beginnen mit der Lösung von LHS* und werden daran erkennen, daß das LHS damit automatisch mit aufgelöst wird, so daß wir also mit einem Rechengang für beide Systeme auskommen. Das ist auch nicht verwunderlich, da ja das Koeffizientenschema von LHS*

$$\begin{matrix} 1 & 2 & 1 & 0 & 3\\ 2 & 1 & 2 & 1 & 2\\ 3 & 3 & 3 & 1 & 5 \end{matrix}$$

in den ersten 4 Spalten mit dem von LHS übereinstimmt. Die Ausschöpfungen führen auf das Schema

$$\begin{matrix} 1 & 0 & 1 & 2/3 & 1/3 \\ 0 & 1 & 0 & -1/3 & 4/3\,. \end{matrix}$$

Ergänzt man nach den besprochenen Regeln die 3., 4. und 5. Spalte dieses Schemas durch $-1$ bzw. 0, so ergeben sich

$$\begin{pmatrix} 1 \\ 0 \\ -1 \\ 0 \\ 0 \end{pmatrix} \quad \begin{pmatrix} 2/3 \\ -1/3 \\ 0 \\ -1 \\ 0 \end{pmatrix} \quad \begin{pmatrix} 1/3 \\ 4/3 \\ 0 \\ 0 \\ -1 \end{pmatrix}\,.$$

Diese Vektoren bilden eine Basis von LHS*. Offenbar hat aber nur der dritte die Eigenschaft, daß $x_5 = -1$ und die ersten vier Komponenten das gegebene LIS erfüllen. Damit ist

$$\mathbf{x}_{SI} = \begin{pmatrix} 1/3 \\ 4/3 \\ 0 \\ 0 \end{pmatrix}$$

eine spezielle Lösung des gegebenen LIS. Streicht man schließlich in den beiden ersten Vektoren die fünfte Komponente (jeweils die 0) weg, so bilden

$$\mathbf{b}_1 = \begin{pmatrix} 1 \\ 0 \\ -1 \\ 0 \end{pmatrix} \quad \text{und} \quad \mathbf{b}_2 = \begin{pmatrix} 2/3 \\ -1/3 \\ 0 \\ -1 \end{pmatrix}$$

die Basis für das zugehörige LHS. Hätte man nämlich das zugehörige LHS allein gelöst, so hätte sich

$$\begin{pmatrix} 1 \\ 0 \\ -1 \\ 0 \end{pmatrix} \quad \text{und} \quad \begin{pmatrix} 2/3 \\ -1/3 \\ 0 \\ -1 \end{pmatrix}$$

als Basis des Lösungsraumes ergeben. Das ist auch deshalb einsichtig, weil der Vektor des Systems rechts des Gleichheitszeichens, nämlich

$$\mathbf{b} = \begin{pmatrix} 3 \\ 2 \\ 5 \end{pmatrix}$$

die Operationen überhaupt nicht beeinflußt und somit seine Mitführung in der Rechnung die vorderen Spaltenvektoren gar nicht beeinflußt.

Wie aus Satz 9 folgt, lautet nun die gesuchte allgemeine Lösung des gegebenen LIS

$$\mathbf{x}_{AI} = \mathbf{x}_{SI} + \lambda_1 \mathbf{b}_1 + \lambda_2 \mathbf{b}_2 \,,$$

d.h.

$$\mathbf{x}_{AI} = \begin{pmatrix} 1/3 \\ 4/3 \\ 0 \\ 0 \end{pmatrix} + \lambda_1 \begin{pmatrix} 1 \\ 0 \\ -1 \\ 0 \end{pmatrix} + \lambda_2 \begin{pmatrix} 2/3 \\ -1/3 \\ 0 \\ -1 \end{pmatrix}$$

Durch Einsetzen kann man sich leicht von der Richtigkeit des Ergebnisses überzeugen. ●

## 4.9 Aufgaben

1. Man zeige, daß eine Menge paarweise orthogonaler Vektoren, unter denen nicht der Nullvektor ist, stets linear unabhängig ist.
2. Ist $\mathbf{a}$ orthogonal zu $\mathbf{b}_1, \mathbf{b}_2, \ldots, \mathbf{b}_k$, so ist $\mathbf{a}$ auch orthogonal zu allen Linearkombinationen $t_1\mathbf{b}_1 + t_2\mathbf{b}_2 + \ldots + t_k\mathbf{b}_k$.
3. Zeige, daß bei gegebenem Vektor $\mathbf{a} \in \mathbb{R}^n$ die Menge

   $$\{\mathbf{x} \in \mathbb{R}^n \mid \mathbf{a} \cdot \mathbf{x} = 0\}$$

   einen Unterraum von $\mathbb{R}^n$ bildet.
4. Sie V ein Unterraum von $\mathbb{R}^n$. Wir betrachten die Menge

   $$V^\perp = \{\mathbf{x} \in \mathbb{R}^n \mid \bigwedge_{\mathbf{y} \in V} \mathbf{x} \cdot \mathbf{y} = 0\}.$$

   $V^\perp$ heißt orthogonales Komplement zu V.
   Man zeige
   a. $V^\perp$ ist ein Vektorraum
   b. $\dim V + \dim V^\perp = \dim \mathbb{R}^n = n$.
5. Zeige, daß $(V^\perp)^\perp = V$ ist.
6. Zeige, daß $(\mathbb{R}^n)^\perp = \{\mathbf{o}\}$ ist.
7. Zeige, daß das System

   $$\begin{aligned} x_1 + x_2 &= 1 \\ x_1 + x_2 &= 0 \end{aligned}$$

   keine Lösung besitzt.

8. Bestimme die reelle Zahl u so, daß das System

$$\begin{aligned} x_1 + x_2 + x_3 &= 2 \\ 2x_1 + x_2 \phantom{+ x_3} &= 4 \\ 3x_1 + 2x_2 + x_3 &= u \end{aligned}$$

a) eine Lösung besitzt
b) keine Lösung besitzt.
(Man wende Satz 8 an!)
c) Zeige, daß im Fall a) die Lösung sogar eindeutig bestimmt ist, d.h. die allgemeine Lösung enthält keine beliebig wählbaren Parameter $\lambda$.

9. Zeige, daß die Anwendung „Elementarer Umformungen" nur auf die Gleichungen (Zeilen) eines LHS dessen Lösungsmenge nicht verändert.

10. Dem System

$$\begin{aligned} x_1 + x_2 - x_3 &= 0 \\ 2x_1 - 3x_2 + x_3 &= 0 \end{aligned}$$

ist eine dritte Gleichung so hinzuzufügen, daß für das so erweiterte LHS gilt: dim $\mathbf{L} = 0$.

11. Zeige, daß das LIS

$$\begin{aligned} 4x_1 + 3x_2 + 2x_3 + 8x_4 &= k_1 \\ 4x_1 + 4x_2 + x_3 + 7x_4 &= k_2 \\ x_1 + x_2 + x_3 + x_4 &= k_3 \end{aligned}$$

für beliebige $k_1, k_2, k_3$ eine Lösung besitzt und ermittle den Lösungsvektor mit der kleinsten Norm.

Gibt es einen mit der größten Norm in der Lösungsmenge?

# 5. Matrizen

## 5.1 Definition und Rang einer Matrix

In dem Kapitel über lineare Gleichungssysteme ergab sich, daß die Frage der Lösbarkeit dieser Systeme durch die Betrachtung des rechteckigen Schemas der Koeffizienten entschieden werden konnte. Das ist ein Anlaß, uns der Untersuchung solcher rechteckigen Zahlenschemata zuzuwenden. Wir werden aber dabei den Bezug zu den Gleichungssystemen weitgehend verlassen und die rechteckigen Zahlenschemata als neue mathematische Objekte betrachten.

**Definition 1**: Ein geordnetes rechteckiges Schema von Zahlen der Form

$$\mathbf{A} = \begin{pmatrix} a_{11} & a_{12} & \cdot & \cdot & \cdot & a_{1n} \\ a_{21} & a_{22} & \cdot & \cdot & \cdot & a_{2n} \\ \vdots & \vdots & \vdots & \vdots & \vdots & \vdots \\ a_{m1} & \cdot & \cdot & \cdot & \cdot & a_{mn} \end{pmatrix} = (a_{ij})$$

heißt eine Matrix $\mathbf{A}$ vom Typ $(m,n)$, kurz $(m,n)$-Matrix.

**Bemerkung:**
In der Bezeichnung $a_{ij}$ bezieht sich der erste Index $i$ auf die Zeile, der zweite Index $j$ auf die Spalte, in der das Element $a_{ij}$ der Matrix $(a_{ij})$ steht. Für $m = 1$ erhält man offenbar die Matrix

$$(a_{11}, a_{12}, \ldots, a_{1n}),$$

d.h. einen Zeilenvektor.

Setzt man dagegen $n = 1$, so hat man als spezielle Matrix einen Spaltenvektor

$$\begin{pmatrix} a_{11} \\ a_{21} \\ \vdots \\ a_{m1} \end{pmatrix}.$$

Die obige Matrix $\mathbf{A}$ kann als ein geordnetes System von m-Zeilenvektoren bzw. n-Spaltenvektoren interpretiert werden. Wir beschränken uns hier auf eine Darstellung von $\mathbf{A}$ durch die Spaltenvektoren, d.h.

$$\mathbf{A} = (\mathbf{a}_1, \ldots, \mathbf{a}_n) \text{ mit } \mathbf{a}_i = \begin{pmatrix} a_{1i} \\ \vdots \\ a_{mi} \end{pmatrix}$$

Ist $m = n$, so nennt man die Matrix quadratisch.

Den Beweis des folgenden Satzes findet der Leser mit Satz 10 aus 4.5.

> **Satz 1**: In einer Matrix $\mathbf{A}$ ist die Maximalzahl der l.u. Zeilenvektoren gleich der Maximalzahl l.u. Spaltenvektoren.

Diese Zahl heißt Rang der Matrix und wird mit Rang ($\mathbf{A}$) bezeichnet.

> **Definition 2**: Eine $(n,n)$-Matrix heißt regulär, wenn ihr Rang gleich $n$ ist, sonst heißt sie singulär.

Eine $(m,n)$-Matrix heißt spaltenregulär (zeilenregulär), wenn sämtliche Spalten (Zeilen) l.u. sind.

Für das Rechnen mit Matrizen ist es notwendig, die Gleichheit zweier Matrizen zu definieren.
Diese ist nur für den Fall erklärt, daß beide Matrizen vom gleichen Typ sind.

> **Definition 3**: $\mathbf{A} = (a_{ij})$ und $\mathbf{B} = (b_{ij})$ seien $(m,n)$-Matrizen. Dann heißen $\mathbf{A}$ und $\mathbf{B}$ gleich, $\mathbf{A} = \mathbf{B}$, wenn sie elementweise übereinstimmen, d.h., wenn $a_{ij} = b_{ij}$ für alle $i$ und $j$ ist.

Wir wollen nun für diese neuen mathematischen Objekte, die Matrizen, Addition und Multiplikation erklären und daraus resultierende Rechenregeln angeben.

## 5.2 Rechnen mit Matrizen

Wir hatten die Addition (Subtraktion) von Vektoren komponentenweise erklärt:

$$\begin{pmatrix} a_1 \\ a_2 \\ \vdots \\ a_n \end{pmatrix} \pm \begin{pmatrix} b_1 \\ b_2 \\ \vdots \\ b_n \end{pmatrix} = \begin{pmatrix} a_1 \pm b_1 \\ a_2 \pm b_2 \\ \vdots \\ a_n \pm b_n \end{pmatrix} .$$

Da eine Matrix – wie eingangs erwähnt – als ein geordnetes System von Zeilen- bzw. Spaltenvektoren interpretiert werden kann, liegt es nahe, die Addition (Subtraktion) zweier Matrizen ebenfalls elementweise zu erklären. Das setzt voraus, daß die beiden Matrizen vom gleichen Typ sind.

**Definition 4**: Es seien $\mathbf{A} = (a_{ij})$ und $\mathbf{B} = (b_{ij})$ zwei (m,n)-Matrizen, dann ist

$$\mathbf{A}+\mathbf{B} = \begin{pmatrix} a_{11}+b_{11} & a_{12}+b_{12} & \cdots & a_{1n}+b_{1n} \\ a_{21}+b_{21} & a_{22}+b_{22} & \cdots & a_{2n}+b_{2n} \\ \vdots & & & \\ a_{m1}+b_{m1} & a_{m2}+b_{m2} & \cdots & a_{mn}+b_{mn} \end{pmatrix}.$$

**Beispiel 1**:
Die folgenden Matrizen geben die Anzahl der verkauften PKW's vom Typ $P_1$, $P_2, P_3, P_4$ der Händler $H_1, H_2, H_3$ im ersten Halbjahr (**A**) bzw. im zweiten Halbjahr (**B**) 1978 an:

$$\mathbf{A} = \begin{matrix} H_1 & H_2 & H_3 \\ \uparrow & \uparrow & \uparrow \end{matrix} \begin{pmatrix} 26 & 18 & 34 \\ 44 & 24 & 31 \\ 18 & 40 & 27 \\ 9 & 18 & 49 \end{pmatrix} \qquad \mathbf{B} = \begin{matrix} H_1 & H_2 & H_3 \\ \uparrow & \uparrow & \uparrow \end{matrix} \begin{pmatrix} 21 & 16 & 35 \\ 40 & 20 & 30 \\ 21 & 36 & 24 \\ 8 & 19 & 34 \end{pmatrix} \begin{matrix} \to P_1 \\ \to P_2 \\ \to P_3 \\ \to P_4 \end{matrix}.$$

Im zweiten Halbjahr hat z.B. der Händler $H_3$ vom Typ $P_2$ 30 PKW's verkauft. Die Elemente der Matrix

$$\mathbf{A}+\mathbf{B} = \begin{pmatrix} 47 & 34 & 69 \\ 84 & 44 & 61 \\ 39 & 76 & 51 \\ 17 & 37 & 83 \end{pmatrix}$$

geben dann für das Jahr 1978 den Gesamtverkauf der einzelnen PKW-Typen für jeden Händler an. ●

Ohne Mühe läßt sich folgender Satz für die Matrizenaddition beweisen.

**Satz 2**:
(1) $\mathbf{A}+\mathbf{B} = \mathbf{B}+\mathbf{A}$ (Kommutatives Gesetz der Matrizenaddition)
(2) $\mathbf{A} + (\mathbf{B}+\mathbf{C}) = (\mathbf{A}+\mathbf{B}) + \mathbf{C}$ (Assoziatives Gesetz der Matrizenaddition)
(3) Zu jeder beliebigen Matrix $\mathbf{A}$ gibt es eine Matrix $\mathbf{O}$ so, daß $\mathbf{A}+\mathbf{O} = \mathbf{A}$. Alle Elemente der Matrix $\mathbf{O}$ sind Nullen.
(4) Zu jeder beliebigen Matrix $\mathbf{A}$ gibt es eine Matrix $\mathbf{X}$ so, daß $\mathbf{A}+\mathbf{X} = \mathbf{O}$. Für alle Elemente $x_{ij}$ von $\mathbf{X}$ gilt: $x_{ij} = -a_{ij}$, wobei $a_{ij}$ die Elemente von $\mathbf{A}$ bezeichnet.
Wir schreiben: $\mathbf{X} = -\mathbf{A}$.

Man bezieht sich beim Beweis der Regeln darauf, daß die Addition von Matrizen nach Definition auf die Addition von Zahlen zurückgeführt wird.

Die Multiplikation eines Vektors mit einem Skalar $k (k \in \mathbb{R})$ hatten wir wie folgt definiert:

$$k \cdot \begin{pmatrix} a_1 \\ \vdots \\ a_n \end{pmatrix} = \begin{pmatrix} ka_1 \\ \vdots \\ ka_n \end{pmatrix} .$$

Ganz analog erklären wir die Multiplikation einer Matrix mit einem Skalar:

**Definition 5**: Sei $\mathbf{A}$ eine (m,n)-Matrix und $k \in \mathbb{R}$, dann ist

$$k \cdot \mathbf{A} = \mathbf{A} \cdot k = \begin{pmatrix} ka_{11} & \cdots & ka_{1n} \\ \vdots & & \vdots \\ ka_{m1} & \cdots & ka_{mn} \end{pmatrix} .$$

**Beispiel 2**:
Wir nehmen an, alle 3 Händler aus Beispiel 1 hätten es geschafft, im zweiten Halbjahr 1978 von jedem PKW-Typ genau doppelt so viel zu verkaufen wie im ersten Halbjahr. Dann hätte $\mathbf{B}$ folgende Gestalt bekommen:

$$2 \cdot \mathbf{A} = \begin{pmatrix} 52 & 36 & 68 \\ 88 & 48 & 62 \\ 36 & 80 & 54 \\ 18 & 36 & 98 \end{pmatrix} . \bullet$$

Für die Skalarmultiplikation gilt folgender

**Satz 3**:
(5) $(k_1+k_2) \cdot \mathbf{A} = k_1 \cdot \mathbf{A} + k_2 \cdot \mathbf{A}$
(6) $k \cdot (\mathbf{A}+\mathbf{B}) = k \cdot \mathbf{A} + k \cdot \mathbf{B}$.

Es verbleibt noch, die Multiplikation zweier Matrizen zu erklären. Natürlich könnten wir wie bei der Addition zweier Matrizen $\mathbf{A}$ und $\mathbf{B}$ vom gleichen Typ auch die Multiplikation zweier Matrizen vom gleichen Typ elementweise definieren. Eine solche Definition soll hier nicht weiter betrachtet werden.

So hatten wir auch bereits das innere Produkt zweier Vektoren nicht (allein) durch komponentenweise Multiplikation erklärt, sondern durch eine zusätzliche Summation der einzelnen Produkte:

$$\mathbf{a} = \begin{pmatrix} a_1 \\ \vdots \\ a_n \end{pmatrix}, \mathbf{b} = \begin{pmatrix} b_1 \\ \vdots \\ b_n \end{pmatrix}, \mathbf{a} \cdot \mathbf{b} = \sum_{i=1}^{n} a_i b_i .$$

Die Definition des inneren Produkts zweier Vektoren soll nun zur Grundlage der Definition des Matrizenproduktes $\mathbf{A} \cdot \mathbf{B}$ gemacht werden, indem die einzelnen Zeilenvektoren von $\mathbf{A}$ mit den Spaltenvektoren von $\mathbf{B}$ multipliziert werden.

**Definition 6**: Sei $\mathbf{A} = (a_{ij})$ eine $(m,n)$-Matrix und $\mathbf{B} = (b_{ij})$ eine $(n,k)$-Matrix, dann ist:

$$\mathbf{A} \cdot \mathbf{B} = \begin{pmatrix} a_{11} & a_{12} & \cdots & a_{1n} \\ a_{21} & a_{22} & \cdots & a_{2n} \\ \vdots & \vdots & & \vdots \\ a_{m1} & a_{m2} & \cdots & a_{mn} \end{pmatrix} \cdot \begin{pmatrix} b_{11} & b_{12} & \cdots & b_{1k} \\ b_{21} & b_{22} & \cdots & b_{2k} \\ \vdots & \vdots & & \vdots \\ b_{n1} & b_{n2} & \cdots & b_{nk} \end{pmatrix}$$

$$= \begin{pmatrix} \sum_{h=1}^{n} a_{1h} b_{h1} & \cdots & \sum_{h=1}^{n} a_{1h} b_{hk} \\ \vdots & & \vdots \\ \sum_{h=1}^{n} a_{mh} b_{h1} & \cdots & \sum_{h=1}^{n} a_{mh} b_{hk} \end{pmatrix} .$$

**Bemerkungen**:

1. Zur Bestimmung von $\mathbf{A} \cdot \mathbf{B}$ sind also $m \cdot k$ innere Produkte aus den $m$ Zeilen von $\mathbf{A}$ und den $k$ Spalten von $\mathbf{B}$ zu bilden.
   Diese inneren Produkte sind offensichtlich nur dann definiert, wenn die *Spaltenzahl* von $\mathbf{A}$ mit der *Zeilenzahl* von $\mathbf{B}$ übereinstimmt (hier gleich $n$). Wir sprechen in diesem Fall von „verkettbaren" Matrizen.
2. Das Element in der r-ten Zeile und s-ten Spalte von $\mathbf{A} \cdot \mathbf{B}$ ist das innere Produkt aus der r-ten Zeile von $\mathbf{A}$ und der s-ten Spalte von $\mathbf{B}$.
3. Das Produkt einer $(m,n)$-Matrix mit einer $(n,k)$-Matrix ist eine $(m,k)$-Matrix, d.h. schematisch: $(m,n) \cdot (n,k) = (m,k)$; die *„inneren"* Zahlen müssen gleich sein (hier $n$), und die *„äußeren"* geben den Typ der Produktmatrix an.
4. Statt $\mathbf{A} \cdot \mathbf{B}$ schreiben wir oft auch kürzer $\mathbf{AB}$.

**Beispiel 3**:

Im 4. Kapitel haben wir nach den Lösungen des folgenden LIS gesucht:

$$\begin{array}{l} a_{11}\,x_1 + \ldots + a_{1n}\,x_n = b_1 \\ a_{21}\,x_1 + \ldots + a_{2n}\,x_n = b_2 \\ \vdots \\ a_{m1}\,x_1 + \ldots + a_{mn}\,x_n = b_m . \end{array}$$

Dieses Gleichungssystem läßt sich mit der in Definition 6 eingeführten Matrizenmultiplikation wie folgt schreiben: $\mathbf{A} \cdot \mathbf{x} = \mathbf{b}$, wobei $\mathbf{A} = (a_{ij})$ eine (m,n)-Matrix, $\mathbf{x}$ als Vektor eine (n,1)-Matrix und der Vektor $\mathbf{b}$ eine (m,1)-Matrix darstellen. ●

**Beispiel 4:**
Anknüpfend an das Beispiel aus 4.3 mit dem inneren Produkt aus *einem* Mengen- und *einem* Preisvektor werde angenommen, daß das Verbrauchsschema von drei Haushalten für vier Produkte durch folgende „Mengenmatrix" $\mathbf{M}$ ausgedrückt werde (bei geeignet gewählter Produkteinheit):

$$\mathbf{M} = \begin{pmatrix} 6 & 9 & 5 & 8 \\ 4 & 8 & 2 & 7 \\ 5 & 6 & 4 & 7 \end{pmatrix} .$$

Die folgende „Preismatrix" $\mathbf{P}$ gebe die (Durchschnitts-) Preise pro Produkt in den Jahren 1977 und 1978 an (bei geeignet gewählter Geldeinheit):

$$\mathbf{P} = \begin{pmatrix} 7 & 8 \\ 6 & 6 \\ 8 & 9 \\ 4 & 5 \end{pmatrix} .$$

Die „Ausgabematrix" der drei Haushalte bezüglich der vier Produkte in den Jahren 1977 und 1978 hat dann die Gestalt:

$$\mathbf{M} \cdot \mathbf{P} = \begin{pmatrix} 168 & 187 \\ 120 & 133 \\ 131 & 147 \end{pmatrix} \text{, dabei ist z.B.}$$

$$133 = (4 \quad 8 \quad 2 \quad 7) \cdot \begin{pmatrix} 8 \\ 6 \\ 9 \\ 5 \end{pmatrix} = 32 + 48 + 18 + 35 ,$$

d.h. der zweite Haushalt hat im Jahr 1978 insgesamt 133 (Geldeinheiten) für die 4 Produkte ausgegeben. ●

Für die Multiplikation von Matrizen gelten folgende Regeln, die leicht nachzuweisen sind:

**Satz 4:**
(7) $\mathbf{A} \cdot \mathbf{O} = \mathbf{O} \cdot \mathbf{A} = \mathbf{O}$
(8) $\mathbf{A} \cdot (\mathbf{B} \cdot \mathbf{C}) = (\mathbf{A} \cdot \mathbf{B}) \cdot \mathbf{C}$ (Assoziatives Gesetz)
(9) $\mathbf{A} \cdot (\mathbf{B}+\mathbf{C}) = \mathbf{AB} + \mathbf{AC}$ (Distributives Gesetz) .

Diese Regeln setzen natürlich voraus, daß die auftretenden Produkte und die Summe der Matrizen überhaupt definiert sind. Der Leser beachte, daß *nicht* das kommutative Gesetz gilt, d.h. es ist im allgemeinen $\mathbf{A} \cdot \mathbf{B} \neq \mathbf{B} \cdot \mathbf{A}$.

**Beispiel 5:**

$$\begin{pmatrix} 1 & -1 \\ 0 & 2 \end{pmatrix} \cdot \begin{pmatrix} 2 & 0 \\ 1 & 3 \end{pmatrix} = \begin{pmatrix} 1 & -3 \\ 2 & 6 \end{pmatrix}$$ . Dagegen ergibt sich:

$$\begin{pmatrix} 2 & 0 \\ 1 & 3 \end{pmatrix} \cdot \begin{pmatrix} 1 & -1 \\ 0 & 2 \end{pmatrix} = \begin{pmatrix} 2 & -2 \\ 1 & 5 \end{pmatrix} .$$ ●

## 5.3 Die Einheitsmatrix

Es gibt eine spezielle Matrix, die sich bezüglich der Matrizenmultiplikation genau so verhält, wie die 1 bei der Multiplikation reeller Zahlen. Bekanntlich gilt für jede beliebige reelle Zahl $a$ stets $1 \cdot a = a \cdot 1 = a$.

Wir betrachten die Menge aller $(n,n)$-Matrizen, wobei $n$ fest sei. Für diese hat die $(n,n)$-Matrix

$$\mathbf{I}_n = \begin{pmatrix} 1 & 0 & \ldots\ldots & 0 \\ 0 & 1 & 0 \ldots\ldots & 0 \\ \ldots & \ldots & \ldots & \ldots \\ 0 & \ldots & \ldots\ldots & 1 \end{pmatrix}$$

die Eigenschaft, daß für alle $\mathbf{A}$ aus dieser Menge gilt:

$$\mathbf{I}_n \cdot \mathbf{A} = \mathbf{A} \cdot \mathbf{I}_n = \mathbf{A} .$$

Diese Eigenschaft der Einheitsmatrix $\mathbf{I}_n$ sieht man sofort ein, wenn man die Produkte ausrechnet.

## 5.4 Die Inverse einer Matrix

Wir haben bisher Addition und Multiplikation von Matrizen kennengelernt und gesehen, welche Ähnlichkeiten zu den Operationen mit reelen Zahlen bestehen. Die reellen Zahlen haben aber weiterhin die Eigenschaft, daß zu jedem $a \neq 0$ stets eine Zahl $x \in \mathbb{R}$ existiert, so daß $x \cdot a = a \cdot x = 1$ und $x = \frac{1}{a} = a^{-1}$ eindeutig bestimmt ist. Entsprechend fragt man bei quadratischen Matrizen, ob es zu einer gegebenen Matrix $\mathbf{A}$ eine eindeutig bestimmte Matrix $\mathbf{X}$ gibt mit der Eigenschaft

$$(10) \quad \mathbf{X} \cdot \mathbf{A} = \mathbf{A} \cdot \mathbf{X} = \mathbf{I}_n .$$

**Definition 7**: Eine Matrix $\mathbf{X}$ mit der Eigenschaft (10) heißt Inverse von $\mathbf{A}$. Wir vereinbaren die Schreibweise
$\mathbf{X} = \mathbf{A}^{-1}$.

Sei $\mathbf{A}$ eine (n,n)-Matrix. Wir suchen zunächst eine Matrix $\mathbf{X}_1$, die der Bedingung

$$(11) \quad \mathbf{A}\mathbf{X}_1 = \mathbf{I}_n$$

genügt. Die i-te Spalte von $\mathbf{X}_1$ sei mit $\mathbf{x}_i$, die i-te Spalte von $\mathbf{I}_n$ sei mit $\mathbf{e}_i$ bezeichnet. Dann ist die Gleichung $\mathbf{A}\mathbf{X}_1 = \mathbf{I}_n$ n linearen inhomogenen Gleichungssystemen (LIS) der Form $\mathbf{A}\mathbf{x}_i = \mathbf{e}_i (i=1,2,\ldots,n)$ äquivalent, s. Kap. 4. Die Lösung dieser Systeme ist aber genau dann eindeutig, wenn die Matrix $\mathbf{A}$ regulär ist. Geht man von der Gleichung

$$\mathbf{X}_2\mathbf{A} = \mathbf{I}_n$$

aus, so folgert man mit den gleichen Argumenten, daß eine eindeutig bestimmte Matrix $\mathbf{X}_2$ genau dann existiert, wenn $\mathbf{A}$ regulär ist. Man sieht nun leicht ein, daß $\mathbf{X}_1 = \mathbf{X}_2$ gilt.
Multipliziert man nämlich die Gleichung

$$\mathbf{X}_2\mathbf{A} = \mathbf{I}_n$$

von rechts mit $\mathbf{X}_1$:

$$\mathbf{X}_2\mathbf{A}\mathbf{X}_1 = \mathbf{I}_n\mathbf{X}_1 ,$$

so gilt wegen (11)

$$\mathbf{X}_2\mathbf{I}_n = \mathbf{I}_n\mathbf{X}_1, \text{ d.h. } \mathbf{X}_2 = \mathbf{X}_1 .$$

Mit diesen Überlegungen haben wir bewiesen:

**Satz 5**: Die Inverse einer quadratischen Matrix existiert genau dann, wenn $\mathbf{A}$ regulär ist. Sie wird mit $\mathbf{A}^{-1}$ bezeichnet und erfüllt die Gleichungen

$$\mathbf{A}^{-1}\mathbf{A} = \mathbf{A}\mathbf{A}^{-1} = \mathbf{I}_n .$$

Ein einfacher Weg zur Berechnung von $\mathbf{A}^{-1}$ beruht auf der Methode der elementaren Umformung. Die Begründung dieser Methode ist implizit in der behandelten Gleichungslehre enthalten. Wir schreiben neben die Matrix $\mathbf{A}$ die Matrix $\mathbf{I}_n$ und erhalten so eine (n,2n)-Matrix $(\mathbf{A},\mathbf{I}_n)$. Ist $\mathbf{A}$ regulär, so können wir diese Matrix durch elementare Umformungen auf die Gestalt $(\mathbf{I}_n,\mathbf{X})$ bringen. Dann ist $\mathbf{X} = \mathbf{A}^{-1}$.

**Beispiel 6:**

$$\mathbf{A} = \begin{pmatrix} 1 & 2 & 3 \\ 1 & 3 & 3 \\ 1 & 2 & 4 \end{pmatrix}, \quad (\mathbf{A}, \mathbf{I}_3) = \begin{pmatrix} 1 & 2 & 3 & 1 & 0 & 0 \\ 1 & 3 & 3 & 0 & 1 & 0 \\ 1 & 2 & 4 & 0 & 0 & 1 \end{pmatrix}$$

Durch fortgesetzte Umformungen ergibt sich (siehe Kapitel 4):

$$\begin{pmatrix} 1 & 2 & 3 & 1 & 0 & 0 \\ 0 & 1 & 0 & -1 & 1 & 0 \\ 0 & 0 & 1 & -1 & 0 & 1 \end{pmatrix}, \quad \begin{pmatrix} 1 & 0 & 3 & 3 & -2 & 0 \\ 0 & 1 & 0 & -1 & 1 & 0 \\ 0 & 0 & 1 & -1 & 0 & 1 \end{pmatrix},$$

$$\begin{pmatrix} 1 & 0 & 0 & 6 & -2 & -3 \\ 0 & 1 & 0 & -1 & 1 & 0 \\ 0 & 0 & 1 & -1 & 0 & 1 \end{pmatrix},$$

d.h. $$\mathbf{A}^{-1} = \begin{pmatrix} 6 & -2 & -3 \\ -1 & 1 & 0 \\ -1 & 0 & 1 \end{pmatrix}. \bullet$$

Der Leser überzeuge sich durch eine Probe von der Gültigkeit der Gleichung $\mathbf{A}\mathbf{A}^{-1} = \mathbf{A}^{-1}\mathbf{A} = \mathbf{I}_3$.

In den praktischen Anwendungen kommt es häufig vor, daß die Inverse eines Produkts $\mathbf{A} \cdot \mathbf{B}$ zweier Matrizen zu berechnen ist. Kennt man die Inversen $\mathbf{A}^{-1}$ und $\mathbf{B}^{-1}$ (Regularität vorausgesetzt), so kann man folgende Formel anwenden:

**Satz 6:** $(\mathbf{AB})^{-1} = \mathbf{B}^{-1}\mathbf{A}^{-1}$.

Der Beweis dieser Gleichung ist einfach.

$$(\mathbf{AB}) \cdot (\mathbf{B}^{-1}\mathbf{A}^{-1}) = \mathbf{A} \cdot \mathbf{A}^{-1} = \mathbf{I}.$$

Wegen der Eindeutigkeit der Inversen ist also $\mathbf{B}^{-1}\mathbf{A}^{-1}$ die Inverse zu $\mathbf{A} \cdot \mathbf{B}$, was zu beweisen war. ●

## 5.5 Transponierte Matrix, Spur von Matrizen

**Definition 8:** Die Transponierte $\mathbf{A}'$ einer (m,n)-Matrix $\mathbf{A}$ ist die (n,m)-Matrix, deren Zeilen mit den Spalten von $\mathbf{A}$ übereinstimmen (1. Zeile von $\mathbf{A}'$ gleich 1. Spalte von $\mathbf{A}$, 2. Zeile von $\mathbf{A}'$ gleich 2. Spalte von $\mathbf{A}, \ldots,$ n-te Zeile von $\mathbf{A}'$ gleich n-te Spalte von $\mathbf{A}$), d.h. für $\mathbf{A} = (\mathbf{a}_1, \ldots, \mathbf{a}_n)$ ist

$$\mathbf{A}' = \begin{pmatrix} \mathbf{a}_1' \\ \vdots \\ \mathbf{a}_n' \end{pmatrix} .$$

**Beispiel 7:**

$$\mathbf{A} = \begin{pmatrix} 1 & 0 & 3 \\ 4 & 5 & -2 \end{pmatrix} , \quad \mathbf{A}' = \begin{pmatrix} 1 & 4 \\ 0 & 5 \\ 3 & -2 \end{pmatrix} \quad \bullet$$

Bei quadratischen Matrizen erhält man die Transponierte durch „Spiegelung" aller Elemente der Matrix an der Hauptdiagonalen (die von links oben nach rechts unten verlaufende Diagonale).

**Beispiel 8:**

$$\mathbf{A} = \begin{pmatrix} 4 & 1 & 5 \\ 3 & 7 & -4 \\ 0 & -2 & -3 \end{pmatrix} , \quad \mathbf{B}' = \begin{pmatrix} 4 & 3 & 0 \\ 1 & 7 & -2 \\ 5 & -4 & -3 \end{pmatrix} . \bullet$$

Für das Transponieren von Matrizen gelten folgende Regeln:

**Satz 7:**
(12) $(\mathbf{A}')' = \mathbf{A}$,
(13) $(\mathbf{A}+\mathbf{B})' = \mathbf{A}' + \mathbf{B}'$,
(14) $(\mathbf{AB})' = \mathbf{B}'\mathbf{A}'$,
(15) $(\mathbf{A}^{-1})' = (\mathbf{A}')^{-1}$.

Diese vier Regeln werden beim praktischen Rechnen mit Matrizen sehr häufig verwendet. Ihr Beweis ist einfach und sei dem Leser überlassen.

**Definition 9**: Die Spur einer quadratischen Matrix $\mathbf{A}$ ist die Summe ihrer Diagonalglieder und wird mit Spur $(\mathbf{A})$ abgekürzt.

**Beispiel 9:**

$$\mathbf{A} = \begin{pmatrix} 4 & 1 & 5 \\ 3 & 7 & 4 \\ 0 & -2 & -3 \end{pmatrix} \Rightarrow \text{Spur } (\mathbf{A}) = 4 + 7 - 3 = 8. \bullet$$

Für die Spur gelten die folgenden Rechenregeln

**Satz 8:**
(16) Spur $(\mathbf{A}') = $ Spur $(\mathbf{A})$,
(17) Spur $(\mathbf{A}+\mathbf{B}) = $ Spur $(\mathbf{A})$ + Spur $(\mathbf{B})$,
(18) Spur $(\mathbf{AB}) = $ Spur $(\mathbf{BA})$.

Die Gültigkeit dieser Rechenregeln zu zeigen, ist nicht schwierig. Der Leser führe die Beweise zu seiner Übung durch.

## 5.6 Spezielle Matrizen

**Definition 10**: Eine quadratische Matrix heißt
a) symmetrisch, wenn $\mathbf{A}' = \mathbf{A}$ ist;
b) schiefsymmetrisch, wenn $\mathbf{A}' = -\mathbf{A}$ ist.

**Beispiel 10**:

$\mathbf{A} = \begin{pmatrix} 1 & 4 \\ 4 & 3 \end{pmatrix}$ ist symmetrisch;

$\mathbf{B} = \begin{pmatrix} 0 & 2 \\ -2 & 0 \end{pmatrix}$ ist schiefsymmetrisch. ●

**Definition 11**: Eine (n,n)-Matrix $\mathbf{A} = (a_{ij})$ heißt
a) diagonal, wenn sämtliche Elemente außerhalb der Hauptdiagonalen Null sind, d.h. wenn
$\bigwedge_{i \neq j} a_{ij} = 0$ ;
b) dreieckig, wenn sämtliche Elemente auf der einen Seite der Hauptdiagonalen gleich Null sind, d.h. wenn
entweder $\bigwedge_{i > j} a_{ij} = 0$ oder $\bigwedge_{i < j} a_{ij} = 0$ erfüllt ist.

**Beispiel 11**:

$\mathbf{A} = \begin{pmatrix} 4 & 0 & 0 & 0 \\ 0 & 3 & 0 & 0 \\ 0 & 0 & 0 & 0 \\ 0 & 0 & 0 & -1 \end{pmatrix}$ ist eine Diagonalmatrix;

$\mathbf{B} = \begin{pmatrix} 1 & 4 & 0 \\ 0 & 0 & 3 \\ 0 & 0 & -4 \end{pmatrix}$ ist eine Dreiecksmatrix. ●

Meist schreibt man für Diagonalmatrizen mit den Elementen $\lambda_1, \lambda_2, \ldots, \lambda_n$ auf der Hauptdiagonalen auch Diag $(\lambda_1, \lambda_2, \ldots, \lambda_n)$.

**Definition 12**: Eine (n,n)-Matrix $\mathbf{A}$ heißt orthogonal, wenn $\mathbf{A}'\mathbf{A} = \mathbf{I}_n$ ist.

**Beispiel 12**:
Die Matrix

$$\mathbf{A} = \begin{matrix} 2/3 & 2/3 & -1/3 \\ 2/3 & -1/3 & 2/3 \\ 1/3 & -2/3 & -2/3 \end{matrix}$$

ist orthogonal, denn es gilt $\mathbf{A}'\mathbf{A} = \mathbf{I}_3$. ●

**Beispiel 13**:
Für

$$\mathbf{A} = \begin{pmatrix} 1 & 6 & 2 \\ 0 & 3 & -5 \\ 2 & -3 & -1 \end{pmatrix}$$

erhält man

$$\mathbf{A}'\mathbf{A} = \begin{pmatrix} 5 & 0 & 0 \\ 0 & 54 & 0 \\ 0 & 0 & 30 \end{pmatrix} .$$

Wie hat man $\mathbf{A}$ abzuändern, um $\mathbf{A}$ in eine orthogonale Matrix überzuführen? ●

**Folgerung**:
Für orthogonale Matrizen gilt

$$\mathbf{A}^{-1} = \mathbf{A}' .$$

Orthogonale Matrizen sind also stets regulär.

**Definition 13**: Eine quadratische Matrix $\mathbf{A}$ heißt idempotent, wenn sie die Gleichung $\mathbf{AA} = \mathbf{A}$ erfüllt. Für $\mathbf{AA}$ schreibt man auch $\mathbf{A}^2$.

**Beispiel 14**:
Für die Matrix

$$\mathbf{A} = \begin{pmatrix} 2 & -2 & -4 \\ -1 & 3 & 4 \\ 1 & -2 & -3 \end{pmatrix}$$

rechnet man leicht nach, daß die Gleichung $\mathbf{A}^2 = \mathbf{A}$ erfüllt ist. ●

**Beispiel 15**:
Die Einheitsmatrix $\mathbf{I}_n$ ist idempotent, also $\mathbf{I}_n\mathbf{I}_n = \mathbf{I}_n$, wie man leicht nachrechnen kann. ●

Der Leser beachte, daß auch mit dem Begriff der idempotenten Matrix der Unterschied zwischen dem Rechnen mit Matrizen und dem mit reellen Zahlen deutlich wird. So wie in Beispiel 5 $\mathbf{A} \cdot \mathbf{B} \neq \mathbf{B} \cdot \mathbf{A}$ gilt im Gegensatz zu $a \cdot b = b \cdot a$ mit $a, b \in \mathrm{IR}$, so gilt für eine idempotente Matrix $\mathbf{A}: \mathbf{A} \cdot \mathbf{A} = \mathbf{A}$ im Unterschied zu $a \cdot a = a^2, a \in \mathrm{IR}$.

In der folgenden Tabelle sind einige Ähnlichkeiten und Unterschiede beim Rechnen mit reellen Zahlen im Vergleich zum Rechnen mit Matrizen zusammengestellt:

| | *reelle Zahlen* | *Matrizen* |
|---|---|---|
| 1. | $a + b = b + a$ | $\mathbf{A} + \mathbf{B} = \mathbf{B} + \mathbf{A}$ |
| 2. | $a + (b+c) = (a+b) + c$ | $\mathbf{A} + (\mathbf{B}+\mathbf{C}) = (\mathbf{A}+\mathbf{B}) + \mathbf{C}$ |
| 3. | $a + x = 0 \Rightarrow x = -a$ | $\mathbf{A} + \mathbf{X} = \mathbf{O} \Rightarrow \mathbf{X} = -\mathbf{A}$ |
| 4. | $a + x = a \Rightarrow x = 0$ | $\mathbf{A} + \mathbf{X} = \mathbf{A} \Rightarrow \mathbf{X} = \mathbf{O}$ |
| 5. | $a \cdot 0 = 0 \cdot a = 0$ | $\mathbf{A} \cdot \mathbf{O} = \mathbf{O} \cdot \mathbf{A} = \mathbf{O}$ |
| 6. | $x \cdot a = a \cdot x = 1 \Rightarrow x = a^{-1}$, falls $a \neq 0$ | $\mathbf{X} \cdot \mathbf{A} = \mathbf{A} \cdot \mathbf{X} = \mathbf{I} \Rightarrow \mathbf{X} = \mathbf{A}^{-1}$, falls $\mathbf{A}$ regulär |
| 7. | $a(b+c) = ab + ac$ | $\mathbf{A}(\mathbf{B}+\mathbf{C}) = \mathbf{AB} + \mathbf{AC}$ |
| 8. | $a \cdot (b \cdot c) = (a \cdot b) \cdot c$ | $\mathbf{A} \cdot (\mathbf{B} \cdot \mathbf{C}) = (\mathbf{A} \cdot \mathbf{B}) \cdot \mathbf{C}$ |
| 9. | $(a^{-1})^{-1} = a$, falls $a \neq 0$ | $(\mathbf{A}^{-1})^{-1} = \mathbf{A}$, falls $\mathbf{A}$ regulär |
| 1. | $ab = 0 \Rightarrow a = 0 \vee b = 0$ | $\mathbf{AB} = \mathbf{O} \not\Rightarrow \mathbf{A} = \mathbf{O} \vee \mathbf{B} = \mathbf{O}$ |
| 2. | $a \cdot b = b \cdot a$ | $\mathbf{A} \cdot \mathbf{B} \neq \mathbf{B} \cdot \mathbf{A}$ |
| 3. | $(ab)^{-1} = a^{-1}b^{-1}$, falls $a \neq 0, b \neq 0$ | $(\mathbf{AB})^{-1} = \mathbf{B}^{-1}\mathbf{A}^{-1}$, falls $\mathbf{A},\mathbf{B}$ regulär $\neq \mathbf{A}^{-1}\mathbf{B}^{-1}$ |
| 4. | $a \cdot a = a^2$ | $\mathbf{A} \cdot \mathbf{A} = \mathbf{A}$, falls $\mathbf{A}$ idempotent |

Tabelle 5.1

## 5.7 Aufgaben

1. Es ist das Produkt $\mathbf{B} \cdot \mathbf{A}$ mit

$$\mathbf{A} = \begin{pmatrix} 1 & 0 \\ 2 & 1 \\ 0 & 3 \end{pmatrix} \quad , \quad \mathbf{B} = \begin{pmatrix} 7 & -3 & 4 \\ 4 & 2 & 0 \\ 1 & -1 & 2 \end{pmatrix}$$

zu berechnen.

Zu beachten ist, daß in diesem Fall $\mathbf{A} \cdot \mathbf{B}$ nicht erklärt ist, weil $\mathbf{A}$ eine (3,2)-Matrix, $\mathbf{B}$ eine (3,3)-Matrix ist.

2. Der Leser übe die Produktbildung für

$$\mathbf{A} = \begin{pmatrix} 1 & 4 & 0 & 5 \\ 2 & 0 & 1 & 3 \\ 3 & 1 & 8 & -4 \\ 4 & 3 & 6 & 2 \end{pmatrix} \qquad \mathbf{B} = \begin{pmatrix} 1 & 2 & 3 & 4 \\ 4 & 0 & 1 & 3 \\ 0 & 1 & 8 & 6 \\ 5 & 3 & -4 & 2 \end{pmatrix}$$

und zeige an diesem Beispiel, daß gilt:

$$\mathbf{A} \cdot \mathbf{B} \neq \mathbf{B} \cdot \mathbf{A} .$$

3. Für die unter 2. angegebenen Matrizen sind – wenn möglich – folgende Ausdrücke zu berechnen:

   a) $\mathbf{BA} - 2\mathbf{A}$ b) $3\mathbf{A} + \mathbf{BA}$ c) $\mathbf{B}^2$

4. Man kann eine (m,n)-Matrix $\mathbf{A}$ auf die folgende Weise zerlegen:

$$\mathbf{A} = \left(\begin{array}{ccc|ccc} a_{11} & \cdots & a_{1k} & a_{1k+1} & \cdots & a_{1n} \\ \vdots & & \vdots & \vdots & & \vdots \\ a_{j1} & \cdots & a_{jk} & a_{jk+1} & \cdots & a_{jn} \\ \hline a_{j+k\,1} & \cdots & a_{j+1k} & a_{j+1k+1} & \cdots & a_{j+1n} \\ \vdots & & \vdots & \vdots & & \vdots \\ a_{m1} & \cdots & a_{mk} & a_{mk+1} & \cdots & a_{mn} \end{array}\right) .$$

So erhält man vier rechteckige Zahlenschemata $\mathbf{A}_{11}, \mathbf{A}_{12}, \mathbf{A}_{21}, \mathbf{A}_{22}$, mit deren Hilfe man $\mathbf{A}$ darstellen kann:

$$\mathbf{A} = \begin{pmatrix} \mathbf{A}_{11} & \mathbf{A}_{12} \\ \mathbf{A}_{21} & \mathbf{A}_{22} \end{pmatrix} .$$

Man nennt $\mathbf{A}_{ij}$, $i=1,2$, $j=1,2$, Untermatrizen von $\mathbf{A}$.

Derartige Untermatrizen werden häufig deshalb eingeführt, weil sie die Multiplikation von Matrizen erleichtern.

a) Zeige, daß – sofern die folgenden Matrizen und Untermatrizen überhaupt multiplizierbar sind – gilt:

$$\mathbf{A} \cdot \mathbf{B} = \begin{pmatrix} \mathbf{A}_{11} & \mathbf{A}_{12} \\ \mathbf{A}_{21} & \mathbf{A}_{22} \end{pmatrix} \cdot \begin{pmatrix} \mathbf{B}_{11} & \mathbf{B}_{12} \\ \mathbf{B}_{21} & \mathbf{B}_{22} \end{pmatrix} =$$

$$= \begin{pmatrix} \mathbf{A}_{11} \cdot \mathbf{B}_{11} + \mathbf{A}_{12} \cdot \mathbf{B}_{21} & \mathbf{A}_{11} \cdot \mathbf{B}_{12} + \mathbf{A}_{12} \cdot \mathbf{B}_{22} \\ \mathbf{A}_{21} \cdot \mathbf{B}_{11} + \mathbf{A}_{22} \cdot \mathbf{B}_{21} & \mathbf{A}_{21} \cdot \mathbf{B}_{12} + \mathbf{A}_{22} \cdot \mathbf{B}_{22} \end{pmatrix} .$$

Interpretiere das Ergebnis.

b) Zeige: Ist $\mathbf{A}$ regulär, so gilt:

$$\mathbf{A}^{-1} = \begin{pmatrix} \mathbf{C}_{11} & \mathbf{C}_{12} \\ \mathbf{C}_{21} & \mathbf{C}_{22} \end{pmatrix} \quad \text{mit:}$$

$$\begin{aligned}
\mathbf{C}_{11} &= (\mathbf{A}_{11} - \mathbf{A}_{12}\mathbf{A}_{22}^{-1}\mathbf{A}_{21})^{-1}\\
\mathbf{C}_{22} &= (\mathbf{A}_{22} - \mathbf{A}_{21}\mathbf{A}_{11}^{-1}\mathbf{A}_{12})^{-1}\\
\mathbf{C}_{12} &= -\mathbf{A}_{11}^{-1}\mathbf{A}_{12}(\mathbf{A}_{22} - \mathbf{A}_{21}\mathbf{A}_{11}^{-1}\mathbf{A}_{12})^{-1}\\
\mathbf{C}_{21} &= -\mathbf{A}_{22}^{-1}\mathbf{A}_{21}(\mathbf{A}_{11} - \mathbf{A}_{12}\mathbf{A}_{22}^{-1}\mathbf{A}_{21})^{-1},
\end{aligned}$$

vorausgesetzt, daß die auftretenden Inversen existieren.

5. Berechne nach der Regel in Aufgabe 4a):

$$\left(\begin{array}{ccc|c} 1 & 0 & 0 & 2\\ 0 & 1 & 0 & 4\\ 0 & 0 & 1 & 6 \end{array}\right) \cdot \left(\begin{array}{ccc} 1 & 0 & 0\\ 0 & 1 & 0\\ 0 & 0 & 1\\ \hline 6 & 2 & 4 \end{array}\right).$$

6. Zeige mit Hilfe der in 5.2 erklärten Multiplikation, daß die durch die elementaren Umformungen von $(\mathbf{A},\mathbf{I})$ nach $(\mathbf{I},\mathbf{X})$ erhaltene Matrix $\mathbf{X}$ gleich der Inversen $\mathbf{A}^{-1}$ von $\mathbf{A}$ ist, sofern $\mathbf{A}$ regulär.

7. Zeige durch Angabe zweier (2,2)-Matrizen $\mathbf{A}$ und $\mathbf{B}$, daß die Gleichung $\mathbf{AB} = \mathbf{O}$ möglich ist, obwohl $\mathbf{A} \neq \mathbf{O}$ und $\mathbf{B} \neq \mathbf{O}$ ist, und vergleiche diese Eigenschaft der Matrizenmultiplikation mit der Multiplikation reeller Zahlen.

8. Zeige: Für jede reguläre Matrix $\mathbf{A}$ gilt: $(\mathbf{A}')^{-1} = (\mathbf{A}^{-1})'$.

9.a) Von den beiden folgenden Matrizen sind – wenn möglich – die Inversen zu bestimmen:

$$\mathbf{A} = \begin{pmatrix} 1 & 1 & 1\\ 2 & 3 & 0\\ 1 & 0 & 3 \end{pmatrix} \qquad \mathbf{B} = \begin{pmatrix} 2 & 1 & 3\\ 3 & 1 & 0\\ 0 & 2 & 19 \end{pmatrix}.$$

b) Löse das Gleichungssystem

$$\frac{1}{2}\mathbf{B}\mathbf{x} = \mathbf{b} \quad \text{mit} \quad \mathbf{b} = \begin{pmatrix} -1\\ 0\\ 1 \end{pmatrix}.$$

10. Wann folgt aus $\mathbf{AB} = \mathbf{AC}$ die Gleichung $\mathbf{B} = \mathbf{C}$?

11. Zeige, daß gilt: Spur $(\mathbf{S}^{-1}\mathbf{AS})$ = Spur $(\mathbf{A})$.

12. Wenn $\mathbf{AB} = \mathbf{A}$ und $\mathbf{BA} = \mathbf{B}$ ist, dann sind $\mathbf{A}$ und $\mathbf{B}$ idempotent. Beweise diesen Satz!

13. Zeige: Ist $\mathbf{A}$ eine (m,n)-Matrix vom Rang k, und sind $\mathbf{P}$ und $\mathbf{Q}$ reguläre (m,m)- bzw. (n,n)-Matrizen, dann gilt:
Rang $(\mathbf{AQ})$ = Rang$(\mathbf{PA})$ = Rang $(\mathbf{A})$.

14. Zeige, daß gilt:
$\text{Rang}(\mathbf{AB}) \leqslant \min[\text{Rang}(\mathbf{A}), \text{Rang}(\mathbf{B})]$.
Gilt auch $\text{Rang}(\mathbf{AA}) = \text{Rang}(\mathbf{A})$ ?

15. Es sei $\mathbf{A} = (a_{ij}), i=1, \ldots, m, j=1, \ldots, n$ und
$\mathbf{B} = (b_{kl}), k=1, \ldots, n, l=1, \ldots, r$.
Prüfe: $\mathbf{A} \cdot \mathbf{B} = (\mathbf{a}_i' \cdot \mathbf{b}_l)$, wobei $\mathbf{a}_i'$ der i-te Zeilenvektor von $\mathbf{A}$ und $\mathbf{b}_l$ der l-te Spaltenvektor von B ist.

16. Es sei $\mathbf{a} = \begin{pmatrix} a_1 \\ \vdots \\ a_n \end{pmatrix}$ und $\mathbf{b} = \begin{pmatrix} b_1 \\ \vdots \\ b_n \end{pmatrix}$.

Das Produkt $\mathbf{ab}'$ heißt *dyadisches* Produkt von $\mathbf{a}, \mathbf{b}$.
Von welchem Typ ist die Matrix $\mathbf{ab}'$?

Berechne $\mathbf{ab}'$ für das Beispiel $\mathbf{a} = \begin{pmatrix} 1 \\ -2 \\ 3 \end{pmatrix}$ und $\mathbf{b} = \begin{pmatrix} -1 \\ 2 \\ 4 \end{pmatrix}$ und vergleiche das Ergebnis mit $\mathbf{a}'\mathbf{b}$.

# 6. Determinanten

## 6.1 Vorbetrachtung

Im 4. Kapitel haben wir für ein beliebiges LIS $\mathbf{Ax} = \mathbf{b}$ mit m Gleichungen und n Unbekannten (d.h. $\mathbf{A}$ ist eine (m,n)-Matrix als allgemeine Lösung erhalten:

$$\mathbf{x}_{AI} = \mathbf{x}_{AH} + \mathbf{x}_{SI} \,,$$

worin $\mathbf{x}_{AH}$ die allgemeine Lösung des zugehörigen LHS und $\mathbf{x}_{SI}$ eine spezielle Lösung des LIS bedeuten. Für den Spezialfall $m = n$ und $\mathbf{x}_{AH} = \mathbf{o}$ haben wir dann im 5. Kapitel über die Inverse $\mathbf{A}^{-1}$ die (eindeutige) Lösung $\mathbf{x} = \mathbf{A}^{-1}\mathbf{b}$ bestimmt. In diesem Kapitel wollen wir nun für den obigen speziellen Fall über die sogenannte Determinante eine weitere Möglichkeit der Berechnung der Lösung des LIS aufzeigen. Es sei schon hier darauf hingewiesen, daß Determinanten nicht nur im Zusammenhang mit der Lösung von Gleichungssystemen eine wichtige Rolle spielen (siehe Abschnitt 6.6).

## 6.2 Zwei- und dreireihige Determinanten

Betrachten wir folgendes LIS (m=n=2):

$$\begin{aligned} a_{11}\,x_1 + a_{12}\,x_2 &= b_1 \\ a_{21}\,x_1 + a_{22}\,x_2 &= b_2 \,. \end{aligned}$$

Zur Bestimmung der Lösung dieses LIS wenden wir das Eliminationsverfahren an: Wir multiplizieren die 1. Gleichung mit $a_{21}$ und die zweite mit $a_{11}$:

$$\begin{aligned} a_{21}\,a_{11}\,x_1 + a_{21}\,a_{12}\,x_2 &= a_{21}\,b_1 \\ a_{11}\,a_{21}\,x_1 + a_{11}\,a_{22}\,x_2 &= a_{11}\,b_2 \end{aligned}$$

und subtrahieren dann die zweite von der ersten Gleichung (d.h. $x_1$ wird eliminiert):

$$a_{21}\,a_{12}\,x_2 - a_{11}\,a_{22}\,x_2 = a_{21}\,b_1 - a_{11}\,b_2 \,.$$

Es ergibt sich, sofern $a_{12}\,a_{21} - a_{11}a_{22} \neq 0$:

$$x_2 = \frac{a_{21}\;b_1 - a_{11}\,b_2}{a_{12}\,a_{21} - a_{11}\,a_{22}}$$

und nach Erweiterung mit $-1$:

$$x_2 = \frac{a_{11}\ b_2 - a_{21}\ b_1}{a_{11}\ a_{22} - a_{12}\ a_{21}}\ .$$

In ähnlicher Weise erhalten wir für $x_1$:

$$x_1 = \frac{a_{22}\ b_1 - a_{12}\ b_2}{a_{11}\ a_{22} - a_{12}\ a_{21}}\ .$$

Es fällt auf:

1. die Nenner von $x_1$ und $x_2$ sind gleich;
2. die $a_{ij}$ im Nenner sind die 4 Elemente der zugehörigen (2,2)-Matrix

$$\mathbf{A} = \begin{pmatrix} a_{11} & a_{12} \\ a_{21} & a_{22} \end{pmatrix} = (\mathbf{a}_1, \mathbf{a}_2)\ ;$$

3. der Zähler von $x_1$ enthält die Komponenten der Vektoren $\mathbf{a}_2$ und $\mathbf{b}$ und der von $x_2$ die Komponenten von $\mathbf{a}_1$ und $\mathbf{b}$, wobei $\mathbf{b} = \begin{pmatrix} b_1 \\ b_2 \end{pmatrix}$ ist.

Die folgende Definition der sogenannten (zweireihigen) Determinante der (2,2)-Matrix $\mathbf{A}$ führt dazu, $x_1$ und $x_2$ jeweils als Quotient zweier Determinanten (mit gleicher Nennerdeterminante) darstellen zu können:

**Definition 1:**

$$|\mathbf{A}| = \begin{vmatrix} a_{11} & a_{12} \\ a_{21} & a_{22} \end{vmatrix}^{*} = a_{11}\ a_{22} - a_{12}\ a_{21}$$

($|\mathbf{A}|$ wird gelesen: Determinante von $\mathbf{A}$).

Somit ergibt sich für $x_1$ bzw. $x_2$:

$$x_1 = \frac{\begin{vmatrix} b_1 & a_{12} \\ b_2 & a_{22} \end{vmatrix}}{\begin{vmatrix} a_{11} & a_{12} \\ a_{21} & a_{22} \end{vmatrix}} = \frac{b_1\ a_{22} - b_2\ a_{12}}{a_{11}\ a_{22} - a_{12}\ a_{21}}$$

* Der Leser beachte, daß wir eigentlich $|(\ldots)|$ hätten schreiben müssen. Zur schreibtechnischen Vereinfachung wird die Klammer weggelassen.

$$x_2 = \frac{\begin{vmatrix} a_{11} & b_1 \\ a_{21} & b_2 \end{vmatrix}}{\begin{vmatrix} a_{11} & a_{12} \\ a_{21} & a_{22} \end{vmatrix}} = \frac{a_{11}\,b_2 - a_{21}\,b_1}{a_{11}\,a_{22} - a_{12}\,a_{21}} .$$

Den Zähler von $x_1$ $(x_2)$ erhalten wir also dadurch, daß wir in $\mathbf{A}$ den Spaltenvektor $\mathbf{a}_1$ $(\mathbf{a}_2)$ durch $\mathbf{b}$ ersetzen und dann die Determinante bilden, d.h.

$$x_1 = \frac{|\mathbf{b}, \mathbf{a}_2|}{|\mathbf{a}_1, \mathbf{a}_2|} \quad \text{und} \quad x_2 = \frac{|\mathbf{a}_1, \mathbf{b}|}{|\mathbf{a}_1, \mathbf{a}_2|} .$$

Der Leser beachte, daß genau eine Lösung $(x_1, x_2)$ dann und nur dann existiert, wenn die Nennerdeterminante von Null verschieden ist, d.h. $|\mathbf{A}| \neq 0$.

Betrachten wir nun als Erweiterung das folgende LIS (m=n=3):

$$\begin{aligned} a_{11}\,x_1 + a_{12}\,x_2 + a_{13}\,x_3 &= b_1 \\ a_{21}\,x_1 + a_{22}\,x_2 + a_{23}\,x_3 &= b_2 \\ a_{31}\,x_1 + a_{32}\,x_2 + a_{33}\,x_3 &= b_3 , \end{aligned}$$

so können wir wie oben mit Hilfe des Eliminationsverfahrens $x_1$, $x_2$ und $x_3$ berechnen, worauf wir an dieser Stelle verzichten wollen (siehe Abschnitt 6.7., Aufgaben). Ziel unserer Überlegung ist es jedoch, auch für die Matrix

$$\mathbf{A} = \begin{pmatrix} a_{11} & a_{12} & a_{13} \\ a_{21} & a_{22} & a_{23} \\ a_{31} & a_{32} & a_{33} \end{pmatrix}$$

die (dreireihige) Determinante so zu definieren, daß sich Zähler und Nenner von $x_1$, $x_2$ und $x_3$ genau wie für den Fall m=n=2 jeweils als dreireihige Determinante darstellen lassen. Um dies zu erreichen, bringen wir

**Definition 2**:

$$|\mathbf{A}| = \begin{vmatrix} a_{11} & a_{12} & a_{13} \\ a_{21} & a_{22} & a_{23} \\ a_{31} & a_{32} & a_{33} \end{vmatrix} = \begin{aligned} & a_{11}\,a_{22}\,a_{23} + a_{12}\,a_{23}\,a_{31} + a_{13}\,a_{21}\,a_{32} \\ & -a_{13}\,a_{22}\,a_{31} - a_{12}\,a_{21}\,a_{33} - a_{11}\,a_{23}\,a_{32} . \end{aligned}$$

Mit Hilfe dieser Definition läßt sich die Lösung $x = (x_1, x_2, x_3)$ wie folgt schreiben:

$$x_1 = \frac{|\mathbf{b}, \mathbf{a}_2, \mathbf{a}_3|}{|\mathbf{a}_1, \mathbf{a}_2, \mathbf{a}_3|} \qquad x_2 = \frac{|\mathbf{a}_1, \mathbf{b}, \mathbf{a}_3|}{|\mathbf{a}_1, \mathbf{a}_2, \mathbf{a}_3|} \qquad x_3 = \frac{|\mathbf{a}_1, \mathbf{a}_2, \mathbf{b}|}{|\mathbf{a}_1, \mathbf{a}_2, \mathbf{a}_3|} .$$

Ganz analog dem Fall m=n=2 ergibt sich also: Im Nenner von $x_1$, $x_2$ und $x_3$ steht die Determinante des Koeffizientenschemas (Matrix $\mathbf{A}$) und im Zähler von $x_1$ ($x_2$ bzw. $x_3$) die Determinante der Matrix, die wir erhalten, wenn wir den Spaltenvektor $\mathbf{a}_1$ ($\mathbf{a}_2$ bzw. $\mathbf{a}_3$) von $\mathbf{A}$ durch $\mathbf{b}$ ersetzen. Eine eindeutige Lösung existiert dann und nur dann, wenn $|\mathbf{A}| \neq 0$. Die Gültigkeit der hier angegebenen Lösungen für $m=n=2$ bzw. $m=n=3$ über den Quotienten von zwei- bzw. dreireihigen Determinanten wird als Cramersche Regel bezeichnet, die wir in Abschnitt 6.5 auf den allgemeinen Fall einer (n,n)-Matrix $\mathbf{A}$ erweitern.

**Beispiel 1:**

$$\begin{aligned} x_1 + 2x_2 - 4x_3 &= -4 \\ 5x_1 - 3x_2 - 7x_3 &= 6 \\ 3x_1 - 2x_2 + 3x_3 &= 11 \end{aligned}$$

Es ist:

$$|\mathbf{A}| = \begin{vmatrix} 1 & 2 & -4 \\ 5 & -3 & -7 \\ 3 & -2 & 3 \end{vmatrix} \begin{aligned} &= 1 \cdot (-3) \cdot 3 + 2 \cdot (-7) \cdot 3 + (-4) \cdot 5 \cdot (-2) \\ &\quad -(-4) \cdot (-3) \cdot 3 - 2 \cdot 5 \cdot 3 - 1 \cdot (-7) \cdot (-2) \\ &= -91 \end{aligned}$$

$$|\mathbf{b}, \mathbf{a}_2, \mathbf{a}_3| = \begin{vmatrix} -4 & 2 & -4 \\ 6 & -3 & -7 \\ 11 & -2 & 3 \end{vmatrix} = -182$$

$$|\mathbf{a}_1, \mathbf{b}, \mathbf{a}_3| = \begin{vmatrix} 1 & -4 & -4 \\ 5 & 6 & -7 \\ 3 & 11 & 3 \end{vmatrix} = 91$$

$$|\mathbf{a}_1, \mathbf{a}_2, \mathbf{b}| = \begin{vmatrix} 1 & 2 & -4 \\ 5 & -3 & 6 \\ 3 & -2 & 11 \end{vmatrix} = -91$$

d.h. $x_1 = 2 \qquad x_2 = -1 \qquad x_3 = 1$.

Die Bestimmung der dreireihigen Determinante kann nach folgendem Schema (**Sarrus-Regel**) erfolgen, das eine übersichtliche Darstellung der 6 Summanden aus je 3 Faktoren unter Berücksichtigung der Vorzeichen ermöglicht. Dazu werden an die Matrix $\mathbf{A} = (\mathbf{a}_1, \mathbf{a}_2, \mathbf{a}_3)$ die ersten beiden Spaltenvektoren $\mathbf{a}_1, \mathbf{a}_2$ angefügt:

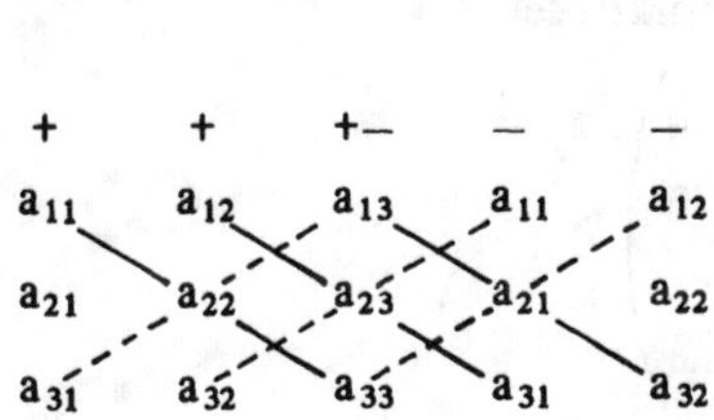

Die Produkte der 3 Zahlen, die durch ausgezogene Linien verbunden sind, werden addiert und die Produkte der 3 Zahlen, die durch gestrichelte Linien verbunden sind, subtrahiert. Diese Regel gilt aber nur für dreireihige Determinanten.

Zur Vorbereitung auf die Definition der Determinante einer (n,n)-Matrix wollen wir nun die dreireihige Determinante aus Definition 2 in der folgenden äquivalenten Form darstellen:

$$|\mathbf{A}| = \begin{vmatrix} a_{11} & a_{12} & a_{13} \\ a_{21} & a_{22} & a_{23} \\ a_{31} & a_{32} & a_{33} \end{vmatrix} = (-1)^{1+1} a_{11} \begin{vmatrix} a_{22} & a_{23} \\ a_{32} & a_{33} \end{vmatrix} + (-1)^{2+1} a_{21} \begin{vmatrix} a_{12} & a_{13} \\ a_{32} & a_{33} \end{vmatrix} + (-1)^{3+1} a_{31} \begin{vmatrix} a_{12} & a_{13} \\ a_{22} & a_{23} \end{vmatrix}.$$

Im Exponenten von $-1$ steht die Summe der Indizes des Faktors $a_{i1}, i=1,2,3$. Es ergibt sich:

$$|\mathbf{A}| = a_{11}(a_{22}a_{33}-a_{23}a_{32}) - a_{21}(a_{12}a_{33}-a_{13}a_{32}) + a_{31}(a_{12}a_{23}-a_{13}a_{22}).$$

Lösen wir die Klammern auf, so erhalten wir den Ausdruck in Definition 2. Wir haben damit die dreireihige Determinante $|\mathbf{A}|$ in die Summe von 3 zweireihigen sogenannten Unterdeterminanten zerlegt, wobei die einzelnen Unterdeterminanten unter Berücksichtigung des Vorzeichens noch jeweils mit einem Faktor $a_{11}$, $a_{21}$ bzw. $a_{31}$ zu multiplizieren sind. Wir sagen auch, die Determinante ist nach der 1. Spalte *entwickelt* worden:

$a_{11}$ wird mit derjenigen zweireihigen Unterdeterminante multipliziert, die aus $\mathbf{A}$ durch Streichen der 1. Zeile und 1. Spalte entsteht; $a_{21}$ mit derjenigen Unterdeterminante, die aus $\mathbf{A}$ durch Streichen der 2. Zeile und 1. Spalte entsteht, entsprechend für $a_{31}$. Genauso gut hätten wir natürlich $|\mathbf{A}|$ auch nach der 2. oder 3. Spalte oder auch nach der 1., 2. oder 3. Zeile entwickeln können. In allen 6 Fällen ergäbe sich der gleiche Wert für $|\mathbf{A}|$.

## 6.3 n-reihige Determinanten

Um die Cramersche Regel aus 6.2 auf ein LIS mit (n,n)-Matrix $\mathbf{A}$, wobei $n$ beliebig ist, erweitern zu können, müssen wir den Begriff der Determinante für solche (n,n)-Matrizen verallgemeinern. Es sei also

$$\mathbf{A} = \begin{pmatrix} a_{11} & a_{12} & \cdots & a_{1n} \\ a_{21} & a_{22} & \cdots & a_{2n} \\ \vdots & \vdots & & \\ a_{n1} & a_{n2} & \cdots & a_{nn} \end{pmatrix}.$$

Mit $\mathbf{A}_{ij}$ bezeichnen wir diejenige Untermatrix (siehe 5.7) von $\mathbf{A}$, die durch Streichen der i-ten Zeile und j-ten Spalte von $\mathbf{A}$ entsteht; $\mathbf{A}_{ij}$ ist also eine (n-1,n-1)-Matrix.

Die Definition von $|\mathbf{A}|$ erfolgt analog dem Fall m=n=3 in 6.2 durch Entwicklung nach der i-ten Zeile bzw. j-ten Spalte (i,j = 1, . . . , n).

**Definition 3:**

(a) Entwicklung nach der j-ten Spalte:

$$|\mathbf{A}| = (-1)^{1+j}\, a_{1j}\, |\mathbf{A}_{1j}| + (-1)^{2+j}\, a_{2j}\, |\mathbf{A}_{2j}| + \ldots + (-1)^{n+j}\, a_{nj}\, |\mathbf{A}_{nj}|$$

$$= \sum_{i=1}^{n} (-1)^{i+j}\, a_{ij}\, |\mathbf{A}_{ij}| \quad \text{für ein festes } j,\ 1 \leqslant j \leqslant n\,.$$

(b) Entwicklung nach der i-ten Zeile:

$$|\mathbf{A}| = (-1)^{i+1}\, a_{i1}\, |\mathbf{A}_{i1}| + (-1)^{i+2}\, a_{i2}\, |\mathbf{A}_{i2}| + \ldots + (-1)^{i+n}\, a_{in}\, |\mathbf{A}_{in}|$$

$$= \sum_{j=1}^{n} (-1)^{i+j}\, a_{ij}\, |\mathbf{A}_{ij}| \quad \text{für ein festes } i,\ 1 \leqslant i \leqslant n\,.$$

Bei den Fällen (a) und (b) handelt es sich nicht um 2 verschiedene Definitionen von $|\mathbf{A}|$, der Wert für $|\mathbf{A}|$ ist – wie sich zeigen läßt – in (a) und (b) gleich für alle i und j.

Wir haben also die Determinante $|\mathbf{A}|$ rekursiv über (n-1)-reihige Unterdeterminanten $|\mathbf{A}_{ij}|$ definiert (insgesamt n), die wiederum jeweils über (n-2)-reihige Unterdeterminanten (insgesamt n-1) definiert sind usw., bis wir nach insgesamt n-2 Schritten zu zweireihigen Unterdeterminanten gelangt sind (siehe Definition 1). Ein solcher „Abbau“ von $|\mathbf{A}|$ kann offensichtlich schon bei einer vierreihigen Determinante numerisch recht mühselig werden.

**Beispiel 2:**

$$|\mathbf{A}| = \begin{vmatrix} 2 & 1 & -2 & 1 \\ 2 & 7 & 1 & -1 \\ 1 & 2 & 3 & -3 \\ 3 & 4 & 8 & 1 \end{vmatrix}$$

Entwickeln wir $|\mathbf{A}|$ z.B. nach der 3. Zeile, so ergibt sich (i=3):

$$|\mathbf{A}| = (-1)^4\, 1 \cdot \begin{vmatrix} 1 & -2 & 1 \\ 7 & 1 & -1 \\ 4 & 8 & 1 \end{vmatrix} + (-1)^5\, 2 \cdot \begin{vmatrix} 2 & -2 & 1 \\ 2 & 1 & -1 \\ 3 & 8 & 1 \end{vmatrix}$$

$$+ (-1)^6\, 3 \cdot \begin{vmatrix} 2 & 1 & 1 \\ 2 & 7 & -1 \\ 3 & 4 & 1 \end{vmatrix} + (-1)^7 (-3) \cdot \begin{vmatrix} 2 & 1 & -2 \\ 2 & 7 & 1 \\ 3 & 4 & 8 \end{vmatrix} \qquad \bullet$$

Jede der 4 dreireihigen Unterdeterminanten kann nun wieder über eine Entwicklung nach einer Zeile oder Spalte (unter Berücksichtigung der Faktoren und des Vorzeichens) als Summe von 3 zweireihigen Unterdeterminanten dargestellt werden; letztlich sind $4 \cdot 3 = 12$ zweireihige Unterdeterminanten zu berechnen und noch mit den entsprechenden Faktoren zu multiplizieren. Darauf wollen wir hier aus Platzgründen verzichten. Sehr einfach ist die Berechnung der *Determinante einer Dreiecksmatrix*; sie ist gleich dem Produkt der Elemente auf der Diagonalen:

$$|\mathbf{A}| = \begin{vmatrix} a_{11} & a_{12} & a_{13} & \dots & a_{1n} \\ 0 & a_{22} & a_{23} & \dots & a_{2n} \\ 0 & 0 & a_{33} & \dots & a_{3n} \\ \vdots & \vdots & & & \vdots \\ 0 & 0 & \dots & 0 & a_{nn} \end{vmatrix}$$

$$= a_{11} \cdot \begin{vmatrix} a_{22} & a_{23} & \dots & a_{2n} \\ 0 & a_{33} & \dots & a_{3n} \\ \vdots & & & \vdots \\ 0 & \dots & 0 & a_{nn} \end{vmatrix} + 0 \cdot \begin{vmatrix} \dots \\ \dots \\ \dots \end{vmatrix} + \dots + 0 \cdot \begin{vmatrix} \dots \\ \dots \\ \dots \end{vmatrix}$$

$$= a_{11}\, a_{22} \cdot \begin{vmatrix} a_{33} & a_{34} & \dots & a_{3n} \\ 0 & a_{44} & \dots & a_{4n} \\ \vdots & & & \\ 0 & \dots & 0 & a_{nn} \end{vmatrix} + 0 \cdot \begin{vmatrix} \dots \\ \dots \\ \dots \end{vmatrix} + \dots + 0 \cdot \begin{vmatrix} \dots \\ \dots \\ \dots \end{vmatrix}$$

$$= a_{11} \cdot a_{22} \cdot \dots \cdot a_{nn} .$$

Insbesondere gilt für die Einheitsmatrix $\mathbf{I}_n : |\mathbf{I}_n| = 1$. Handelt es sich um eine beliebige n-reihige Determinante $|\mathbf{A}|$, so stellt sich wie im 4. Kapitel bei der Umformung von Gleichungssystemen (Ausschöpfen!) die Frage: Können auf die Determinante $|\mathbf{A}|$ mit dem Ziel, $\mathbf{A}$ in eine Dreiecksmatrix $\mathbf{D}$ umzuformen, Operationen angewendet werden, die den Wert von $|\mathbf{A}|$ nicht verändern bzw. für die der Einfluß der Änderung von $|\mathbf{A}|$ angegeben werden kann? Diese Frage wird im nächsten Abschnitt positiv beantwortet. Es wird sich zeigen, daß $|\mathbf{A}| = k \cdot |\mathbf{D}|$ ist, wobei der Faktor $k \in \mathbb{R}$ durch die Operationen zur Umformung von $\mathbf{A}$ in eine Dreiecksmatrix $\mathbf{D}$ bestimmt ist.

## 6.4 Eigenschaften der Determinante

In diesem Abschnitt wollen wir ohne Beweise die wichtigsten Eigenschaften einer Determinante zusammenstellen, die in der Anwendung oft benötigt werden.

**Satz 1**: Für die Transponierte $\mathbf{A}'$ einer (n,n)-Matrix $\mathbf{A}$ gilt $|\mathbf{A}'| = |\mathbf{A}|$.

**Satz 2**: Vertauscht man in einer Matrix zwei Zeilen (Spalten) miteinander, so ändert die Determinante ihr Vorzeichen.

**Satz 3**: Stimmen zwei Zeilen (Spalten) einer Matrix überein, so hat ihre Determinante den Wert Null.

**Satz 4**: Für beliebige $k \in \mathbb{R}$ ist:

$$\begin{vmatrix} a_{11} & \dots & ka_{1i} & \dots & a_{1n} \\ a_{21} & \dots & ka_{2i} & \dots & a_{2n} \\ \vdots & & \vdots & & \vdots \\ a_{n1} & \dots & ka_{ni} & \dots & a_{nn} \end{vmatrix} = k \begin{vmatrix} a_{11} & \dots & a_{1i} & \dots & a_{1n} \\ a_{21} & \dots & a_{2i} & \dots & a_{2n} \\ \vdots & & \vdots & & \vdots \\ a_{ni} & \dots & a_{ni} & \dots & a_{nn} \end{vmatrix}$$

Für Zeilen gilt eine entsprechende Formel:

**Satz 5**:

$$\begin{vmatrix} a_{11} & \dots & a_{1i} + b_1 & \dots & a_{1n} \\ a_{21} & \dots & a_{2i} + b_2 & \dots & a_{2n} \\ \vdots & & \vdots & & \vdots \\ a_{n1} & \dots & a_{ni} + b_n & \dots & a_{nn} \end{vmatrix} = \begin{vmatrix} a_{11} & \dots & a_{1i} & \dots & a_{1n} \\ a_{21} & \dots & a_{2i} & \dots & a_{2n} \\ \vdots & & \vdots & & \vdots \\ a_{n1} & \dots & a_{ni} & \dots & a_{nn} \end{vmatrix} + \begin{vmatrix} a_{11} & \dots & b_1 & \dots & a_{1n} \\ a_{21} & \dots & b_2 & \dots & a_{2n} \\ \vdots & & \vdots & & \vdots \\ a_{n1} & \dots & b_n & \dots & a_{nn} \end{vmatrix}$$

Dabei bilden die $b_1, \dots, b_n$ die i-te Spalte der rechtsstehenden Matrix. Für Zeilen gilt eine analoge Formel.

**Satz 6**: Die Determinante einer Matrix ändert ihren Wert nicht, wenn man das k-fache einer Zeile (Spalte) zu einer anderen Zeile (Spalte) addiert. Dabei ist $k \in \mathbb{R}$ beliebig.

Insbesondere der Satz 6 (als Analogon zu Satz 11 im 4. Kapitel) ist für die Berechnung einer Determinanten von großen Nutzen. Zu seiner Anwendung betrachten wir die Determinante in Beispiel 2, deren zugehörige Matrix wir mit Hilfe der oben angegebenen Operationen und mit der Begründung am Ende von 6.3 in eine Dreiecksmatrix überführen (I = 1. Zeile, ..., IV = 4. Zeile).

$$|\mathbf{A}| = \begin{vmatrix} 1 & 2 & 3 & 0 \\ 2 & 7 & 1 & -1 \\ 2 & 1 & 0 & 1 \\ 3 & 0 & 8 & 11 \end{vmatrix} \begin{matrix} \\ -2\mathrm{I} \\ -2\mathrm{I} \\ -3\mathrm{I} \end{matrix} = \begin{vmatrix} 1 & 2 & 3 & 0 \\ 0 & 3 & -5 & -1 \\ 0 & -3 & -6 & 1 \\ 0 & -6 & -1 & 1 \end{vmatrix} \begin{matrix} \\ \\ +\mathrm{II} \\ +2\mathrm{II} \end{matrix} =$$

$$= \begin{vmatrix} 1 & 2 & 3 & 0 \\ 0 & 3 & -5 & -1 \\ 0 & 0 & -11 & 0 \\ 0 & 0 & -11 & -1 \end{vmatrix} \begin{matrix} \\ \\ \\ -\text{III} \end{matrix} = \begin{vmatrix} 1 & 2 & 3 & 0 \\ 0 & 3 & -5 & -1 \\ 0 & 0 & -11 & 0 \\ 0 & 0 & 0 & -1 \end{vmatrix}$$

$$= 1 \cdot 3 \cdot (-11) \cdot (-1) = 33$$

Zum Abschluß dieses Abschnitts geben wir nun noch den sogenannten Multiplikationssatz für Determinanten an.

**Satz 7:** Es seien $\mathbf{A}, \mathbf{B}$ (n,n)-Matrizen. Dann gilt: $|\mathbf{A} \cdot \mathbf{B}| = |\mathbf{A}| \cdot |\mathbf{B}|$.

Auf den Beweis wollen wir verzichten, dafür aber eine wichtige Folgerung angeben:

**Folgerung:**
Für eine reguläre Matrix $\mathbf{A}$ gilt: $|\mathbf{A}^{-1}| = |\mathbf{A}|^{-1}$, denn es ist:

$$1 = |\mathbf{I}_n| = |\mathbf{A}\mathbf{A}^{-1}| = |\mathbf{A}| \cdot |\mathbf{A}^{-1}|, \text{ d.h. } |\mathbf{A}^{-1}| = \frac{1}{|\mathbf{A}|}.$$

Ist also die Determinante $|\mathbf{A}|$ einer regulären Matrix $\mathbf{A}$ bekannt, so ergibt sich die Determinante der Inversen $\mathbf{A}$ unmittelbar als reziproker Wert von $|\mathbf{A}|$.

## 6.5 Cramersche Regel

Wir haben in Abschnitt 6.2 bereits die Cramersche Regel für die Fälle n=2,3 kennengelernt. Die in 6.3 eingeführte Definition einer n-reihigen Determinanten läßt nun die Verallgemeinerung dieser Regel auf ein LIS $\mathbf{Ax} = \mathbf{b}$ mit einer (n,n)-Matrix $\mathbf{A}$ zu. Zuvor

**Satz 8:** Es sei $\mathbf{A}$ eine (n,n)-Matrix. Dann gilt:
$\mathbf{A}$ ist singulär $\Leftrightarrow$ $|\mathbf{A}| = 0$.

B e w e i s: Sind die Spalten (Zeilen) von $\mathbf{A}$ linear abhängig, so läßt sich mindestens eine Zeile (Spalte) als Linearkombination der anderen darstellen. Subtrahiert man diese Linearkombination von der betreffenden Spalte (Zeile), so erhält man eine Spalte (Zeile), die aus lauter Nullen besteht, d.h. $|\mathbf{A}| = 0$. Ist nun umgekehrt $|\mathbf{A}| = 0$, so muß sich $\mathbf{A}$ nach mehrfacher Anwendung von Satz 6 so umformen lassen, daß eine Spalte (Zeile) mit lauter Nullen vorkommt. Eine Menge von Vektoren, die den Nullvektor enthält, ist aber linear abhängig, d.h. $\mathbf{A}$ ist singulär. ●

*Gleichbedeutend* mit Satz 8 ist: $\mathbf{A}$ ist regulär $\Leftrightarrow$ $|\mathbf{A}| \neq 0$.

Im 5. Kapitel hatten wir als ein Ergebnis erhalten: $\mathbf{A}$ regulär $\Leftrightarrow$ $\mathbf{Ax} = \mathbf{b}$ ist eindeutig lösbar (die Lösung ist durch $\mathbf{x} = \mathbf{A}^{-1}\mathbf{b}$ gegeben). In Verbindung mit Satz 8 können wir also jeweils folgende äquivalente Aussagen machen:

1. $\mathbf{A}$ ist regulär;
2. das LIS $\mathbf{Ax} = \mathbf{b}$ ist eindeutig lösbar;
3. $|\mathbf{A}| \neq 0$;

oder entsprechend:

1. $\mathbf{A}$ ist singulär;
2. $\mathbf{Ax} = \mathbf{b}$ ist nicht (eindeutig) lösbar;
3. $|\mathbf{A}| = 0$.

Die Bestimmung der eindeutigen Lösung des LIS $\mathbf{Ax} = \mathbf{b}$ (falls $|\mathbf{A}| \neq 0$) gelingt uns – wie bereits erwähnt – mit Hilfe der Cramerschen Regel:

**Satz 9:** Es sei $\mathbf{A}$ eine reguläre (n,n)-Matrix mit den Spaltenvektoren $\mathbf{a}_1, \ldots, \mathbf{a}_n$ und $\mathbf{x} = (x_1, \ldots, x_n)$ eine Lösung des LIS $\mathbf{Ax} = \mathbf{b}$. Dann gilt:

$$x_j = \frac{|\mathbf{a}_1, \ldots, \mathbf{a}_{j-1}, \mathbf{b}, \mathbf{a}_{j+1}, \ldots, \mathbf{a}_n|}{|\mathbf{A}|}$$

für alle $j, j=1, \ldots, n$.

Beweis:
$$\begin{aligned}
x_j \cdot |\mathbf{A}| &= |\mathbf{a}_1, \ldots, x_j \mathbf{a}_j, \ldots, \mathbf{a}_n| && \text{nach Satz 4} \\
&= |\mathbf{a}_1, \ldots, \sum_{i=1}^{n} x_i \mathbf{a}_i, \ldots, \mathbf{a}_n| && \text{nach Satz 6} \\
&= |\mathbf{a}_1, \ldots, \mathbf{Ax}, \ldots, \mathbf{a}_n| \\
&= |\mathbf{a}_1, \ldots, \mathbf{a}_{j-1}, \mathbf{b}, \mathbf{a}_{j+1}, \ldots, \mathbf{a}_n|, \text{ d.h.} \\
x_j &= \frac{|\mathbf{a}_1, \ldots, \mathbf{a}_{j-1}, \mathbf{b}, \mathbf{a}_{j+1}, \ldots, \mathbf{a}_n|}{|\mathbf{A}|}
\end{aligned}$$
●

Der Wert $x_j$ ist also gleich dem Quotienten zweier Determinanten; im Zähler steht die Determinante einer Matrix, die aus $\mathbf{A}$ dadurch entsteht, daß der j-te Spaltenvektor $\mathbf{a}_j$ durch $\mathbf{b}$ ersetzt wird. Für $n=2,3$ hatten wir dies bereits in 6.2 kennengelernt.

Liegt ein linear homogenes Gleichungssystem $\mathbf{Ax} = \mathbf{0}$ mit regulärem $\mathbf{A}$ vor, so ist $x_1 = x_2 = \ldots x_n = 0$, d.h. das LHS hat nur die trivale Lösung (siehe 4. Kapitel).

**Beispiel 3:**

$$\begin{aligned}
x_1 + 2x_2 + 3x_3 \phantom{{}-x_4} &= 9 \\
2x_1 + 7x_2 + x_3 - x_4 &= -1 \\
2x_1 + x_2 \phantom{{}+x_3} + x_4 &= 4 \\
3x_1 \phantom{{}+x_2} + 8x_3 + x_4 &= 31
\end{aligned}$$

Die Determinante der zugehörigen Matrix **A** hatten wir bereits in Beispiel 2 berechnet: $|\mathbf{A}| = 33$. Der Leser überprüfe folgendes Ergebnis:

$$x_1 = \frac{\begin{vmatrix} 9 & 2 & 3 & 0 \\ -1 & 7 & 1 & -1 \\ 4 & 1 & 0 & 1 \\ 31 & 0 & 8 & 1 \end{vmatrix}}{33} = 2 \text{ und analog } x_2 = -1, x_3 = 3 \text{ und } x_4 = 1. \bullet$$

Zum Abschluß dieses Abschnitts sei herausgestellt, daß die Methode des „Ausschöpfens" in den vorangegangenen Kapiteln insgesamt dreierlei geleistet hat (So mag der Leser nun des Ausschöpfens müde sein!):

1. Lösung eines LHS und LIS
2. Berechnung von $\mathbf{A}^{-1}$
3. Berechnung von $|\mathbf{A}|$.

Neben der Ausschöpfmethode gibt es auch andere Algorithmen zur Lösung dieser 3 Aufgaben, die sogar häufiger in der Praxis angewendet werden. Die Entscheidung an dieser Stelle für die Ausschöpfmethode liegt darin begründet, daß sie ein leicht zu beschreibendes und handzuhabendes Verfahren ist, durch das zudem die Theorie gut veranschaulicht wird.

## 6.6 Bedeutung der Determinante für die praktische Anwendung

Die Einführung der Determinante im Zusammenhang mit der Auflösung von Gleichungssystemen (Cramersche Regel) könnte beim Leser den Eindruck erwecken, als ob die Determinante nur für dieses Problem nützlich sei; im Gegenteil, die Lösungen eines LIS werden in der Praxis wohl kaum über Determinanten bestimmt. Wie jedoch schon an einigen Stellen in den vorangegangenen Abschnitten sichtbar, führt die Determinante ein „Eigenleben" und kann zur Lösung ganz anderer Fragestellungen bzw. Formulierung von Problemen herangezogen werden. So gibt z.B. der Wert einer Determinante darüber Aufschluß, ob die zugehörige Matrix orthogonal ist (siehe Aufgabe 4a); das bedeutet im geometrischen Sinne, ob die Vektoren der Matrix paarweise aufeinander senkrecht stehende Einheitsvektoren sind. Der (absolute) Wert einer Determinante gibt für $n=2$ den Flächeninhalt des von den beiden Vektoren aufgespannten Parallelogramms an und für beliebiges $n$ den Flächeninhalt des von den $n$ Vektoren aufgespannten sogenannten Parallelepipeds. Für viele Probleme ist darüberhinaus der numerische Wert der Determinante (z.B. $|\mathbf{A}| = 3$) eigentlich ohne Belang, sondern nur die Feststellung, ob $|\mathbf{A}| = 0$ (siehe Satz 8) oder $|\mathbf{A}|$ positiv bzw. negativ ist (siehe Abschnitt 11.3. über relative Extrema).

In der Literatur wird die Determinante oft auch in anderer Form aber mit dem gleichen Ergebnis eingeführt; die in 6.3 angegebene Definition 3 ist dann als sogenannter Entwicklungssatz bekannt. Wegen der im 4. und 5. Kapitel behandelten Verfahren zur Lösung von Gleichungssystemen erscheint uns die Einführung der Determinante über die Cramersche Regel besser begründet.

## 6.7 Aufgaben

1. Zeige mit Hilfe des Eliminationsverfahrens (siehe 6.2), daß sich als Lösung von

$$\begin{aligned} a_{11} x_1 + a_{12} x_2 + a_{13} x_3 &= b_1 \\ a_{21} x_1 + a_{22} x_2 + a_{23} x_3 &= b_2 \\ a_{31} x_1 + a_{32} x_2 + a_{33} x_3 &= b_3 \end{aligned} \qquad \text{ergibt, falls}$$

eine eindeutige Lösung existiert:

$$x_1 = \frac{b_1 a_{22} a_{33} - b_1 a_{23} a_{32} + b_2 a_{13} a_{32} - b_2 a_{12} a_{33} + b_3 a_{12} a_{23} - b_3 a_{13} a_{22}}{a_{11} a_{22} a_{33} - a_{11} a_{23} a_{32} - a_{12} a_{21} a_{33} + a_{12} a_{23} a_{31} + a_{13} a_{21} a_{32} - a_{13} a_{22} a_{31}}$$

$$x_2 = \frac{b_1 a_{23} a_{31} - b_1 a_{21} a_{33} + b_2 a_{11} a_{33} - b_2 a_{13} a_{31} + b_3 a_{13} a_{21} - b_3 a_{11} a_{23}}{k}$$

$$x_3 = \frac{b_1 a_{21} a_{32} - b_1 a_{22} a_{31} + b_2 a_{12} a_{31} - b_2 a_{11} a_{32} + b_3 a_{11} a_{22} - b_3 a_{12} a_{21}}{k},$$

wobei $k$ der Nenner von $x_1$ ist. Dies ist ein Spezialfall $(n=3)$ von Satz 9, was ebenfalls zu überprüfen ist.

2. Warum versagt die Cramersche Regel für folgende LIS?

$$\begin{aligned} 4x_1 + 6x_2 &= 10 \\ 6x_1 + 9x_2 &= 15 \end{aligned} \qquad \begin{aligned} 4x_1 + 6x_2 &= 10 \\ 6x_1 + 9x_2 &= 12 \end{aligned}$$

Wie lauten die Lösungen der beiden LIS?

3. $\mathbf{A}$ sei regulär und $\Delta_{ij} = (-1)^{i+j} \; |\mathbf{A}_{ij}|$ (siehe 6.3).

Zeige:

$$\mathbf{A}^{-1} = \frac{1}{|\mathbf{A}|} \begin{pmatrix} \Delta_{11} & \Delta_{21} & \dots & \Delta_{n1} \\ \Delta_{12} & \Delta_{22} & \dots & \Delta_{n2} \\ \vdots & \vdots & & \vdots \\ \Delta_{1n} & \Delta_{2n} & & \Delta_{nn} \end{pmatrix}$$

Man beachte die von dem gewohnten Bild abweichende Indizierung in der rechtsstehenden Matrix.

4. Zeige:

 (a) Die Determinante einer orthogonalen Matrix ist gleich $+1$ oder $-1$.
 (b) Die Determinante einer idempotenten Matrix ist gleich $0$ oder $+1$.

5. Bestimme

$$\begin{vmatrix} a & b+c & 1 \\ b & a+c & 1 \\ c & a+b & 1 \end{vmatrix} \quad \text{und} \quad \begin{vmatrix} a^2 & a & 1 \\ b^2 & b & 1 \\ c^2 & c & 1 \end{vmatrix}$$

6. Löse mit Hilfe der Cramerschen Regel:

$$\begin{aligned} 6x_1 - 2x_2 + x_3 &= 1 \\ 2x_1 + 3x_2 - 7x_3 &= 4 \\ -4x_1 - 5x_2 + 3x_3 &= -3 \end{aligned}$$

7. Zeige: Rang $|\mathbf{A}| = k \Leftrightarrow$ alle r-reihigen $(r>k)$ Unterdeterminanten sind Null und nicht alle s-reihigen $(s\leqslant k)$ Unterdeterminanten sind gleich Null.

8. Gegeben sei die dreireihige Determinante

$$|\mathbf{D}| = \begin{vmatrix} x & r^2 & r^2-r-s \\ x & r & r-1 \\ 1 & 1 & 1 \end{vmatrix} \quad , r,s \neq 0;\ x,r,s \in \mathbb{R}\,.$$

 Bestimme $x$ so, daß gilt $|\mathbf{D}| = 0$.

9. Es sei $|\mathbf{A}| = -1$ und $|\mathbf{B}| = 2$.
 Berechne: $|\mathbf{A}^2\mathbf{B}^2|$ und $|\mathbf{A}^{-1}\mathbf{B}^{-1}|$.

10. Zeige: Sind $\mathbf{A}$ oder $\mathbf{B}$ singulär (eingeschlossen ist der Fall, daß beide Matrizen singulär sind), so ist auch $\mathbf{A} \cdot \mathbf{B}$ singulär.

11. Sei $\mathbf{A} = \begin{pmatrix} \mathbf{A}_{11} & \mathbf{A}_{12} \\ \mathbf{A}_{21} & \mathbf{A}_{22} \end{pmatrix}$, siehe Kap. 5, Aufgabe 4.

 Zeige: $\begin{vmatrix} \mathbf{A}_{11} & \mathbf{A}_{12} \\ \mathbf{A}_{21} & \mathbf{A}_{22} \end{vmatrix} = |\mathbf{A}_{11}|\ |\mathbf{A}_{22} - \mathbf{A}_{21}\mathbf{A}_{11}^{-1}\mathbf{A}_{12}|$,

 wobei $\mathbf{A}_{11}$ und $\mathbf{A}_{22}$ quadratische Matrizen sind (nicht notwendig vom gleichen Typ) und $\mathbf{A}_{11}$ und $\mathbf{A}$ regulär sind.

# 7. Abbildungen und Funktionen

## 7.1 Einführung und Definitionen

Wir beginnen mit elementaren Beispielen und betrachten zunächst die Gleichung

(1) $y = x^2 + 3$

In einer unpräzisen Sprechweise wird die Gleichung (1) auch als „Funktion der Variablen x" bezeichnet. Gelegentlich wird auch „y als Funktion von x" als Ausdrucksweise verwendet. Wir werden weiter unten zeigen, daß dies sehr lapidare Sprechweisen sind, die wesentliche Aspekte des Funktionsbegriffs verdecken. Eine sorgfältige Betrachtung wird uns schrittweise zu einem präzisen Funktionsbegriff, sowie zum Begriff der Abbildung als Verallgemeinerung führen.

In der oben zitierten lapidaren Sprechweise „y ist eine Funktion von x" kommt etwa zum Ausdruck, daß jedem reellen Wert, der für x eingesetzt werden kann, genau eine Zahl für die Variable y zugeordnet wird. Die Gleichung (1) beschreibt dabei, wie diese Zuordnung geleistet wird. Z.B. besagt (1), daß zu $x = 0$ der Funktionswert $y = 3$ und zu $x = 7$ der Funktionswert $y = 52$ gehören.

Ähnlich stellen

(2) $y = x^3 - 2x$ und $y = \frac{1}{x^2 + 1}$

zwei weitere Funktionen der reellen Veränderlichen x dar. Ebenso wie in (1) legen die algebraischen Ausdrücke auf den rechten Seiten der Gleichungen fest, auf welche Weise einem Zahlenwert für x der eindeutig bestimmte Funktionswert y zugeordnet wird.

Die bisher betrachteten Beispiele haben eines gemeinsam: die Vorschrift für die Zuordnung $x \to y$ ist durch eine Formel gegeben.

Das ist zwar ein besonders häufiger Fall, aber der Funktionsbegriff ist an eine formelmäßige Darstellung der Art, wie sie in (1) und (2) angegeben wurde, nicht gebunden.

So ist z.B. durch die drei Gleichungen

$$f(x) = \begin{cases} 1 & \text{für } x \leqslant 0 \\ 2 & \text{für } 0 < x \leqslant 1 \\ x & \text{für } x > 1 \end{cases}$$

ebenfalls eine reelle Funktion beschrieben. Ein „geschlossener" Ausdruck in Form einer Funktionsgleichung existiert für diese Funktion aber nicht. In jeder

der bisher erklärten Funktionen kann die Variable x alle reellen Zahlen annehmen, d.h. man kann für x jede beliebige reelle Zahl einsetzen.

Die Beispiele

(3) $y = \frac{1}{x}$ und $y = +\sqrt{x}$

zeigen aber, daß dies keineswegs für alle reellen Funktionen zutrifft. In die erste der Funktionen in (3) darf $x = 0$ nicht eingesetzt werden, d.h. diese Funktion ist nur für $x \in \mathbb{R}$ mit $x \neq 0$ definiert. Die zweite der Funktionen ist nur für $x \in \mathbb{R}$ und $x \geqslant 0$ erklärt. Es gehört also nicht zum Charakteristikum einer reellen Funktion, daß sie für sämtliche $x \in \mathbb{R}$ definiert ist.

Für viele Betrachtungen genügt es, wenn wir Funktionen durch einen Ausdruck der Form $y = f(x)$ beschreiben, und zwar auch dann, wenn gar kein formelmäßiger Ausdruck für die Zuordnung existiert. Das Symbol f steht dabei für „Funktion" bzw. „Zuordnung".

Wie das Beispiel (1) zeigt, braucht die Menge der y-Werte, die durch Einsetzen sämtlicher $x \in \mathbb{R}$ entsteht, keineswegs ganz $\mathbb{R}$ auszumachen. Vielmehr besteht die Menge aller y-Werte in (1) aus allen $y \in \mathbb{R}$ mit der Eigenschaft $y \geqslant 3$. Diese Betrachtungen legen die folgende Definition einer reellen Funktion nahe.

**Definition 1**: Es seien X und Y nicht-leere Teilmengen reeller Zahlen und f eine Vorschrift, die jedem $x \in X$ genau ein $y \in Y$ zuordnet. Dann wird mit $f: X \to Y$ eine reelle Funktion mit X als Definitions- und Y als Wertebereich bezeichnet. Will man die elementeweise Zuordnung zum Ausdruck bringen, so kann man zusätzlich die Funktionsgleichung $y = f(x)$ angeben.

**Bemerkung:**

Für Definitions- bzw. Wertebereich sind statt X und Y auch die Symbole $D_f$ und $W_f$ gebräuchlich. Sie werden später aus Gründen der besseren Darstellung auch in diesem Buch verwendet. Zunächst bleiben wir aber bei X, Y für Definitions- und Wertebereich.

Die folgende Abbildung 1 soll den Funktionsbegriff veranschaulichen. Sie verdeutlicht, falls X und Y nicht Teilmengen von $\mathbb{R}$ sind, auch den allgemeinen Abbildungsbegriff, der mit Definition 2 eingeführt wird.

In (1) kann man $X = \mathbb{R}$ setzen, weil die Funktion für alle $x \in \mathbb{R}$ erklärt ist. Nach der Definition 1 kann für die Wertemenge Y sowohl ganz $\mathbb{R}$ als auch $Y = \{y | y \in \mathbb{R} \wedge y \geqslant 3\}$ gesetzt werden. Für $Y = \mathbb{R}$ wird der Wertebereich offenbar nicht ausgefüllt, d.h. in diesem Fall gibt es Zahlen $y \in \mathbb{R}$ ohne ein zugehöriges $x \in X$ mit $y = f(x)$.

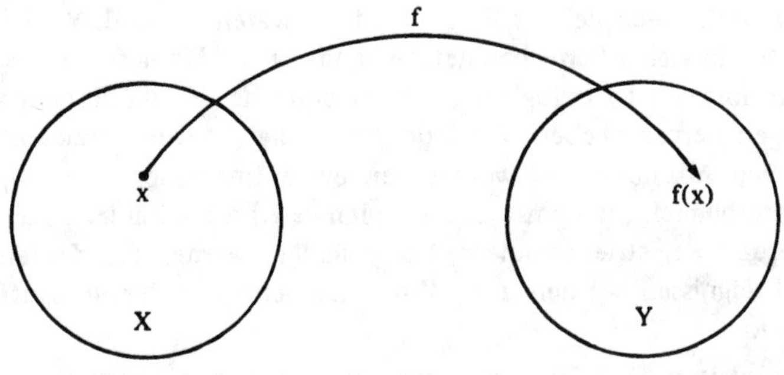


*Abb. 7.1*

Im zweiten Beispiel von (2) können wir wieder $X = Y = \mathbb{R}$ setzen, aber auch $Y = \{y | y \in \mathbb{R} \wedge 0 \leqslant y \leqslant 1\}$ verwenden. Im zweiten Beispiel von (3), nämlich $y = +\sqrt{x}$, muß offenbar $X = \{x | x \in \mathbb{R} \wedge x \geqslant 0\}$ gesetzt werden, weil die Quadratwurzel für negative Zahlen in $\mathbb{R}$ nicht definiert ist. Man hat natürlich auch die Freiheit, den Definitionsbereich $X$ weiter einzuschränken. Z.B. kann auch $X = \{x | x \in \mathbb{R} \wedge x > 20\}$ für bestimmte Zwecke ausreichend und sinnvoll sein.

Es macht keine große Mühe, eine letzte Einschränkung in der Definition 1 aufzuheben, um eine wesentliche Verallgemeinerung der Funktion, die sogenannte Abbildung, zu erhalten. Diese Verallgemeinerung besteht darin, den Zusatz, daß $X$ und $Y$ Teilmengen aus $\mathbb{R}$, d.h. Mengen reeller Zahlen seien, fortzulassen. Beispiele dafür findet man allenthalben.

**Beispiel 1:**
Man kann z.B. die Menge aller Menschen, die z.Z. im EG-Raum leben, in die Menge aller möglichen Fingerabdrücke abbilden. Dies geschieht praktisch dadurch, daß jeder dieser Menschen seinen Fingerabdruck abgibt. Hierbei ist $X$ die Menge aller dieser Mengen des EG-Raums und $Y$ ist die Menge aller möglichen Fingerabdrücke. Die Zuordnungsvorschrift $f$ besteht einfach in der Vorschrift zur Handhabung der zum ordentlichen Fingerabdruck notwendigen Geräte. ●

> **Definition 2**: Es seien $X$ und $Y$ nicht-leere Mengen und $f$ eine Vorschrift, die jedem $x \in X$ genau ein $y \in Y$ zuordnet. Dann heißt $f: X \to Y$ Abbildung von $X$ nach $Y$. $X$ und $Y$ heißen wieder Definitions- und Wertebereich der Abbildung.

Der Leser vergleiche Definition 2 mit Definition 1. Sie unterscheiden sich im ersten Satz lediglich darin, daß in Definition 2 die Mengen $X,Y$ nicht Teilmengen von $\mathbb{R}$ zu sein brauchen. Nach diesen beiden Definitionen ist also jede Funktion auch eine Abbildung.

Im eben zitierten Beispiel der Fingerabdrücke waren X und Y nicht Teilmengen von $\mathbb{R}$. In vielen Bereichen der Anwendung von Mathematik – so z.B. auch in der Ökonomie – ist bezüglich der Wertebereiche Y ein besonderer Typ von Abbildungen hervorzuheben. Bei jedem Vorgang des Quantifizierens aber auch beim simplen Abzählvorgang werden den jeweils interessierenden Objekten (Personen, Güterbündeln, Ereignissen, Strategien usw.) reelle Zahlen zugeordnet. Personen werden Registriernummern, Güterbündeln werden die Kosten bzw. ihre Nutzen, Ereignissen werden z.B. Wahrscheinlichkeiten für ihr Auftreten usw. zugeordnet.

Ohne eine weitere Definition zu formulieren, wollen wir hervorheben, daß Abbildungen, deren Wertebereich Y Teilmenge von $\mathbb{R}$ ist, unabhängig von X als *reellwertige Funktionen* bezeichnet werden.

Eine besondere Rolle spielen reellwertige Funktionen vom Typ $f: \mathbb{R}^n \to \mathbb{R}$. Die Zuordnung der Kosten zu Güterbündeln, der Mittelwert zu einer Reihe von Einzelwerten sind Beispiele dafür. Unter diesen Funktionen sind die sogenannten quadratischen Formen als Abbildungen von $\mathbb{R}^n$ nach $\mathbb{R}$ von besonderer Bedeutung.

> **Definition 3**: Gegeben seien variable Vektoren $\mathbf{x} \in \mathbb{R}^n$ und eine quadratische (n,n)-Matrix $\mathbf{A}$, dann heißt das Produkt $\mathbf{x}'\mathbf{A}\mathbf{x}$ quadratische Form in $\mathbf{x}$ bezüglich $\mathbf{A}$.

Da $\mathbf{x}$ ein Spaltenvektor und somit eine (n,1)-Matrix ist, gilt offenbar $\mathbf{x}'\mathbf{A}\mathbf{x} \in \mathbb{R}$. Also vermittelt die quadratische Form eine Abbildung von $\mathbb{R}^n$ nach $\mathbb{R}$. Je nach Art der Matrix gibt es quadratische Formen, die für $\mathbf{x} \neq \mathbf{0}$ nur positive Werte in $\mathbb{R}$ annehmen. Diese nennt man *positiv definit*. Andere Matrizen haben die Eigenschaft, daß ihre quadratischen Formen für $\mathbf{x} \neq \mathbf{0}$ nur negative Werte in $\mathbb{R}$ annehmen. Diese heißen *negativ definit*. *Positiv-semidefinit* bzw. *negativ-semidefinit* werden quadratische Formen bzw. die zugehörigen Matrizen genannt, wenn sie nur nicht-negative bzw. nicht-positive Werte in $\mathbb{R}$ annehmen. *Indefinite* quadratische Formen nehmen positive und negative Werte an.

**Beispiel 2:**

(a) Zu der Matrix $\mathbf{A} = \begin{pmatrix} 1 & -1 \\ -1 & 1 \end{pmatrix}$ gehört die quadratische Form

$$\mathbf{x}'\mathbf{A}\mathbf{x} = (x_1 x_2) \begin{pmatrix} 1 & -1 \\ -1 & 1 \end{pmatrix} \begin{pmatrix} x_1 \\ x_2 \end{pmatrix} = (x_1 - x_2)^2.$$

Ihre Werte sind also stets Null oder positiv. Die Form ist also positiv-semidefinit.

(b) Die Matrix $\mathbf{A} = \begin{pmatrix} 2 & 1 \\ 1 & 1 \end{pmatrix}$ hat die quadratische Form $\mathbf{x}'\mathbf{A}\mathbf{x} = (x_1 + x_2)^2 + x_1^2$, die offenbar positiv-definit ist.

(c) Die Matrix $\mathbf{A} = \begin{pmatrix} -1 & -2 \\ 0 & -1 \end{pmatrix}$ ist negativ-semidefinit, denn ihre quadratische Form $\mathbf{x}'\mathbf{A}\mathbf{x} = -x_1^2 - 2x_1x_2 - x_2^2 = -(x_1+x_2)^2$ nimmt für $\mathbf{x} \neq \mathbf{0}$ nur negative Werte oder Null an. •

In allen hier behandelten Fällen liefert die quadratische Form eine Abbildung von $\mathbb{R}^2$ nach $\mathbb{R}$. Analog vermitteln quadratische Formen von (n,n)-Matrizen Abbildungen von $\mathbb{R}^n$ nach $\mathbb{R}$. Quadratische Formen werden u.a. im Rahmen der Extremwertbestimmung von reellwertigen Funktionen benötigt (siehe 11.3.)

## 7.2 Summe, Differenz, Produkt und Quotient von Funktionen, verkettete Funktionen

Im folgenden definieren wir Verknüpfungen zweier Funktionen f und g. Auf diese Weise erhalten wir neue, aus f und g zusammengesetzte Funktionen.

**Definition 4**: Haben die reellwertigen Funktionen f und g denselben Definitionsbereich*, dann erklären wir die Summe und die Differenz von f und g durch

$(f \pm g)(\mathbf{x}) = f(\mathbf{x}) \pm g(\mathbf{x})$,

das Produkt $f \cdot g$ und den Quotienten $\frac{f}{g}$ durch

$(f \cdot g)(\mathbf{x}) = f(\mathbf{x}) \cdot g(\mathbf{x})$.

$\frac{f}{g}(\mathbf{x}) = \frac{f(\mathbf{x})}{g(\mathbf{x})}$, wenn $g(\mathbf{x}) \neq 0$ ist.

Ist der Definitionsbereich von f ganz im Wertebereich von g enthalten, so erklären wir die Verkettung $f \circ g$ durch

$(f \circ g)(\mathbf{x}) = f(g(\mathbf{x}))$.

**Beispiel 3:**

(a) Sei $f(x) = a$ und $g(x) = x^2$, dann ist $(f+g)(x) = a + x^2$, $(f \cdot g)(x) = ax^2$ und $(f \circ g)(x) = a$.

(b) Sei $f(x) = \sqrt{x}$ und $g(x) = x + 2$, dann ist
$(f+g)(x) = x + \sqrt{x} + 2$, $(f \cdot g)(x) = (x+2)\sqrt{x}$ und $(f \circ g)(x) = \sqrt{x+2}$.

(c) Sei $f(x) = \frac{1}{x}$ und $g(x) = \sqrt{x}$, dann ist
$(f+g)(x) = \frac{1}{x} + \sqrt{x}$, $(f \cdot g)(x) = \frac{\sqrt{x}}{x}$ und $(f \circ g)(x) = \frac{1}{\sqrt{x}}$.

* Es würde genügen zu fordern, daß beide Definitionsbereiche einen nicht-leeren Durchschnitt haben, auf dem die neuen Funktionen erklärbar sind.

Wie man sieht, ist in (c) $(f \circ g)$ nur für alle $x > 0$ erklärt, während $f$ für alle $x \neq 0$ und $g$ für alle $x \geqslant 0$ definiert waren. Entsprechend ist $f+g$ nur für $x > 0$ erklärt, obwohl $f$ für alle $x \neq 0$ definiert ist. •

Wir wenden uns nun der Abbildungsvorschrift selbst zu und erläutern die Begriffe injektive und surjektive Abbildung.

## 7.3 Injektive und surjektive Abbildungen, die Umkehrfunktion

**Definition 5**: Eine Abbildung $f: X \to Y$ heißt *injektiv* oder eine Injektion, wenn für beliebige $x_1, x_2$ aus $X$ mit $x_1 \neq x_2$ folgt $f(x_1) \neq f(x_2)$.

Mit anderen Worten: eine injektive Abbildung liefert für verschiedene Urbilder auch verschiedene Bilder. Unter Verwendung der logischen Kontraposition kann man auch sagen, daß eine Abbildung injektiv ist, wenn aus $f(x_1) = f(x_2)$ folgt $x_1 = x_2$. Beide Formulierungen sind logisch gleichwertig.

**Beispiel 4**:

(a) Der Fingerabdruck (s. Beispiel 1) ist – jedenfalls wird das unterstellt – eine injektive Abbildung, denn verschiedene Menschen haben nicht gleiche Abdrücke. Erkennungsdienstlich wird die Kontraposition häufiger angewendet: Stimmen zwei Fingerabdrücke überein $(f(x_1) = f(x_2))$, so stammen sie von ein und derselben Person $(x_1 = x_2)$.

(b) Es sei $X = \mathbb{R}, Y = \mathbb{R}$, und es sei $f$ für alle $x \in X$ erklärt durch $f(x) = x^2$. Diese Abbildung ist offensichtlich nicht injektiv, denn sowohl für $x_1 = 2$ und $x_2 = -2$ ist $f(x_1) = f(x_2) = 4$.

(c) Die Abbildung aus (b) kann so geändert werden, daß sie injektiv wird. Man setze nur $X = \{x | x \in \mathbb{R} \wedge x \geqslant 0\}$.

Dann gehören die negativen reellen Zahlen nicht zu $X$ und aus $x_1 \neq x_2$ folgt $x_1^2 \neq x_2^2$, d.h. $f(x_1) \neq f(x_2)$.
Also ist die Abbildung injektiv. •

Wie die Beispiele zeigen, kann der Wertebereich $Y$ die Menge der Bilder von $X$ unter $f$ durchaus echt umfassen, d.h. es kann gelten $\{f(x) | x \in X\} \subset Y$.

Der Fall, in dem die Menge der Bilder mit dem Wertebereich identisch ist, spielt aus naheliegenden Gründen eine besondere Rolle.

**Definition 6**: Eine Abbildung $f: X \to Y$ heißt *surjektiv* oder eine Surjektion oder Abbildung auf, wenn $Y = \{f(x) | x \in X\}$. Anders ausgedrückt: $f: X \to Y$ heißt *surjektiv* wenn zu jedem $y \in Y$ ein $x \in X$ existiert mit der Eigenschaft $y = f(x)$.

Noch kürzer: $f: X \to Y$ heißt *surjektiv*, wenn jedes $y \in Y$ ein Urbild besitzt.

**Beispiel 5:**

(a) Gilt $X = Y = \mathbb{R}$ und $f(x) = x^2$ für alle $x \in X$, dann ist die Abbildung $f: X \to Y$ nicht surjektiv, denn für alle Werte $y \in Y$ mit $y < 0$ existiert kein Urbild $x$, weil es keine reelle Zahl gibt, deren Quadrat negativ ist.

(b) Ändert man aber $Y$ aus (a) ab, und setzt man nun $Y = \{y | y \in \mathbb{R} \land y \geqslant 0\}$, so ist $f: X \to Y$ surjektiv, weil nur zu jedem $y \in Y$ ein $x \in X$, nämlich $\sqrt{y}$, existiert mit der Eigenschaft $y = x^2$.

(c) Offenbar ist $f: X \to Y$ aus (b) nicht injektiv. Ändern wir wieder $X$ so ab, daß nun gilt $X = \{x | x \in \mathbb{R} \land x \geqslant 0\}$, dann ist $f: X \to Y$ sowohl injektiv als auch surjektiv.
Solche Abbildungen heißen *bijektiv*. ●

**Definition** 7: Eine Abbildung $f: X \to Y$ heißt *bijektiv*, wenn sie injektiv und surjektiv ist.

**Beispiel 6:**

(a) $X = Y = \mathbb{R}$ und $f(x) = ax + b$. Dann ist $f: X \to Y$ für alle $a, b \in \mathbb{R}$ mit $a \neq 0$ bijektiv.

(b) Ist $X$ die Menge aller Bücher einer Bibliothek und $Y$ die Menge aller verwendeten Signaturen, dann stellt die Liste der Zuordnungen, die sich der Bibliothekar gemacht hat, eine bijektive Abbildung $f: X \to Y$ dar. ●

Wenn die Abbildung $f: X \to Y$ bijektiv ist, dann existiert zu jedem $y \in Y$ genau ein $x \in X$ mit $y = f(x)$. Also ist mit Hilfe von $f$ eine eindeutig bestimmte Zuordnungsvorschrift der umgekehrten Richtung definiert. Diese ordnet jedem $y \in Y$ genau ein $x \in X$ zu. Dieses $x$ ist das Urbild des $y$ unter $f$.

**Definition** 8: Ist $f: X \to Y$ bijektiv, so existiert eine eindeutig bestimmte Umkehrabbildung $f^{-1}: Y \to X$ mit der Eigenschaft $(f^{-1} \circ f)(x) = x$ und $(f \circ f^{-1})(y) = y$ für alle $x \in X$ und alle $y \in Y$.

Der Leser macht sich leicht klar, daß eine solche Umkehrabbildung zu $f$ nur dann existiert, wenn $f$ bijektiv, d.h. surjektiv und injektiv ist. Wäre nämlich $f$ nicht surjektiv, dann gäbe es Elemente $y \in Y$, die kein Urbild besitzen. Also gäbe es kein $x \in X$ mit $y = f(x)$. Wäre andererseits $f$ nicht injektiv, so gäbe es $y \in Y$ mit zwei oder mehr Urbildern $x \in X$.

Die Schreibweise $f^{-1}$ für die Umkehrabbildung von $f$ (falls sie existiert!) ist insofern sinnvoll, als offenbar gilt $f(f^{-1}(x)) = x$ und $f^{-1}(f(x)) = x$. Mit der Schreibweise ist also eine gewisse Assoziation zur Potenzrechnung gewollt.

Unabhängig von der Frage, ob $f: X \to Y$ bijektiv ist, kann man für jede Abbildung den *Urbildoperator* definieren.

**Definition 9**: Sei $f: X \to Y$ eine Abbildung, dann wird $f^-$ als *Urbildoperator* von f erklärt durch

$$f^-(B) = \{x | x \in X \wedge f(x) \in B\}$$

für alle $B \subseteq Y$.

**Bemerkung:**
Im Gegensatz zur Umkehrabbildung $f^{-1}$ ist der Urbildoperator $f^-$ für Teilmengen von Y definiert. Offenbar umfaßt $f^-(B)$ gerade sämtliche Urbilder von B unter f. Der Urbildoperator ist eine Mengenabbildung. Er ist also für alle Teilmengen von Y erklärt. Der Fall $f^-(B) = \phi$ kann auftreten, wenn $B \subseteq Y$ keine Bilder von X enthält.

**Satz 1**: Die wesentlichen Eigenschaften des Urbildoperators zu $f: X \to Y$ lauten

(i) $f^-(\phi) = \phi \,; f^-(Y) = X$

(ii) $B_1 \subseteq B_2 \Rightarrow f^-(B_1) \subseteq f^-(B_2)$

(iii) $f^-(\bigcup_i B_i) = \bigcup_i f^-(B_i)$

(iv) $f^-(\bigcap_i B_i) = \bigcap_i f^-(B_i)$

(v) $f^-(\overline{B}) = \overline{f^-(B)}$

Beweis: Um ein Beispiel zu geben, beweisen wir (v): Daß $f^-(\overline{B}) = \overline{f^-(B)}$ gilt, folgt aus der Äquivalenz $\bigwedge_x: (x \in f^-(\overline{B}) \Leftrightarrow f(x) \in \overline{B} \Leftrightarrow f(x) \notin B \Leftrightarrow x \notin f^-(B) \Leftrightarrow x \in \overline{f^-(B)})$. ●

## 7.4 Anwendungsbeispiele aus der Ökonomie

In diesem Abschnitt beschränken wir uns auf reelle bzw. reellwertige Funktionen.

Gemäß den Definitionen aus 7.1 heißen Funktionen reell, wenn Definitions- und Wertebereiche Teilmengen von $\mathbb{R}$, d.h. Mengen von reellen Zahlen sind.

Eine Funktion heißt dagegen reellwertig, wenn ihr Wertebereich ganz zu $\mathbb{R}$ gehört, während ihr Definitionsbereich aus ganz anderen Elementen als den reellen Zahlen bestehen kann. Die Nutzenfunktionen der Ökonomie ordnen z.B. Güterbündeln ihre – möglicherweise subjektiv bestimmten – Nutzenwerte als reelle Zahlen zu. Nutzenfunktionen sind also reellwertige Funktionen. Jede Form der Nummerierung von Objekten (Hausnummern, Personalnummern usw.) stellt eine reellwertige Funktion dar.

Man kann ohne Einschränkung sagen, daß reellwertige Funktionen in den empirischen Wissenschaften insofern eine große Rolle spielen, als sie einen Transfer von empirisch gegebenen Einheiten in die Menge der reellen Zahlen leisten.

Häufig ist jedoch die Charakterisierung von empirisch gegebenen Einheiten (Güterbündel, Personen, Handlungen, Entscheidungen, Strategien, Ergebnissen von Tests usw.) durch eine reellwertige Funktion unzureichend, da diese Einheiten komplexerer Natur sind. Bereits die gleichzeitige Charakterisierung einer Handlung hinsichtlich ihres individuellen bzw. auf eine Gruppe bezogenen Nutzens erfordert mindestens Angabe bzw. Zuordnung je zweier reeller Zahlen pro Handlung.

Betrachtet man des weiteren die Bilanz von Unternehmen, so stellt sie eine Vorschrift dar, die jeder bilanzpflichtigen Unternehmung einen Vektor reeller Zahlen, die Bilanz, zuordnet. Die Komponenten des „Bilanzverkehrs" sind z.B. Anlagevermögen, Umsatz, usw..

In diesen Beispielen ist der Wertebereich der Funktionen eine Teilmenge des $\mathbb{R}^n$.

**Beispiele 7–11:**

7. Die folgende Tabelle beschreibt einen empirisch gefundenen Zusammenhang zwischen dem Wahlverhalten (W) und der Religionszugehörigkeit (R) bei einer Gruppe von 1200 Personen. Die Zahlen in der Tafel sind die absoluten Häufigkeiten.

| R \ W | $W_1$ | $W_2$ | $W_3$ | $W_4$ |
|---|---|---|---|---|
| $R_1$ | 60 | 140 | 100 | 100 |
| $R_2$ | 120 | 120 | 60 | 20 |
| $R_3$ | 160 | 80 | 120 | 120 |

Tabelle 7.1

Dabei bedeuten $W_1$ bis $W_4$ die gegebenen vier Wahlmöglichkeiten, etwa vier Parteien, und $R_1, R_2, R_3$ stellen drei Religionen dar.

Die Tabelle stellt eine Zuordnungsvorschrift f dar, für die gilt

$$f(R_1, W_1) = 60,\ f(R_1, W_2) = 140,\ f(R_1, W_3) = 100 \text{ usw..}$$

Also ordnet f jedem Paar $(R_i, W_j)$ die Häufigkeit des Auftretens in dieser Gruppe zu.

Bezeichnen wir der Einfachheit halber die Merkmale R und W auch als Mengen ihrer Ausprägungen, d.h. setzen wir

$$R = \{R_1, R_2, R_3\} \text{ und } W = \{W_1, W_2, W_3, W_4\} \text{ , so}$$

besteht der Definitionsbereich von f aus dem kartesischen Produkt der Mengen R und W,

$$X = R \times W .$$

Er besteht aus 12 Elementen von $(R_1, W_1)$ bis $(R_3, W_4)$.

Der Wertebereich ist z.B. durch die Menge $\mathbb{N}$ der natürlichen Zahlen anzugeben. Man kann ihn offenbar auch auf die Menge (1,2,..., 1200) einschränken, weil keine der Häufigkeiten größer als die Zahl aller betrachteten Fälle sein kann.

Dies war ein Beispiel einer reellwertigen Funktion, deren Definitionsbereich $R \times W$ „zweidimensional" ist aber nicht aus $\mathbb{R}$ bzw. $\mathbb{R}^2$ stammt.

8. Zur Bestimmung des Preisindex für die Lebenshaltung hat das Statistische Bundesamt sogenannte „Standardfamilien" ausgewählt. Jede dieser Familien notiert täglich die Ausgaben bezüglich einer Liste ausgewählter Waren (Warenkorb). Am Ende eines jeden Monats lieferten die Standardfamilien eine Tabelle (Vektor) der Verbräuche aus diesem Warenkorb zusammen mit den Preisen, die gezahlt wurden. Hier handelt es sich also um eine vektorwertige reelle Funktion, die jeder Standardfamilie ihren Verbrauchsvektor zuordnet.

9. Die mikroökonomische Theorie geht von der Existenz einer Produktionsfunktion aus, die den Zusammenhang zwischen der Menge der hergestellten Ware und den eingesetzten Werten für die Produktionsfaktoren in einem Herstellungsprozeß angibt.

   Bezeichnen $x_1, x_2, \ldots, x_n$ die Mengen der Produktionsfaktoren (z.B. Zahl der Arbeitsstunden, Menge der Rohstoffe usw.) und y die Menge der hergestellten Ware, so kann durch

$$y = f(x_1, x_2, \ldots, x_n)$$

   die Produktionsfunktion beschrieben werden.

   Offenbar bildet f hier vom $\mathbb{R}^n$ in den $\mathbb{R}^1$ ab.

   In der Praxis ist allerdings $\mathbb{R}^n$ häufig ganz wesentlich eingeschränkt, weil der Produktionsprozeß bestimmte technologische Bedingungen erfüllen muß, die gewissen Verhältnissen der Input-Größen $x_1, \ldots, x_n$ sowie deren Beschränkungen vorschreiben.

10. Eine sogenannte makroökonomische Produktionsfunktion beschreibt den Zusammenhang der Gesamtproduktion Y einer Volkswirtschaft und den

Produktionsfaktoren Arbeit (A), Kapitel (K) und technischen Fortschritt (T)

$$Y = f(A,K,T).$$

Als Spezialfall einer solchen Funktion wird häufig die sogenannte Cobb-Douglas-Funktion unterstellt.
Sie lautet

$$(*) \qquad Y = a\, A^{\alpha} K^{\beta}.$$

In den Lehrbüchern der ökonomischen Theorie wird der Sonderfall $\alpha + \beta = 1$ in der Cobb-Douglas-Funktion besonders diskutiert. Die Gleichung (*) führt in dieser Situation nämlich zu der folgenden Überlegung:
Werden Arbeit (A) und Kapitel (K) in einem Produktionsprozeß um den Faktor $\lambda$ geändert, so ändert sich der Output $Y$ ebenfalls um $\lambda$, denn ersetzt man in (*) $A$ durch $\lambda A$ und $K$ durch $\lambda K$, so erhält man $a(\lambda A)^{\alpha} \cdot (\lambda K)^{\beta} = a\lambda^{\alpha+\beta} A^{\alpha} K^{\beta}$. Wegen $\alpha + \beta = 1$ ergibt sich $a(\lambda A)^{\alpha}(\lambda K)^{\beta} = \lambda a A^{\alpha} K^{\beta}$. Dies ist genau gleich $\lambda Y$ mit $Y$ aus (*).

Eine Funktion mit dieser Eigenschaft heißt *linear homogen*.

11. Eine andere Klasse von Funktionen, die in der Ökonomie diskutiert werden, ist die Klasse der Nachfragefunktionen. Ähnlich wie die oben zitierten Produktions- und Nutzenfunktionen tragen sie ihren Namen auf Grund des Verwendungszwecks und der Bedeutung der Variablen. Es sind also keine mathematischen Besonderheiten, die zum Begriff der Nachfragefunktionen geführt haben.

Auf einem Markt mit „vollkommener Konkurrenz" hängt die Menge $x_i$ der nachgefragten Ware $W_i (i=1,2,\ldots,n)$ von den Preisen $p_1, p_2, \ldots, p_n$ aller Waren ab, d.h. die Nachfragefunktionen lauten allgemein

$$x_i = f_i(p_1, p_2, \ldots, p_n) \text{ für } i = 1,2,\ldots,n.$$

Sie geben für jede angebotene Ware den Zusammenhang zwischen allen Preisen und der nachgefragten Menge der Ware bzw. des Gutes an. Jede der Funktionen hat die Form $f_i: \mathbb{R}^n \to \mathbb{R}$.

In der Nachfrageanalyse wird z.B. mit linearen oder exponentiellen Nachfragefunktionen gearbeitet. Ein Beispiel für eine lineare Nachfragefunktion auf einem Markt mit nur zwei Waren lautet

$$x_i = \alpha_i + \beta_i p_1 + \gamma_i p_2 \text{ für } i = 1,2$$

wobei $\alpha_i, \beta_i, \gamma_i$ aus $\mathbb{R}$ sind.

Eine exponentielle Nachfragefunktion hat z.B. die Gestalt

$$x_i = p_1^{\alpha_i} p_2^{\beta_i} e^{\gamma_i p_1 + \delta_i p_2}. \bullet$$

## 7.5 Spezielle Eigenschaften reeller Funktionen

Reelle Funktionen können häufig durch ihre Graphen im zweidimensionalen Koordinationssystem gut veranschaulicht werden. Der Graph einer reellen Funktion ist die Menge aller Paare $(x, f(x))$.

Gewöhnlich wird das Urbild auf der horizontalen und das Bild auf der vertikalen Achse abgetragen. Für die konstante Funktion $f: \mathbb{R} \to \mathbb{R}$ mit $f(x) = a$ ergibt sich der Graph

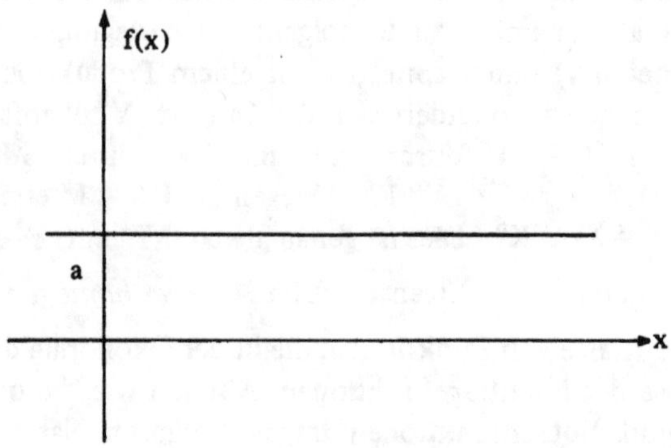


*Abb. 7.2*

Der Graph der Funktion $f: \mathbb{R} \to \mathbb{R}$ mit $f(x) = ax + b$ hat für $a > 0$ die in Abbildung 3 dargestellte Form. Die Funktion f heißt *linear*.

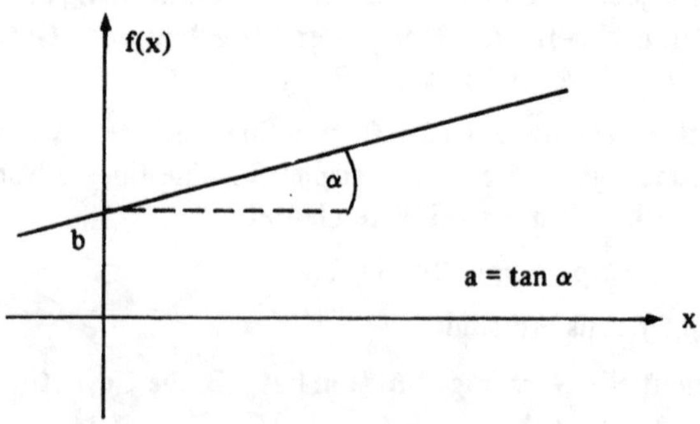


*Abb. 7.3*

Zunächst jedoch erklären wir einige Begriffe, die zu gewissen Klassen von Funktionen führen. Es sind dies die Begriffe der monotonen, beschränkten, geraden, ungeraden, periodischen und konvexen Funktionen.

**Definition 10:**

1. Eine reelle Funktion heißt *monoton wachsend*, wenn für alle $x_1, x_2$ aus $\mathbb{R}$ gilt: $x_1 < x_2$ folgt $f(x_1) \leq f(x_2)$.

   Sie heißt *streng monoton wachsend*, wenn aus $x_1 < x_2$ folgt $f(x_1) < f(x_2)$.

   Analog heißen Funktionen *(streng) monoton fallend*, wenn für alle $x_1, x_2$ aus $\mathbb{R}$ gilt: $x_1 < x_2$ folgt $f(x_1) \geq f(x_2)$ bzw. $f(x_1) > f(x_2)$.

2. Eine reellwertige Funktion $f: X \to Y$ heißt *beschränkt*, wenn ein $K \in \mathbb{R}$ existiert mit $|f(x)| \leq K$ für alle $x \in X$.

Für reellwertige Funktionen, in deren Definitionsbereich eine Ordnung existiert, kann man den Begriff der monotonen Funktion zum Begriff der *isotonen bzw. antitonen Funktion* erweitern.

Hat man z.B. zwei Güterbündel $b_1$ und $b_2$ mit der „Präferenz" $b_2 \lesssim b_1$ (d.h. $b_1$ wird $b_2$ vorgezogen), so wird von jeder die Präferenz abbildenden Nutzenfunktion verlangt, daß $N(b_2) < N(b_1)$ gilt. Eine Nutzenfunktion sollte also bezüglich der Ordnung im Definitionsbereich isoton sein.

Eine streng monotone Funktion ist injektiv, denn aus $f(x_1) = f(x_2)$ folgt stets $x_1 = x_2$.

Erklärt man ferner den Wertebereich so, daß f auch surjektiv ist (zu jedem Element aus dem Wertebereich existiert ein passendes Urbild aus dem Definitionsbereich von f), dann ist die streng monotone Funktion bijektiv. Als solche besitzt sie eine eindeutig bestimmte Umkehrfunktion.

**Beispiel 12:**

(a) Funktionen des Typs $f: \mathbb{R} \to \mathbb{R}$ mit $f(x) = ax + b$ sind streng monoton wachsend, wenn $a > 0$. Sie sind streng monoton fallend, wenn $a < 0$. Offenbar sind konstante Funktionen sowohl monoton wachsend als auch fallend.

(b) Die sogenannte quadratische Funktion $f: \mathbb{R} \to \mathbb{R}$ mit $f(x) = x^2$ ist im Bereich $x > 0$ streng monoton wachsend und für alle $x < 0$ streng monoton fallend, weil für alle $x_1, x_2$ aus $\mathbb{R}$ gilt:

$$x_1 < x_2 \Rightarrow x_1^2 < x_2^2 \text{ für } x_1, x_2 > 0$$

und

$$x_1 < x_2 \Rightarrow x_1^2 > x_2^2 \text{ für } x_1, x_2 < 0.$$

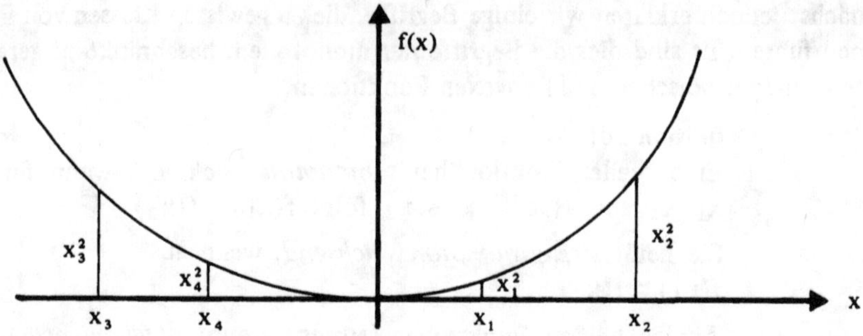


*Abb. 7.4*

(c) Die Funktion $f: \mathbb{R} \to \mathbb{R}$ mit $f(x) = x^3$ ist monoton wachsend, weil für alle $x_1, x_2$ aus $\mathbb{R}$ gilt:

$$x_1 < x_2 \Rightarrow x_1^3 < x_2^3 .$$

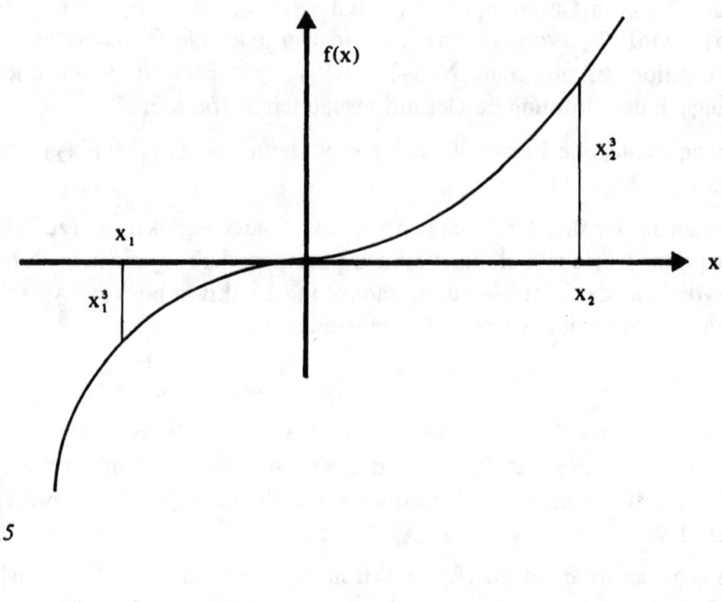


*Abb. 7.5*

Reelle Funktionen heißen *periodisch* mit der Periode T, wenn $f(x+kT) = f(x)$ für alle $k \in \mathbb{N}$. Die bekanntesten Vertreter periodischer Funktionen sind die trigonometrischen Funktionen sin, cos, tan, cot. Ihre Graphen haben die folgende Gestalt:

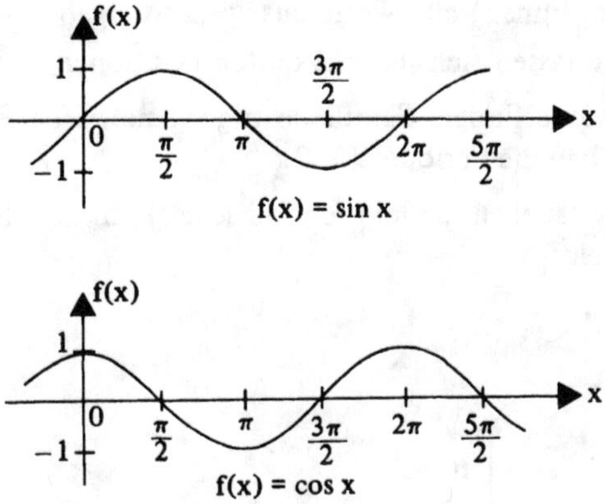


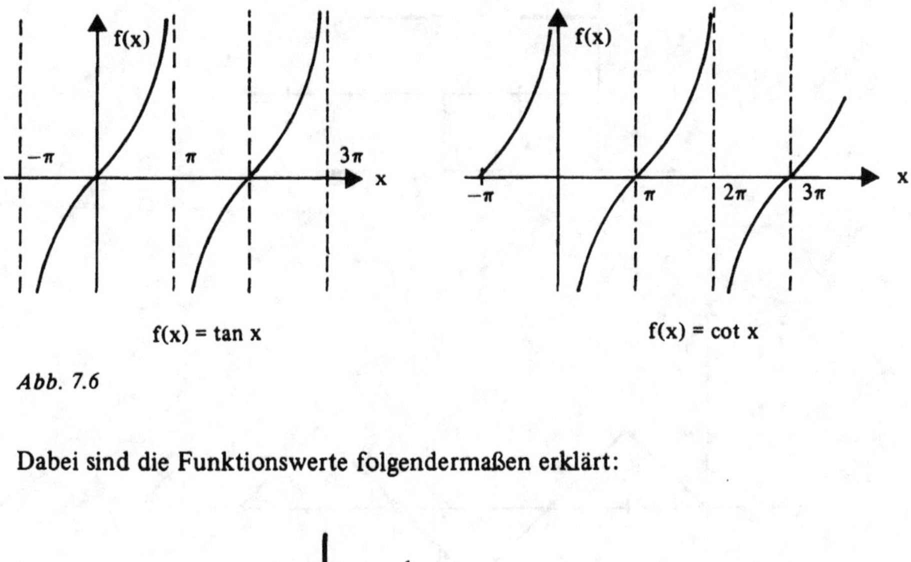


*Abb. 7.6*

Dabei sind die Funktionswerte folgendermaßen erklärt:

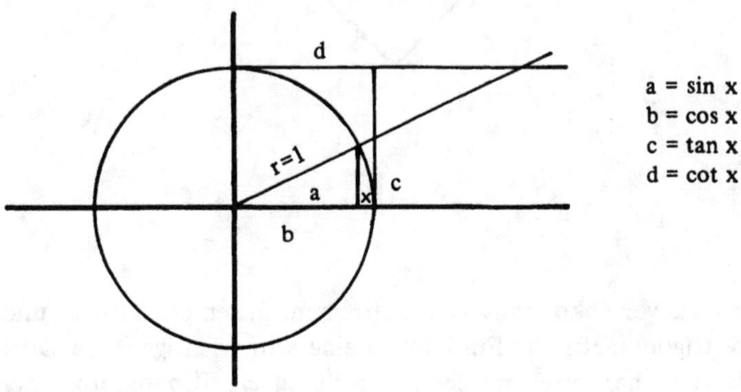


*Abb. 7.7*

Durchläuft x (Bogenmaß) alle Werte aus $\mathbb{R}$, so ergeben sich die obigen Graphen. Insbesondere lassen sich die markanten Positionen $x = 0, \pm \frac{\pi}{2}, \pm \pi$, usw. in dem Graphen wiederfinden. Sämtliche trigonometrische Funktionen, die hier dargestellt sind, haben die Periode $T = 2\pi$.

Natürlich gibt es daneben andere periodische Funktionen. Wir geben zwei Graphen als Beispiele:

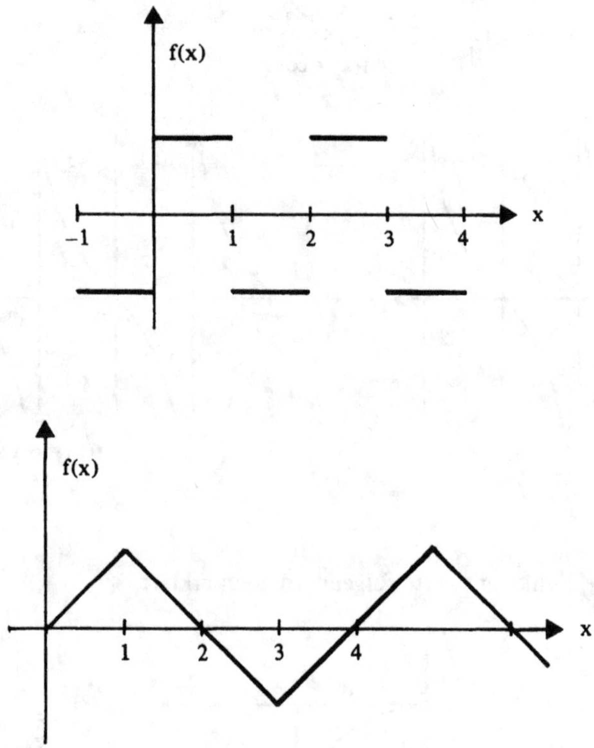


*Abb. 7.8*

In der Analyse von (ökonomischen) Zeitreihen spielen periodische, und zwar insbesondere trigonometrische Funktionen eine sehr wichtige Rolle. Dort wird versucht, die zeitliche Bewegung der Reihe durch eine Überlagerung periodischer (trigonometrischer) Verläufe zu beschreiben.

Die in Abb. 7.8 dargestellten Funktionen und die trigonometrischen Funktionen sin und cos (s.Abb. 7.6 oben) besitzen u.a. die gemeinsame Eigenschaft der Beschränktheit ihrer Funktionswerte.

Offenbar sind die in Abb. 7.6 unten dargestellten Funktionen tan und cot nicht beschränkt. Daneben heißen Funktionen analog nach unten bzw. nach oben beschränkt, wenn reelle Zahlen $K_1$ bzw. $K_2$ existieren mit der Eigenschaft $f(x) \geqslant K_1$ bzw. $f(x) \leqslant K_2$ für alle x aus dem Definitionsbereich von f.
Wie man leicht sieht, ist z.B. die Funktion $f: \mathbb{R} \rightarrow \mathbb{R}$ mit $f(x) = x^2$ nach unten beschränkt, denn $f(x) = x^2 \geqslant 0$ für alle $x \in \mathbb{R}$. Dagegen ist $f(x) = x^3$ für $x \in \mathbb{R}$ weder nach unten noch nach oben beschränkt.

Wie man am Beispiel der Funktion $f(x) = x^2$, aber auch am Graphen von $f(x) = \cos x$ (Abb. 7.6) sieht, gibt es Funktionen, deren graphische Darstellungen zu $x = 0$ symmetrisch verlaufen. Das heißt, der Funktionswert f(x) an einer Stelle x ist identisch mit dem Funktionswert an der Stelle (−x).
Derartige Funktionen heißen *gerade*. Wir definieren: Eine reelle Funktion $f: \mathbb{R} \rightarrow \mathbb{R}$ heißt *gerade*, wenn für alle Werte x aus dem Definitionsbereich gilt $f(x) = f(-x)$.

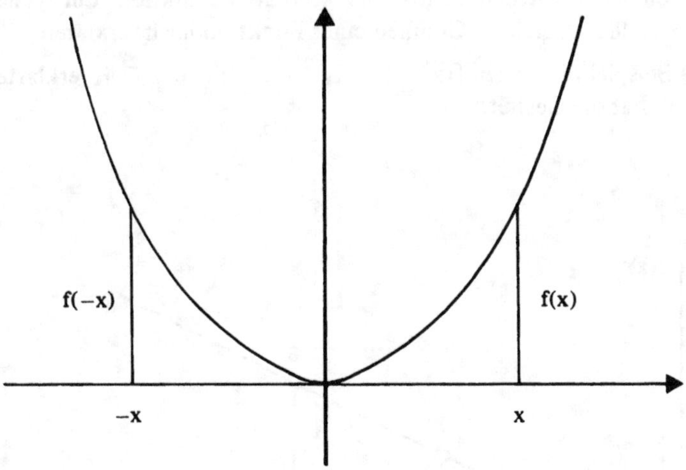


Graph der Funktion
$f(x) = x^2$
$f(-x) = f(x)$

*Abb. 7.9*

Gilt dagegen $f(x) = -f(-x)$ für alle x aus dem Definitionsbereich von f, so heißt f *ungerade*. Die Funktionen $f(x) = \sin x$, $f(x) = \tan x$ (Abb. 7.6) und $f(x) = x^3$ sind Beispiele für ungerade Funktionen.

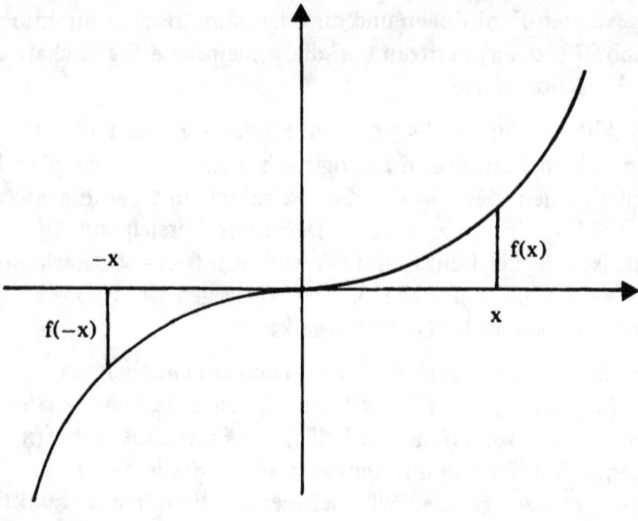


*Abb. 7.10*

Schließlich erwähnen wir noch den Begriff der *konvexen* Funktion. Für reelle Funktionen $f: \mathbb{R} \to \mathbb{R}$ läßt er sich im Graphen einer Funktion leicht erklären.

Betrachten wir als Beispiel die durch $f(x) = (x-x_1)^2 + c$ für alle $x \in \mathbb{R}$ erklärte Funktion. Ihr Graph hat die Gestalt:

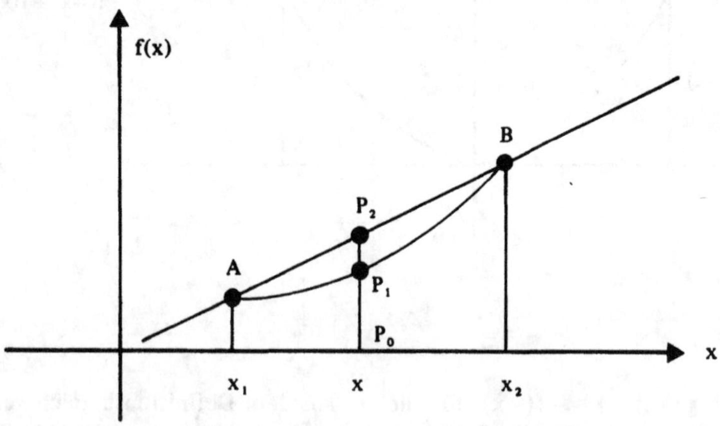


*Abb. 7.11*

Wie man sieht, verläuft jede Gerade, die durch zwei Punkte A,B des Graphen geht, zwischen diesen Punkten A und B vollständig oberhalb des Graphen. Die Strecke $\overline{P_0P_1}$ ist stets kürzer (oder gleich) als die Strecke $\overline{P_0P_2}$.

Eine Funktion mit dieser Eigenschaft heißt *konvex*. Formal können wir den Begriff der Konvexität einer reellwertigen Funktion folgendermaßen definieren.

**Definition 11**: Eine reellwertige Funktion f heißt *konvex*, wenn für je zwei Werte $x_1, x_2$ aus dem Definitionsbereich und beliebige $\lambda \in \mathbb{R}$ mit $0 \leqslant \lambda \leqslant 1$ stets gilt:
$f(\lambda x_1+(1-\lambda)x_2) \leqslant \lambda f(x_1) + (1-\lambda)f(x_2)$.

**Beispiel 13**:

(a) Wie man aus Abb. 7.11 sieht, ist dort

$$\overline{P_0P_1} = f(\lambda x_1+(1-\lambda)x_2)$$

und

$$\overline{P_0P_2} = \lambda f(x_1) + (1-\lambda)f(x_2),$$

und es gilt offenbar $\overline{P_0P_1} \leqslant \overline{P_0P_2}$.

Also ist die in Abb. 7.11 dargestellte Kurve der Graph einer konvexen Funktion.

(b) Die quadratische Funktion $f: \mathbb{R} \to \mathbb{R}$ mit $f(x) = x^2$ ist konvex.

Beweis: Angenommen $f(x) = x^2$ ist nicht konvex, dann gilt für mindestens ein Paar von Punkten $x_1, x_2$:

$$(\lambda x_1 + (1-\lambda)x_2)^2 > \lambda x_1^2 + (1-\lambda)\, x_2^2 .$$

Ausrechnen der linken Seite und elementare Umformungen in der Ungleichung ergeben

$$-\lambda\,(1-\lambda)\,(x_1-x_2)^2 > 0 .$$

Da $0 \leqslant \lambda \leqslant 1$, ist $-\lambda(1-\lambda) \leqslant 0$. Da aber $(x_1-x_2)^2 \geqslant 0$ ist, folgt $-\lambda(1-\lambda)(x_1-x_2)^2 \leqslant 0$ im Widerspruch zu der aus der Annahme abgeleiteten Ungleichung $-\lambda(1-\lambda)(x_1-x_2)^2>0$. ●

Wir beenden an dieser Stelle die Diskussion besonderer Eigenschaften reeller Funktionen. Die für Theorie und Praxis so wesentlichen Klassen der stetigen, differenzierbaren und integrierbaren Funktionen werden in späteren Kapiteln eingehend diskutiert.

Die bisher besprochenen Eigenschaften reeller Funktionen nehmen nicht direkt Bezug auf die spezielle Form der Funktion. Insbesondere haben wir an keiner Stelle den formelmäßigen Ausdruck der betrachteten Funktion für die Definitionen herangezogen. In den konkreten Beispielen haben wir das natürlich tun müssen.

Im folgenden Abschnitt werden wir eine grobe Klassifizierung einiger Funktionen vornehmen, die sich gerade auf den Typ ihres formelmäßigen Ausdrucks in geschlossener Form bezieht.

## 7.6 Spezielle Typen reeller Funktionen

**Definition 12**: Eine Funktion heißt *rational*, wenn sie die Gestalt eines Polynoms $f(x) = a_n x^n + a_{n-1} x^{n-1} + \ldots + a_1 x + a_0$ hat, oder wenn sie durch den Quotienten zweier Polynome darstellbar ist,

$$f(x) = \frac{a_n x^n + \ldots + a_1 x + a_0}{b_m x^m + \ldots + b_1 x + b_0} .$$

Im ersten Fall heißt f *ganz-rational*, im zweiten wird sie *gebrochen-rational* genannt.

Hinsichtlich ihrer Graphen unterscheiden sich ganz- und gebrochen-rationale Funktionen wesentlich.

**Beispiel 14**:

(a) Die durch $f(x) = 4x^3 + 7x^2 + 5$ erklärte Funktion ist eine ganz-rationale Funktion, während durch die Gleichung $f(x) = \frac{x^2 + 5}{4x + 7}$ eine gebrochen-rationale Funktion erklärt ist. Allerdings ist letztere nur für $x \in \mathbb{R}$ mit $x \neq -7/4$ erklärt.

(b) Die trigonometrischen Funktionen sin, cos, tan, cot und die unten eingeführten Exponentialfunktion sind Beispiele nicht-rationaler Funktionen. ●

In der Klasse der ganz-rationalen Funktionen unterscheidet man noch hinsichtlich der höchsten Potenz der Variablen (Grad des Polynoms) in der Gleichung, die die reelle Funktion definiert.

Wie schon oben erwähnt, heißen Funktionen des Typs $f(x) = a \cdot x + b$ linear. Die Graphen linearer Funktionen – dargestellt im euklidischen Koordinatensystem – sind gerade Linien. Quadratische rationale Funktionen haben die allgemeine Form $f(x) = ax^2 + bx + c$. Ihre Graphen sind Parabeln, die für $a > 0$ nach oben und für $a < 0$ nach unten geöffnet sind (vgl. Abb. 7.12).

Wie man später mit Hilfe der Differentialrechnung zeigen kann, besitzen quadratische Funktionen stets genau ein Maximum oder ein Minimum in der Menge ihrer Funktionswerte.

Ganz-rationale Funktionen dritten Grades $f(x) = ax^3 + bx^2 + cx + d$ haben je nach Konstellation der Koeffizienten $a, b, c, d,$ den in Abb. 7.13 dargestellten graphischen Verlauf.

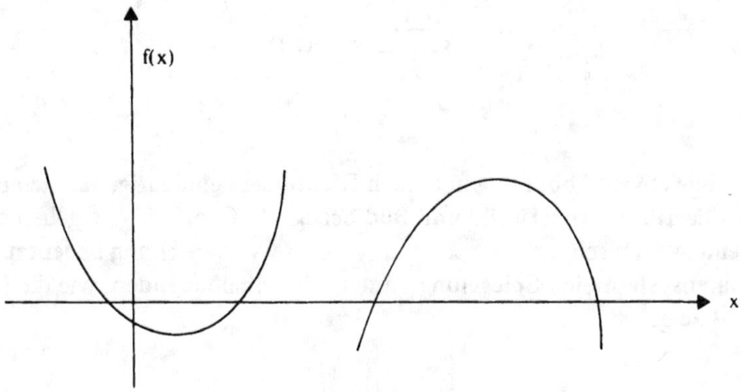


*Abb. 7.12*

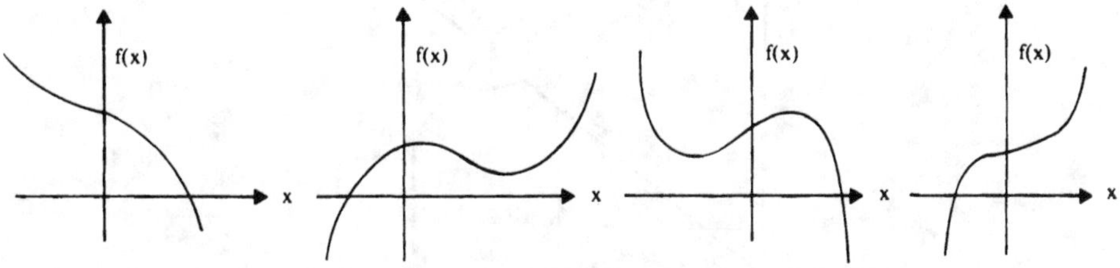


*Abb. 7.13*

Wir geben nun eine Aufzählung der wichtigsten nicht-rationalen Funktionen und führen – jeweils ohne Bezug – ihre hauptsächlichen Eigenschaften, insbesondere ihre wichtigen Funktionalgleichungen, an.

Da einige dieser Funktionen als Umkehrfunktionen anderer Funktionen gewonnen werden, und da man den Prozeß der „Umkehrung" an der graphischen Darstellung sehr einfach verfolgen kann, werden wir zunächst kurz zeigen, wie man den Graphen einer Umkehrfunktion aus dem der ursprünglichen Funktion leicht gewinnen kann.

Wie wir oben gesehen haben, besitzt jede streng monotone Funktion – falls sie surjektiv ist – eine Umkehrfunktion. Die graphische Darstellung der Umkehrfunktion einer gegebenen Funktion kann sehr leicht durch Spiegelung an der Winkelhalbierenden des 1. Quadranten im rechtwinkligen Koordinatensystem gewonnen werden. Wie wir wissen, ist die Zuordnung

$$x \underset{f^{-1}}{\overset{f}{\rightleftarrows}} y = f(x)$$

bei einer bijektiven Abbildung in beiden Richtungen eindeutig, nämlich eine Abbildung. Die Rollen von Urbild und Bild bezüglich $f$ und $f^{-1}$ ergeben sich also durch reine Vertauschung von $x$ und $y$. Diese Vertauschung bedeutet aber im Koordinatensystem eine Spiegelung an der Winkelhalbierenden, wie die folgende Abb. 7.14 zeigt.

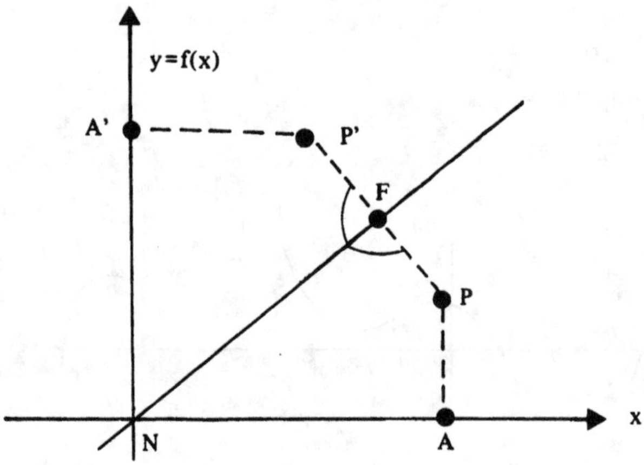


*Abb. 7.14*

Wegen der Spiegelsymmetrie zur Winkelhalbierenden gilt $\overline{NA} = \overline{NA'}$ und $\overline{AP} = \overline{A'P'}$, denn die Spiegelung läßt die Länge von Strecken gleich. Bezüglich $P$ und $P'$ sind aber $\overline{NA}$ und $\overline{AP}$ bzw. $\overline{A'P'}$ und $\overline{NA'}$ Abszisse und Ordinate. Also stimmen Abszisse von $P'$ und Ordinate von $P$ überein.

Entsprechend sind Ordinate von $P'$ und Abszisse von $P$ gleich.

Also bedeutet Vertauschung von Urbild (Abszisse) und Bild (Ordinate) bei einer reellen Funktion die Spiegelung des zugehörigen Graphen an der Winkelhalbierenden.

Die durch $y = x^2$ und $y = +\sqrt{x}$ für $x \geqslant 0, y \geqslant 0$ erklärten reellen Funktionen sind invers, d.h. Umkehrfunktionen zueinander. Ihre Graphen sind in Abb. 7.15 dargestellt. Sie verlaufen spiegelbildlich zur Winkelhalbierenden.

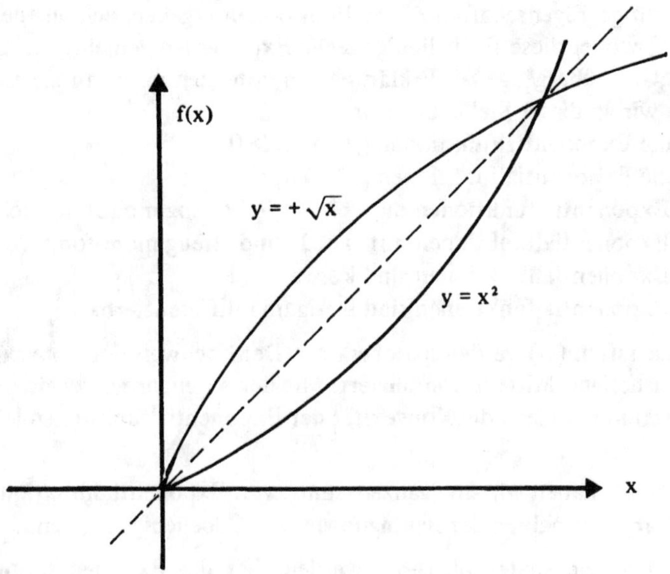


*Abb. 7.15*

**1. Die Exponential- und Logarithmusfunktionen**

Für jedes positive $a \in \mathbb{R}$ ist durch die Gleichung

$$f(x) = y = a^x$$

eine reelle Funktion $f: \mathbb{R} \to (0, +\infty)$ definiert.

Sie heißt *Exponentialfunktion.*

Die Abb. 7.16 zeigt für einige Werte von a die zugehörigen Graphen.

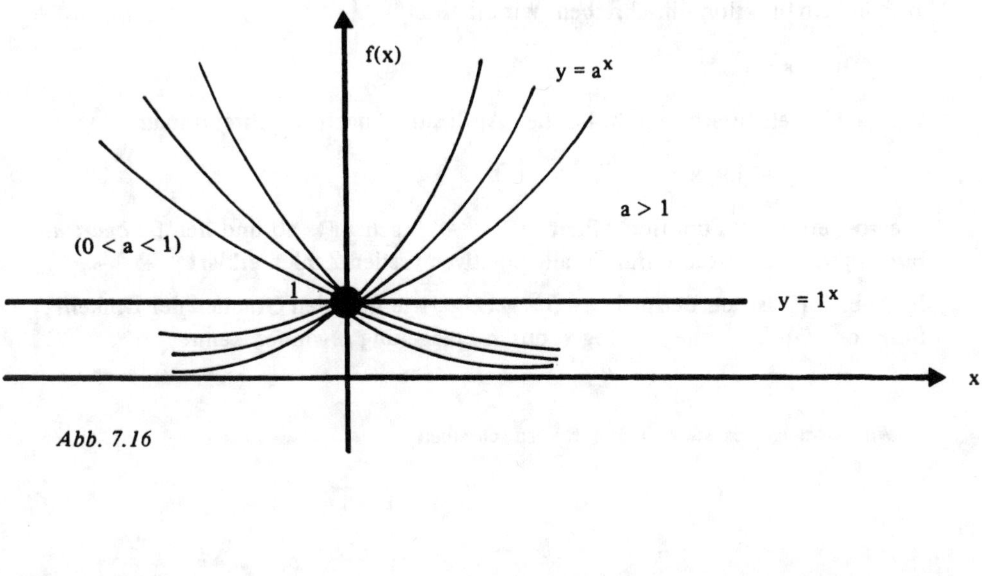


*Abb. 7.16*

Einige wichtige Eigenschaften dieser Funktionen ergeben sich aus der „Potenzrechnung“, wobei diese für beliebige reelle Exponenten gemeint ist. Auf die notwendigen Grenzübergänge zur Erklärung von Potenzen mit irrationalen Exponenten gehen wir an dieser Stelle nicht ein.

(i) Für alle Exponentialfunktionen gilt $f(x) > 0$.
(ii) Für alle Exponentialfunktionen gilt $f(0) = 1$.
(iii) Alle Exponentialfunktionen mit $a > 1$ sind streng monoton wachsend.
(iv) Alle Exponentialfunktionen mit $a < 1$ sind streng monoton fallend.
(v) Alle Exponentialfunktionen sind konvex.
(vi) Alle Exponentialfunktionen sind stetig und differenzierbar.

Die Eigenschaften (vi) werden später erklärt. Der Nachweis der Konvexität ist mit unseren bisherigen Mitteln kompliziert. Mit der sogenannten zweiten Ableitung einer Funktion wird sich die Konvexität der Exponentialfunktionen leicht zeigen lassen.

Mit $f(x) = a^x$ haben wir eine ganze Familie von Exponentialfunktionen erklärt, da $a \in \mathbb{R}$ mit Ausnahme der Bedingungen $a > 0$ beliebig sein kann.

Aus Gründen, die später plausibel werden, hat die Exponentialfunktion mit $a = e \approx 2{,}71828\ldots$ als Basis eine herausragende Bedeutung: Die dort als Basis verwendete sogenannte Eulersche Zahl ist eine Irrationalzahl.

Die so ausgezeichnete Exponentialfunktion heißt auch kurz e-Funktion. Man schreibt

$$f(x) = y = e^x$$

Der Graph der e-Funktion ist in der Abb. 7.16 zwischen $y = 2^x$ und $y = 3^x$ zu lokalisieren.

Formal können wir $f(x) = a^x$ durch Vertauschen von Urbild $(x)$ und Bild $(y)$ zur Umkehrfunktion umschreiben. Wir erhalten*

$$x = a^y.$$

Für die Umkehrfunktion, d.h. für die „Auflösung“ nach $y$ schreibt man

$$y = {}_a\log x.$$

Die so definierte Funktion bildet $(0, +\infty)$ nach $\mathbb{R}$ ab und heißt *Logarithmusfunktion*. Sie ist also nur für alle positiven reellen Zahlen erklärt.

In Abb. 7.17 ist am Beispiel $y = 5^x$ gezeigt, wie man den Graphen der Umkehrfunktion, nämlich von $y = {}_5\log x$ durch Spiegelung gewinnen kann.

* Wir bevorzugen es, statt $f(x)$ nur $y$ zu schreiben.

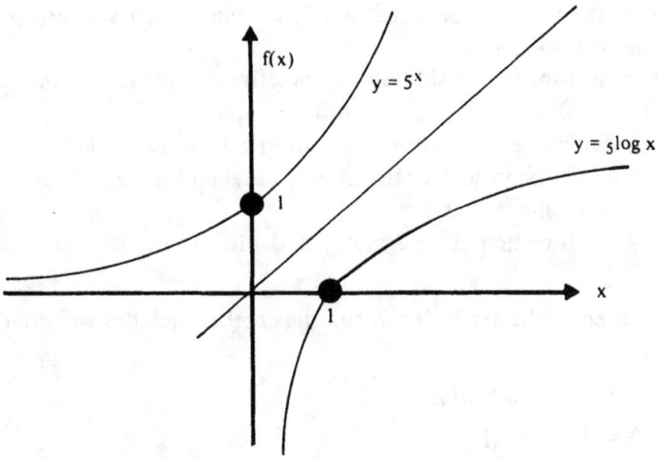


*Abb. 7.17*

Die Abb. 7.18 deutet die Schar der Logarithmusfunktion an.

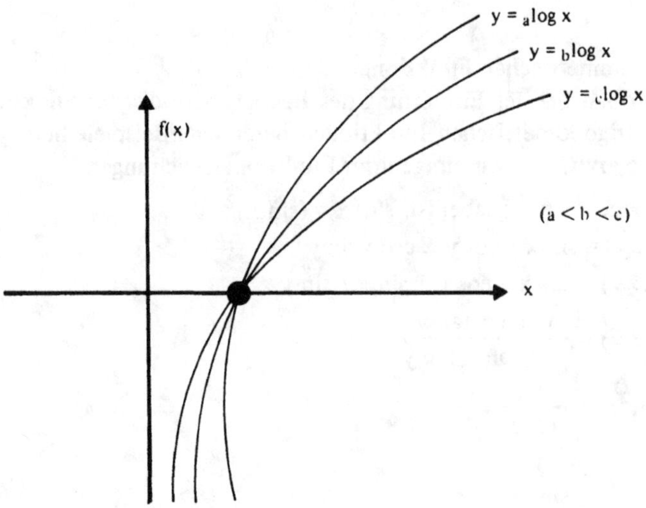


*Abb. 7.18*

Die Umkehrfunktion des ausgezeichneten Vertreters der Exponentialfunktion $y = e^x$ trägt die Bezeichnung $y = {}_e\log x$ bzw. $y = \ln x$. Man spricht auch vom „Logarithmus naturalis".

Die Eigenschaften der Exponentialfunktionen übertragen sich entsprechend auf die Logarithmusfunktionen:

(i) Logarithmusfunktionen sind nur für positive Argumente definiert

(ii) Für alle $a > 0, a \neq 1$ gilt ${}_a\log 1 = 0$

(iii) Die Log.-funktionen sind streng monoton wachsend für $a > 1$

(iv) Die Log.-funktionen sind streng monoton fallend für $a < 1$

(v) ${}_a\log a = 1$ für alle $a > 0, a \neq 1$

(vi) Logarithmusfunktionen sind stetig und differenzierbar, wie später gezeigt wird.

Aus den Rechenregeln der Potenzrechnung ergeben sich des weiteren für beliebige Basen a:

(vii) ${}_a\log (x \cdot y) = {}_a\log x + {}_a\log y$

(viii) ${}_a\log \frac{x}{y} = {}_a\log x - {}_a\log y$

(ix) ${}_a\log y^x = x \, {}_a\log y$

Diese Funktionalgleichungen bilden die mathematische Basis für den sogenannten Rechenschieber. Sie zeigen, daß mit der Logarithmusfunktion (vii) Multiplikation in Addition, (viii) Division in Subtraktion und (ix) Potenzieren in Multiplizieren verwandelt werden können.

**2. Die trigonometrischen Funktionen**

Wir haben oben bei der Einführung des Begriffs periodischer Funktionen die sogenannten trigonometrischen Funktionen bereits als Beispiele herangezogen. An dieser Stelle erwähnen wir einige ihrer Funktionalgleichungen

(i) $\sin^2 x + \cos^2 x = 1$ ; dabei ist $\sin^2 x = (\sin x)^2$

(ii) $\sin (x \pm y) = \sin x \cdot \cos y \pm \cos x \sin y$

(iii) $\cos (x \pm y) = \cos x \cdot \cos y \mp \sin x \cdot \sin y$

(iv) $\tan (x \pm y) = \dfrac{\tan x \pm \tan y}{1 \mp \tan x \tan y}$

(v) $1 + \tan^2 x = \dfrac{1}{\cos^2 x}$

(vi) $1 + \cot^2 x = \dfrac{1}{\sin^2 x}$

(vii) $\sin(-x) = -\sin x$; $\cos(-x) = \cos x$; $\tan(-x) = -\tan x$; $\cot(-x) = -\cot x$.

Die trigonometrischen Funktionen besitzen, wie aus den Graphiken von Abb. 7.6 ersichtlich ist, keine Umkehrfunktionen. Man kann sich aber z.B. bei $f(x) = \sin x$ auf das Intervall $\left[-\frac{\pi}{2}, \frac{\pi}{2}\right]$ beschränken, (vgl. Abb. 7.19) um zumindest dort eine Umkehrung zu finden.

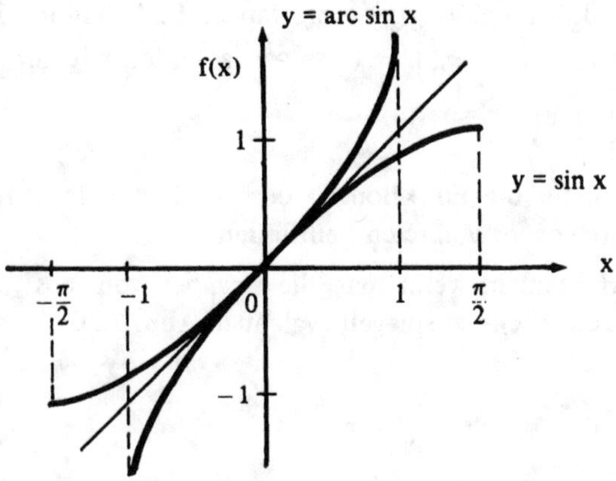


*Abb. 7.19*

Das heißt, man schränkt sin : $\mathbb{R} \to [-1;+1]$ ein auf die Funktion sin: $\left[-\frac{\pi}{2}, \frac{\pi}{2}\right] \to [0,1]$. Da sin dort streng monoton wachsend ist, existiert eine eindeutig bestimmte Umkehrfunktion. Sie wird mit arc sin bezeichnet. Diese ist eine Abbildung der Form arc sin : $[-1;1] \to \left[-\frac{\pi}{2}, \frac{\pi}{2}\right]$.

Analog kann man $y = \tan x$ im Intervall $\left(-\frac{\pi}{2}, \frac{\pi}{2}\right)$ umkehren. In diesem ist $y = \tan x$ streng monoton wachsend und damit bijektiv (vgl. Abb. 7.6). Sei also jetzt tan die auf $\left(-\frac{\pi}{2}, \frac{\pi}{2}\right)$ eingeschränkte Funktion.

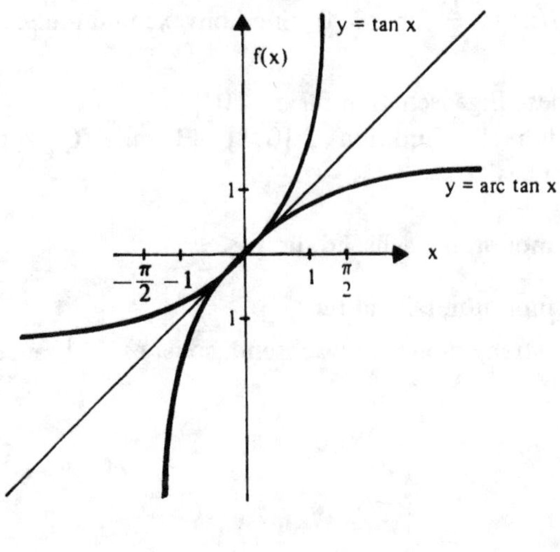


*Abb. 7.20*

Diese Umkehrfunktion heißt $g(x) = \text{arc tan } x$. In Abbildung 7.20 ist ihr Graph gezeichnet. Da $\tan: \left(-\frac{\pi}{2}, \frac{\pi}{2}\right) \to (-\infty, \infty)$ abbildet, gilt $\text{arc tan}:$ $(-\infty, \infty) \to \left(-\frac{\pi}{2}, \frac{\pi}{2}\right)$.

Analog kann man für die Funktionen cos und cot im Intervall $(0, \pi)$ die Umkehrungen arc cos bzw. arc cot einführen.

Ihre Graphen erhält man, wenn man die Graphen von cos bzw. cot an der Winkelhalbierenden $f(x) = x$ spiegelt (vgl. auch Abb. 7.20).

## 7.7 Aufgaben

1. Zwei Abbildungen $f: X \to Y$ und $g: X \to Y$ heißen gleich, wenn $f(x) = g(x)$ für alle $x \in X$. Sind $f, g, h$ Abbildungen von X nach X, dann ist zu zeigen, daß $f \circ (g \circ h) = (f \circ g) \circ h$.
2. Sei $i_X: X \to X$ die Identität auf X, d.h. es gilt $i_X(x) = x$ für alle $x \in X$. Man zeige, daß $f \circ i_X = i_X \circ f = f$ für alle Abbildungen $f: X \to X$.
3. Ist $f: X \to X$ bijektiv, dann gilt $f \circ f^{-1} = f^{-1} \circ f = i_X$.
4. Sind f und g bijektive Abbildungen von X nach X, dann gilt $(f \circ g)^{-1} = g^{-1} \circ f^{-1}$.
5. Eine Abbildung $f: X \to X$ ist genau dann bijektiv, wenn eine weitere Abbildung $g: X \to X$ existiert mit der Eigenschaft $f \circ g = g \circ f = i_X$.
6. Zeige, daß g aus 5. eindeutig bestimmt ist.
7. Beweise die in Satz 1 von 7.3 angegebenen Eigenschaften des Urbildoperators.
8. Zeige, daß $f(x) = \frac{1}{x}$ für $x > 0$ eine konvexe und monoton fallende Funktion ist.
   Wie lauten diese Eigenschaften für $x < 0$?
9. Zeige, daß die reelle Funktion $f: [0,1] \to \mathbb{R}$ mit $f(p) = p(1-p)$ für $p = \frac{1}{2}$ ein Maximum besitzt.
   Hinweis:
   (1) $f(p)$ ist monoton wachsend für $p < \frac{1}{2}$.
   (2) $f(p)$ ist monoton fallend für $p > \frac{1}{2}$.
10. Ist $f: \mathbb{R} \to \mathbb{R}$ streng monoton wachsend, so ist es $f^{-1}$ auch.

# 8. Topologische Struktur der reellen Zahlen, Folgen und Reihen

## 8.1 Vorbemerkungen

Wir beginnen mit der Feststellung: $\sqrt{7}$ ist keine rationale Zahl. Der indirekte Beweis ist relativ einfach. Angenommen $\sqrt{7}$ wäre rational, so hätte man nach der Definition einer rationalen Zahl die Darstellung

$$\sqrt{7} = \frac{p}{q} \text{ mit } p, q \in \mathbb{Z},$$

woraus

$$7 \cdot q^2 = p^2$$

folgte. Zerlegt man nun $p, q$ in Primfaktoren, so sieht man, daß die Anzahl der Primfaktoren sowohl in $p^2$ als auch $q^2$ gerade ist. Dann stellt aber $7 \cdot q^2 = p^2$ einen Widerspruch dar, weil die linke Seite $7 \cdot q^2$ wegen der $7$ sicher nicht alle Primfaktoren „geradzahlig-oft" enthält, was aber bei der rechten Seite $p^2$ der Fall ist. Also war die Annahme „$\sqrt{7} \in \mathbb{Q}$" falsch, und wir haben $\sqrt{7} \notin \mathbb{Q}$ bewiesen. Der Beweis funktioniert offenbar ebenso bei $\sqrt{2}, \sqrt{3}, \sqrt{5}, \sqrt{8} \ldots$ Für $\sqrt{9}$ geht das natürlich nicht, $\sqrt{9}$ ist rational.

Die Tatsache, daß z.B. $\sqrt{2} \notin \mathbb{Q}$ kann man geometrisch folgendermaßen deuten. Die aus der Schule bekannte Darstellung der Zahlen auf der „Zahlengeraden"

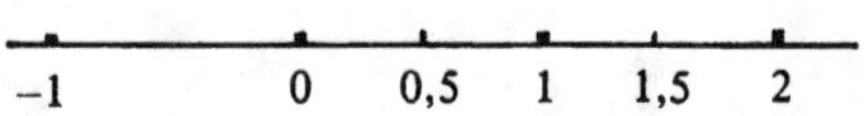


zeigt, daß die Menge $\mathbb{Q}$ dicht liegt auf der Geraden in dem Sinne, daß zwischen je zwei Zahlen $x, y \in \mathbb{Q}$ stets mindestens eine (und damit unendlich viele!) weitere rationale Zahl liegt, z.B. die Zahl $z = \frac{x+y}{2}$. Dennoch ist die Gerade durch die Menge $\mathbb{Q}$ „nicht vollständig besetzt". Man braucht nur die Diagonale des Einheitsquadrates vom Nullpunkt abzutragen. Der dabei getroffene Punkt $P$ ist von keiner rationalen Zahl besetzt, weil $\sqrt{2}$ irrational ist. In diesem Sinne ist die Menge $\mathbb{Q}$ nicht vollständig: sie läßt auf der Zahlengeraden „Lücken".

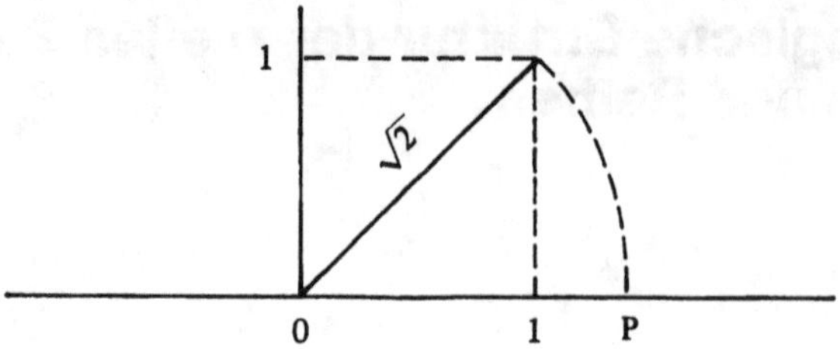


*Abb. 8.1*

Denselben Sachverhalt kann man (am Beispiel $\sqrt{2}$) auch so ausdrücken: Für $x \in \mathbb{Q}$ sei

$$A = \{x | x < 0 \text{ oder } x^2 \leqslant 2 \,,\ x \in \mathbb{Q}\}$$

und

$$B = \{x | x > 0 \text{ und } x^2 > 2 \,,\ x \in \mathbb{Q}\}$$

Dann gilt offenbar: $A \cup B = \mathbb{Q}$ mit $A \neq \emptyset, B \neq \emptyset$ und jedes Element von A (Unterklasse) ist kleiner als jedes Element von B (Oberklasse), was $A \cap B = \emptyset$ zur Folge hat. Diese Zerlegung nennt man *Dedekind-Schnitt* für $\sqrt{2}$. Wegen $\sqrt{2} \notin \mathbb{Q}$ hat nun weder A eine größte noch B eine kleinste Zahl, weil A und B nur rationale Zahlen enthalten. Auch hier zeigt sich also, daß $\mathbb{Q}$ auf der Zahlengeraden Lücken läßt. Ebenso wie die Menge $\mathbb{Q}$ kann man nun die Menge $\mathbb{R}$ der reellen Zahlen mit einem Dedekind-Schnitt zerlegen (zerschneiden). Dabei ergibt sich aber ein grundlegender Unterschied zum Dedekind-Schnitt in der Menge der rationalen Zahlen.

Die Menge $\mathbb{R}$ der reellen (d.h. rationalen und irrationalen) Zahlen hat nämlich die Eigenschaft, daß bei jedem beliebigen Dedekind-Schnitt in $\mathbb{R}$ stets entweder die Unterklasse eine größte oder die Oberklasse eine kleinste Zahl enthält*. Die Zahl ist eindeutig** bestimmt und heißt Schnittzahl.

## 8.2 Vollständigkeit der reellen Zahlen

Führt man nun den oben beschriebenen Schnitt für $\sqrt{2}$ nicht in $\mathbb{Q}$ sondern in $\mathbb{R}$ aus, so hat man mit

$$A = \{x | x^2 \leqslant 2 \text{ oder } x < 0 \,,\ x \in \mathbb{R}\}$$
$$B = \{x | x^2 > 2 \text{ und } x > 0 \,,\ x \in \mathbb{R}\}$$

* Man überlege sich, warum diese Aussage „entweder – oder" enthalten muß.

** Die Annahme, daß es zwei derartige Zahlen gibt, führt auf einen Widerspruch.

Unter- und Oberklasse eines Schnittes in $\mathbb{R}$, denn offenbar sind alle Elemente von A kleiner als alle Elemente von B und $A \neq \emptyset$, $B \neq \emptyset$ und $A \cup B = \mathbb{R}$. Die Schnittzahl $\sqrt{2}$ ist hier größtes Element der Unterklasse A.

**Definition 1**: Die Menge $\mathbb{R}$ heißt *vollständig*, weil sie zu jedem Dedekindschnitt die entsprechende Schnittzahl enthält.

Hätte man A durch „$x^2 < 2$ oder $x < 0$" und B durch „$x^2 \geqslant 2$ und $x > 0$" definiert, so wäre $\sqrt{2}$ kleinstes Element der Oberklasse B.

Fassen wir nun die algebraischen und ordnungstheoretischen Eigenschaften mit der Vollständigkeit von $\mathbb{R}$ zusammen, so heißt das: „Die Menge der reellen Zahlen bildet einen vollständigen angeordneten Körper".

Im nächsten Abschnitt werden wir sehen, daß die Vollständigkeit der Menge $\mathbb{R}$ der reellen Zahlen in engerem Zusammenhang mit der Konvergenz von Folgen in $\mathbb{R}^1$ und $\mathbb{R}^n$ steht.

## 8.3 Folgen im $\mathbb{R}^1$, Zahlenfolgen

**Definition 2**: Jede Abbildung der Form $f: \mathbb{N} \to \mathbb{R}$ heißt Folge oder kurz Zahlenfolge.

Es ist üblich, Zahlenfolgen in der folgenden Form anzugeben:

$$\{a_n\} = a_1, a_2, a_3, \ldots$$

Die Indizes geben die Urbilder an. Gelegentlich werden wir auch sogenannte *endliche* Folgen betrachten. Hierbei handelt es sich um Abbildungen der Form $f: \{1, 2, 3, \ldots, n\} \to \mathbb{R}$. Mit $b_1, b_2, \ldots, b_{27}$ haben wir eine Folge mit 27 Elementen $(n = 27)$.

**Beispiel 1**:

(a) $2, 7, 12, 17, \ldots, 32$ ist eine endliche Folge.

(b) Setzt man $f(n) = \frac{1}{2}n^2$ für $n \in N$, so erhält man die Folge $\frac{1}{2}, 2, \frac{9}{2}, 8, \ldots$

(c) $1, \frac{1}{2}, \frac{1}{3}, \frac{1}{4}, \ldots$ stellt eine Folge mit $f(n) = \frac{1}{n}$ dar. ●

**Definition 3**: Eine Folge $\{a_n\}$ mit $a_n \in \mathbb{R}$ heißt *konvergent*, wenn es eine reelle Zahl a gibt mit der Eigenschaft: Für jedes $\epsilon > 0$ existiert eine natürliche Zahl $n_0$ so, daß für alle $n \geqslant n_0$ gilt $|a_n - a| < \epsilon$. Man sagt auch: Die Folge konvergiert gegen den Grenzwert a. Eine konvergente Folge heißt *Nullfolge*, wenn ihr Grenzwert $a = 0$ ist. Weitere Schreibweisen sind: $a_n \to a$ bzw. $\lim\limits_{n\to\infty} a_n = a$. Nicht konvergente Folgen heißen divergent.

Die folgende Skizze verdeutlicht den Begriff der Konvergenz.

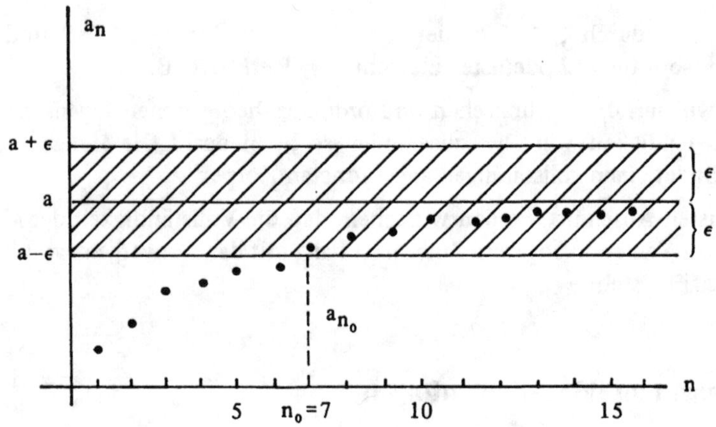


*Abb. 8.2*

**Beispiel 2:**

(a) Die Folge $\frac{1}{2}, 2, \frac{9}{2}, 8, \ldots$ mit $f(n) = \frac{n^2}{2}$ ist offenbar divergent, da ihre Glieder jede reelle Zahl übersteigen, die Folge also über alle Grenzen wächst.

(b) Die oben angegebene Folge $1, \frac{1}{2}, \frac{1}{3}, \ldots$ mit $f(n) = \frac{1}{n}$ konvergiert gegen 0, denn zu jedem $\epsilon > 0$ gibt es ein $n_0$ mit der Eigenschaft:

für alle $n \geqslant n_0$ gilt: $|a_n - 0| < \epsilon$ bzw. $\left|\frac{1}{n} - 0\right| < \epsilon$.

Man braucht nur $n_0 > \frac{1}{\epsilon}$ zu wählen. Dann ist nämlich $\left|\frac{1}{n}\right| < \epsilon$ für alle $n \geqslant n_0 > \frac{1}{\epsilon}$, d.h. für $\epsilon = 0{,}01$ ist $n_0 = 101$ usw.

(c) Die Folge $\{a_n\} = \{(-1)^n\}$ ist divergent. Da ihre Werte nur aus $-1$ und $1$ (alternierend) bestehen, gibt es offenbar keine reelle Zahl a, für die gilt:

für alle $\epsilon > 0$ existiert ein $n_0$ mit $|(-1)^n - a| < \epsilon$ für alle $n \geqslant n_0$. ●

Für die Frage der Konvergenz einer Folge ist die Beschränktheit der Folge eine wichtige Information.

**Definition 4**: Eine Folge $\{a_n\}$ heißt *nach unten beschränkt*, falls es eine reelle Zahl M gibt mit der Eigenschaft $a_n \geqslant M$ für alle $n \in \mathbb{N}$. Entsprechend *nach oben beschränkt*, falls ein $M \in \mathbb{R}$ existiert mit $a_n \leqslant M$ für alle $n \in \mathbb{N}$, d.h. für alle Glieder der Folge. M heißt auch obere bzw. untere Schranke. Nach oben und unten beschränkte Folgen heißen *beschränkt*.

**Beispiel 3**:

(a) Die Folge mit $f(n) = 4 - n^2$ hat die Form $3, 0, -5, -12, \ldots$ Sie ist nach oben beschränkt. Man kann z.B. $M = 3$ wählen.

(b) Die Folge $f(n) = 4 - n^2$ ist nicht nach unten beschränkt und also nicht beschränkt.

(c) Die Folge $1, \frac{1}{2}, \frac{1}{3}, \ldots$, d.h. $f(n) = \frac{1}{n}$ für $n \in \mathbb{N}$, ist beschränkt. Man kann $M_1 = 1$ und $M_2 = 0$ als obere bzw. untere Schranke angeben. ●

Eine weitere wichtige Klasse ist die der monotonen Folgen. Da Folgen reellwertige Funktionen sind, finden die Begriffe der „streng monoton wachsenden“, „monoton wachsenden“, „monoton fallenden“ und „streng monoton fallenden“ Funktion hier analog Anwendung. Die folgende Tabelle gibt einen Überblick:

monotone Folgen

| streng monoton | | monoton | |
|---|---|---|---|
| wachsend | fallend | wachsend | fallend |
| $a_{n+1} > a_n$ | $a_{n+1} < a_n$ | $a_{n+1} \geqslant a_n$ | $a_{n+1} \leqslant a_n$ |

Tabelle 8.1

**Beispiel 4**:

(a) Die Folge mit $f(n) = a_n = \frac{n}{n+1}$ ist streng monoton wachsend.

(b) Die Folge mit $f(n) = a_n = \frac{n+1}{n}$ ist streng monoton fallend.

(c) Die Folge mit* $f(n) = a_n = n - \left[\frac{n}{2}\right]$ ist monoton steigend.

(d) Die Folge mit $f(n) = a_n = \left[\frac{n}{2}\right] - n$ ist monoton fallend. ●

* $\left[\frac{n}{2}\right]$ ist die größte natürliche Zahl, die nicht größer ist als $\frac{n}{2}$, d.h. $\left[\frac{n}{2}\right]$ ist der ganzzahlige Teil von $\frac{n}{2}$.

Die Fälle (c) und (d) liefern die Folgen $1, 1, 2, 2, \ldots$ bzw. $-1, -1, -2, -2, \ldots$ Wie man sieht, sind sie zwar steigend (fallend), aber nicht streng steigend (streng fallend).

Es gilt der folgende plausible Satz:

**Satz 1**: Jede konvergente Folge reeller Zahlen ist beschränkt.

Beweis: Da die Folge $\{a_n\}$ konvergent ist, gibt es einen Grenzwert $a \in \mathbb{R}$, d.h. es gibt ein $n_0 \in \mathbb{N}$ mit: für alle $n \geqslant n_0$ gilt $|a_n - a| < \epsilon$ für beliebiges gegebenes $\epsilon > 0$. Also haben die Punkte $a_n, a_{n_0+1}, \ldots$ höchstens den Abstand $\epsilon$ von a. Also gilt für alle $n \geqslant n_0$

$$|a_n| \leqslant |a| + \epsilon .$$

Die restlichen Elemente der Folge, nämlich $a_1, a_2, \ldots, a_{n_0-1}$ bilden eine endliche Teilmenge aus $\mathbb{R}$, die natürlich beschränkt ist.

Bezeichnen wir diese Schranke mit $M_2$ und setzen wir $|a| + \epsilon = M_1$, dann gilt für alle Elemente der Folge, d.h. für alle $n \in \mathbb{N}$

$$|a_n| \leqslant \max \{M_1, M_2\} .$$

Also ist die konvergente Folge $\{a_n\}$ beschränkt. ●

Für monotone Folgen reeller Zahlen gilt auch die „Umkehrung" des eben bewiesenen Satzes.

**Satz 2**: Jede monotone, beschränkte Folge ist konvergent.

Die Bedeutung dieses Satzes besteht wesentlich darin, daß man mit ihm häufig sehr schnell und einfach die Konvergenz einer Folge feststellen kann.

So sind z.B. die Folgen $\{a - \frac{1}{n}\}$ für alle $a \in \mathbb{R}$ konvergent, weil sie monoton wachsend und beschränkt sind. Es ist nämlich $a - \frac{1}{n} < a - \frac{1}{n+1}$, und es gilt $\left|a - \frac{1}{n}\right| < |a| + 1$.

**Definition 5**: Für eine Menge $B \subseteq \mathbb{R}$ heißt $\bar{m} \in \mathbb{R}$ obere Grenze oder *Supremum* von B (Sup B), wenn gilt:

(1) $x \in B \Rightarrow x \leqslant \bar{m}$

(2) $m < \bar{m} \Rightarrow m$ ist keine obere Schranke von B.

Analog ist das *Infimum* von B (Inf B) erklärt.

Offenbar ist das Supremum von B die kleinste obere Schranke von B, während das Infimum die größte untere Schranke von B ist.

Man kann unter Verwendung der Vollständigkeit der Menge der reellen Zahlen $\mathbb{R}$ (vgl. Dedekind-Schnitt) zeigen, daß jede nicht-leere Menge $B \in \mathbb{R}$, die nach oben (unten) beschränkt ist, auch ein Suprenum (Infimum) besitzt.

**Definition 6**: Eine reelle Zahl b heißt *Häufungspunkt* einer Folge $\{a_n\}$, wenn es zu jedem $\epsilon > 0$ unendlich viele n gibt mit der Eigenschaft

$$|a_n - b| < \epsilon .$$

Man kann also sagen, daß in jeder – noch so kleinen – Umgebung eines Häufungspunktes einer Folge unendlich viele Glieder der Folge liegen.

**Beispiel 5**:

Die Folge $1 + \frac{1}{2}, 2 + \frac{1}{3}, 1 + \frac{1}{4}, 2 + \frac{1}{5}, \ldots$ hat die beiden Häufungspunkte 1 und 2. Sie ist aber nicht konvergent. Umgekehrt ist aber jeder Grenzwert einer Folge auch ihr (einziger) Häufungspunkt. ●

Ein Vergleich der Definitionen für den Grenzwert und den Häufungspunkt zeigt: in jeder – noch so kleinen – Umgebung eines Häufungspunktes einer Folge liegen zwar unendlich viele Glieder der Folge, aber dies bedeutet keineswegs, daß sämtliche Elemente der Folge – von einer bestimmten Gliednummer $n_0$ ab – in eine vorgegebene Umgebung fallen. Das eben besprochene Beispiel $1 + \frac{1}{2}, 2 + \frac{1}{3}, 1 + \frac{1}{4}, 2 + \frac{1}{5}, \ldots$ belegt diese Erklärung. Die Teilfolgen $1 + \frac{1}{2}, 1 + \frac{1}{4}, 1 + \frac{1}{6}, \ldots$ und $2 + \frac{1}{3}, 2 + \frac{1}{5}, 2 + \frac{1}{7}, \ldots$ konvergieren gegen 1 bzw. 2, ohne daß die gesamte Folge konvergiert. Über die Existenz von Häufungspunkten gibt der folgende Satz von Weierstraß-Bolzano Auskunft:

**Satz 3**: Jede beschränkte unendliche Folge hat mindestens einen Häufungspunkt.

Auf den nicht ganz einfachen Beweis dieses Satzes verzichten wir.

**Rechnen mit konvergenten Folgen**

Man kann auf natürliche Weise mit Folgen rechnen, d.h. Verknüpfungen von Folgen einführen. Betrachten wir z.B. zwei Folgen $a_1, a_2, a_3, \ldots$ und $b_1, b_2, b_3, \ldots$, dann ergeben sich daraus die neuen Folgen:

(1) $a_1 + b_1, a_2 + b_2, a_3 + b_3, \ldots$ (Summenfolge)

(2) $a_1 - b_1, a_2 - b_2, a_3 - b_3, \ldots$ (Differenzenfolge)

(3) $a_1 \cdot b_1, a_2 \cdot b_2, a_3 \cdot b_3, \ldots$ (Produktfolge)

(4) $\frac{a_1}{b_1}, \frac{a_2}{b_2}, \frac{a_3}{b_3}, \ldots$ (Quotientenfolge)

(5) $a_1^p, a_2^p, a_3^p, \ldots$ (Potenzfolge)

(6) $p^{a_1}, p^{a_2}, p^{a_3}, \ldots$ (Exponentialfolge)

Für die Existenz von Quotientenfolgen ist natürlich Voraussetzung, daß kein Element der Folge $b_1, b_2, b_3, \ldots$ gleich Null ist. Bei der Potenzfolge darf im Falle $p = 0$ keines der $a_i$ gleich Null sein. Analog gilt dies für die Exponentialfolge (6).

Sind nun die Folgen $a_1, a_2, a_3, \ldots$ und $b_1, b_2, b_3, \ldots$ konvergent mit $\lim\limits_{n\to\infty} a_n = A$ und $\lim\limits_{n\to\infty} b_n = B$, dann gilt, sofern die oben erklärten Folgen (4) und (5) existieren, der folgende Satz, der üblicherweise als Satz über das „Rechnen mit Grenzwerten" bezeichnet wird. Man könnte auch sagen, daß dies ein Satz über die Eigenschaften des Operators „lim" ist.

**Satz 4**: Sind $a_1, a_2, a_3, \ldots$ und $b_1, b_2, b_3, \ldots$ konvergente Folgen reeller Zahlen, dann gilt:

(i) $\lim\limits_{n\to\infty} (a_n + b_n) = \lim\limits_{n\to\infty} a_n + \lim\limits_{n\to\infty} b_n$

(ii) $\lim\limits_{n\to\infty} (a_n - b_n) = \lim\limits_{n\to\infty} a_n - \lim\limits_{n\to\infty} b_n$

(iii) $\lim\limits_{n\to\infty} (c \cdot a_n) = c \cdot \lim\limits_{n\to\infty} a_n$

(iv) $\lim\limits_{n\to\infty} (a_n \cdot b_n) = \lim\limits_{n\to\infty} a_n \cdot \lim\limits_{n\to\infty} b_n$

(v) $\lim\limits_{n\to\infty} \left(\frac{a_n}{b_n}\right) = \frac{\lim\limits_{n\to\infty} a_n}{\lim\limits_{n\to\infty} b_n}$

**Zusatz**: Sofern in (v) $\lim a_n = \lim b_n = 0$ gilt, kann $\lim \left(\frac{a_n}{b_n}\right)$ dennoch existieren (vgl. Regel von de l'Hospital).

Beweis: Wir begnügen uns damit, die Aussage (iv) zu beweisen. Setzen wir $\lim a_n = A$ und $\lim b_n = B$, dann gilt zunächst:

$$a_n b_n - AB = (a_n - A)(b_n - B) + A(b_n - B) + B(a_n - A).$$

Wegen der Konvergenz beider Folgen haben wir nun die Aussage:

Für $\epsilon > 0$ existieren natürliche Zahlen $n_a$ und $n_b$ so, daß die Implikationen

$$n \geqslant n_a \Rightarrow |a_n - A| < \sqrt{\epsilon}$$
$$n \geqslant n_b \Rightarrow |b_n - B| < \sqrt{\epsilon}$$

zutreffen.

Wählen wir nun $n_0 = \max(n_a, n_b)$, so gilt

$$n \leqslant n_o \Rightarrow |(a_n - A)(b_n - B)| < \epsilon ,$$

womit $\lim\limits_{n\to\infty} (a_n - A)(b_n - B) = 0$ folgt bzw. äquivalent ist.

Die Anwendung von (i) und (iii) dieses Satzes auf die Gleichung am Anfang dieses Beweises liefert nun

$$\begin{aligned}\lim(a_n b_n - AB) &= \lim(a_n - A)(b_n - B) + \lim A(b_n - B) + \lim B(a_n - A)\\ &= \lim(a_n - A)(b_n - B) + A\lim(b_n - B) + B\lim(a_n - A)\\ &= 0,\end{aligned}$$

weil $\lim(b_n - B) = \lim(a_n - A) = \lim(a_n - A)(b_n - B) = 0$.

Also ist $\lim(a_n b_n) = A\,B = \lim a_n \cdot \lim b_n$,

was bewiesen werden sollte. •

Jede der Aussagen von Satz 4 hat eine doppelte Bedeutung. So bedeutet z.B. (i) erstens, daß aus der Konvergenz der Folgen $\{a_n\}$ und $\{b_n\}$ die Konvergenz der Summenfolge $\{a_n + b_n\}$ folgt. Zweitens zeigt die Formel (i), wie der Grenzwert der konvergenten Folge $\{a_n + b_n\}$ zu berechnen ist, und zwar als Summe der Grenzwerte der Folgen $\{a_n\}$ und $\{b_n\}$. Die angegebenen Formeln sind aber nur von „rechts nach links lesbar", wie das folgende Gegenbeispiel zeigt.

Setzen wir $a_n = n + \frac{1}{n}$ und $b_n = -n + \frac{1}{n}$, so gilt $\lim(a_n + b_n) = 0$, aber $\lim a_n$ und $\lim b_n$ existieren nicht. Natürlich ist dieser Fall durch die Voraussetzung des Satzes über die Konvergenz von $\{a_n\}$ und $\{b_n\}$ ausgeschlossen.

## 8.4 Punktfolgen im $\mathbb{R}^n$

Die für Folgen im $\mathbb{R}^1$ entwickelten Begriffe und Sätze lassen sich teilweise auf Folgen im $\mathbb{R}^n$ (Punktfolgen) übertragen. Ähnlich wie im $\mathbb{R}^1$ bezeichnet jede Abbildung $f: \mathbb{N} \to \mathbb{R}^n$ eine Folge im $\mathbb{R}^n$, für die man auch anschaulich schreibt ($\mathbf{a}_i \in \mathbb{R}^n$)

$$\{\mathbf{a}_i\} = \mathbf{a}_1, \mathbf{a}_2, \mathbf{a}_3, \ldots$$

Wir bezeichnen nun die Nummern für die Glieder einer Punktfolge im $\mathbb{R}^n$ statt mit n mit i, weil n in der Symbolik $\mathbb{R}^n$ als Dimension „verbraucht" ist. Natürlich interessiert auch bei Folgen im $\mathbb{R}^n$ die Frage, wie ein Konvergenzbegriff sinnvoll definiert werden kann. Wie im $\mathbb{R}^1$ soll dieser Begriff eine formale Präzisierung der intuitiven Anschauung sein, daß konvergente Folgen im $\mathbb{R}^n$ (z.B. Punktfolgen im $\mathbb{R}^2$ oder $\mathbb{R}^3$ usw.) „sich auf einen Punkt zusammenziehen", „in einen Punkt hineinlaufen", usw.

Seien

$$\mathbf{a}_1 = \begin{pmatrix} a_{11} \\ a_{21} \\ \vdots \\ a_{n1} \end{pmatrix}, \mathbf{a}_2 = \begin{pmatrix} a_{12} \\ a_{22} \\ \vdots \\ a_{n2} \end{pmatrix}, \ldots, \mathbf{a}_i = \begin{pmatrix} a_{1i} \\ a_{2i} \\ \vdots \\ a_{ni} \end{pmatrix}$$

Elemente aus $\mathbb{R}^n$. Dann vereinbaren wir die folgende

**Definition 7:** Eine Folge $\mathbf{a}_1, \mathbf{a}_2, \mathbf{a}_3, \ldots$ von Elementen aus $\mathbb{R}^n$ heißt konvergent, wenn jede der n Komponentenfolgen

$$\left.\begin{array}{lcl} a_{11}, a_{12}, a_{13}, \ldots & \to & a_1 \\ a_{21}, a_{22}, a_{23}, \ldots & \to & a_2 \\ \vdots \quad \vdots \quad \vdots & & \vdots \\ a_{n1}, a_{n2}, a_{n3}, \ldots & \to & a_n \end{array}\right. = \mathbf{a}$$

konvergiert. Sonst heißt die Folge divergent. Schreibweise:

$$\mathbf{a} = \lim_{i \to \infty} \mathbf{a}_i$$

Die Folge $\{\mathbf{a}_i\}$ heißt Nullfolge, wenn $\mathbf{a} = \mathbf{o}$ ist.

**Beispiel 6:**

(a) Die Folge $\{\mathbf{a}_i\}$ mit $\mathbf{a}_i = \begin{pmatrix} i^{-1} \\ i^{-2} \end{pmatrix}$ ist konvergent mit dem Grenzwert $\mathbf{a} = \begin{pmatrix} 0 \\ 0 \end{pmatrix}$, weil die Komponentenfolgen $\{i^{-1}\}$ und $\{i^{-2}\}$ je gegen die Zahl 0 konvergieren; $\{\mathbf{a}_i\}$ ist also eine Nullfolge im $\mathbb{R}^2$.

(b) Die Folge $\{\mathbf{a}_i\}$ mit $\mathbf{a}_i = \begin{pmatrix} i \\ i^{-1} \end{pmatrix}$ ist divergent, weil die erste Komponente nicht konvergiert. Die zweite Komponente dagegen konvergiert gegen den Grenzwert 0. ●

In Analogie zu Satz 4 für Zahlenfolgen gilt:

**Satz 5:** $\mathbf{x}_1, \mathbf{x}_2, \mathbf{x}_3, \ldots$ und $\mathbf{y}_1, \mathbf{y}_2, \mathbf{y}_3, \ldots$ seien konvergente Folgen im $\mathbb{R}^n$, mit den Grenzwerten $\mathbf{a} = \lim_{i\to\infty} \mathbf{x}_i$ und $\mathbf{b} = \lim_{i\to\infty} \mathbf{y}_i$. Dann gilt

(i) $\mathbf{a} \pm \mathbf{b} = \lim_{i\to\infty} (\mathbf{x}_i \pm \mathbf{y}_i)$

(ii) $k\mathbf{a} = \lim_{i\to\infty} k\mathbf{x}_i$ für alle $k \in \mathbb{R}$

(iii) $\mathbf{a} \cdot \mathbf{b} = \lim_{i\to\infty} \mathbf{x}_i \cdot \lim_{i\to\infty} \mathbf{y}_i = \lim_{i\to\infty} (\mathbf{x}_i \mathbf{y}_i)$

Auf den Beweis sei hier verzichtet.

**Bemerkung:**

Satz 5 besagt zweierlei:

1. Wenn die Folgen $\{\mathbf{x}_i\}$ und $\{\mathbf{y}_i\}$ konvergent sind, so sind auch die Folgen $\{\mathbf{x}_i + \mathbf{y}_i\}$, $\{k \cdot \mathbf{x}_i\}$, $\{\mathbf{x}_i \cdot \mathbf{y}_i\}$ konvergent.
2. Die Formeln (i) bis (iii) zeigen, wie sich die Grenzwerte dieser Folgen aus den Grenzwerten $\mathbf{a}, \mathbf{b}$ bestimmen lassen.

## 8.5 Unendliche Reihen

Es sei $\{\mathbf{x}_i\} = \mathbf{x}_1, \mathbf{x}_2, \mathbf{x}_3, \ldots$ eine Folge im $\mathbb{R}^n$. Wird die Summe aller Glieder dieser Folge gebildet, so entsteht die sogenannte unendliche Reihe:

$$(*) \qquad \mathbf{x}_1 + \mathbf{x}_2 + \mathbf{x}_3 + \ldots + \mathbf{x}_k + \ldots = \sum_{i=1}^{\infty} \mathbf{x}_i \,.$$

Während die Summe von endlich vielen Punkten des $\mathbb{R}^n$ eindeutig definiert ist, ist der Ausdruck (*) zunächst sinnlos, wie das folgende Beispiel im $\mathbb{R}^1$ zeigt:

$$\sum_{i=1}^{\infty} (-1)^{i+1} = 1 - 1 + 1 - 1 + 1 - 1 + \ldots$$

Schreiben wir nämlich die Reihe in der Form

$$(1-1) + (1-1) + (1-1) + \ldots,$$

so ergibt sich als Summe die Zahl 0; in der Form

$$1 - (1-1) - (1-1) - (1-1) - \ldots$$

dagegen als Summe die Zahl 1.

Um die Summe einer unendlichen Reihe zu definieren, betrachten wir die Folge der sogenannten Partialsummen

$$\begin{aligned} \mathbf{s}_1 &= \mathbf{x}_1 \\ \mathbf{s}_2 &= \mathbf{x}_1 + \mathbf{x}_2 \\ &\vdots \\ \mathbf{s}_k &= \mathbf{x}_1 + \mathbf{x}_2 + \ldots + \mathbf{x}_k \end{aligned}$$

und sagen: Die unendliche Reihe $\sum_{i=1}^{\infty} \mathbf{x}_i$ heißt konvergent mit dem Grenzwert $\mathbf{s}$, wenn die Folge der Partialsummen $\mathbf{s}_1, \mathbf{s}_2, \ldots, \mathbf{s}_k, \ldots$ gegen $\mathbf{s}$ konvergiert, d.h. wenn gilt:

$$\mathbf{s} = \lim_{k \to \infty} \mathbf{s}_k. \text{ Dann können wir schreiben: } \mathbf{s} = \sum_{i=1}^{\infty} \mathbf{x}_i.$$

Ist die Folge $\mathbf{s}_1, \mathbf{s}_2, \ldots, \mathbf{s}_k \ldots$ divergent, dann heißt auch $\sum_{i=1}^{\infty} \mathbf{x}_i$ divergent.

In dem erwähnten Beispiel $\sum_{i=1}^{\infty} (-1)^{i+1}$ lautet die Folge der Partialsummen:

$$S_1 = 1, S_2 = 0, S_3 = 1, S_4 = 0, \ldots,$$

die offensichtlich divergent ist (zwei Häufungspunkte 0 und 1); damit ist auch $\sum_{i=1}^{\infty} (-1)^{i+1}$ divergent.

**Satz 6:** Die Reihe $\sum_{i=1}^{\infty} \mathbf{x}_i$ ist genau dann konvergent, wenn zu jedem $\epsilon > 0$ eine natürliche Zahl N existiert, so daß für alle $m > n \geqslant N$ gilt:*

$$\left\| \sum_{i=n+1}^{m} \mathbf{x}_i \right\| < \epsilon .$$

Den Beweis, der sich direkt auf das sogenannte Konvergenzkriterium von Cauchy stützt, übergehen wir, weil wir dieses Kriterium nicht angeführt haben.

**Folgerung:**

Ist die Reihe $\sum_{i=1}^{\infty} \mathbf{x}_i$ konvergent, dann gilt $\lim_{i \to \infty} \mathbf{x}_i = \mathbf{o}$, d.h. $\mathbf{x}_1, \mathbf{x}_2, \ldots$ bildet eine Nullfolge.

**Bemerkung:**

$\lim_{i \to \infty} \mathbf{x}_i = \mathbf{o}$ ist nur eine notwendige Bedingung für die Konvergenz von $\sum_{i=1}^{\infty} \mathbf{x}_i$. Sie ist nicht hinreichend, wie das Beispiel der sogenannten harmonischen Reihe $\sum_{i=1}^{\infty} \frac{1}{i}$ zeigt, die divergent ist, obwohl gilt: $\lim_{i \to \infty} \frac{1}{i} = 0$.

Häufig eignet sich der folgende Satz zum Nachweis der Konvergenz (Divergenz) einer Reihe. Dazu werden konvergente (divergente) Vergleichsreihen benutzt:

* Zur Norm $\| \ldots \|$ siehe Abschnitt 4.3.

**Satz 7**: (Majoranten- und Minorantenkriterium)

(i) $\sum_{i=1}^{\infty} \mathbf{x}_i$ sei eine Reihe mit der Eigenschaft $\|\mathbf{x}_i\| \leqslant y_i$* für $i \geqslant N_0$ (feste natürliche Zahl).

Dann gilt: $\sum_{i=1}^{\infty} \mathbf{x}_i$ konvergiert, wenn $\sum_{i=1}^{\infty} y_i$ konvergiert ($y_i \in \mathbb{R}^1$);

(ii) $\sum_{i=1}^{\infty} \mathbf{x}_i$ sei eine Reihe mit der Eigenschaft $\|\mathbf{x}_i\| \geqslant z_i \geqslant 0$ für $i \geqslant N_0$ (feste natürliche Zahl).

Dann gilt: $\sum_{i=1}^{\infty} \mathbf{x}_i$ divergiert, wenn $\sum_{i=1}^{\infty} z_i$ divergiert ($z_i \in \mathbb{R}^1$).

**Bemerkung:**
$\Sigma\, y_i$ bzw. $\Sigma\, z_i$ heißen *Majorante* bzw. *Minorante* von $\Sigma\, \mathbf{x}_i$.

Beweis:

(i) Sei $\epsilon > 0$ beliebig, dann existiert ein $N \geqslant N_0$ mit der Eigenschaft, daß für alle $m > n \geqslant N$ gilt

$$\sum_{i=n+1}^{m} y_i < \epsilon .$$

Nun gilt

$$\Big\| \sum_{i=n+1}^{m} \mathbf{x}_i \Big\| \leqslant \sum_{i=n+1}^{m} \|\mathbf{x}_i\| \leqslant \sum_{i=n+1}^{m} y_i < \epsilon .$$

Nach Satz 6 ist also $\sum_{i=1}^{\infty} \mathbf{x}_i$ konvergent.

(ii) Die Konvergenz von $\sum_{i=1}^{\infty} \mathbf{x}_i$ würde wegen (a) zu dem Widerspruch führen, daß $\sum_{i=1}^{\infty} z_i$ konvergiert. ●

Um den eben behandelten Satz anwenden zu können, benötigt man einen Katalog von konvergenten und divergenten Reihen im $\mathbb{R}^1$, die als konvergente Majoranten bzw. divergente Minoranten mit nicht negativen Gliedern zur Untersuchung anderer Reihen herangezogen werden können.

Wir begnügen uns mit geometrischen Reihen als Vergleichsreihen.

* Wegen $\|\mathbf{x}_i\| \geqslant 0$ ist nur $y_i \geqslant 0$ sinnvoll. Wegen $y_i \in \mathbb{R}^1$ gilt $\|\Sigma\, y_i\| = |\Sigma\, y_i|$ und wegen $y_i \geqslant 0$ folgt sogar $\|\Sigma\, y_i\| = |\Sigma\, y_i| = \Sigma\, y_i$.

**Satz 8:**

(i) Für alle $x \in \mathbb{R}$ mit $0 \leqslant x < 1$ konvergiert die Reihe $\sum_{i=1}^{\infty} x^{i-1}$,

und es gilt $\sum_{i=1}^{\infty} x^{i-1} = \frac{1}{1-x}$ .

(ii) Für alle $x \in \mathbb{R}$ mit $x \geqslant 1$ divergiert die Reihe $\sum_{i=1}^{\infty} x^{i-1}$.

Beweis:

Es gilt: $\sum_{i=1}^{n} x^{i-1} = \frac{1-x^n}{1-x}$ und weiterhin $\lim_{n\to\infty} x^n = 0$ wegen $0 \leqslant x < 1$.

Daraus folgt die Behauptung (i); (ii) gilt offensichtlich. ●

**Bemerkung:**

Die Konvergenz der geometrischen Reihe $\sum_{i=1}^{\infty} x^{i-1}$ mit dem Grenzwert $S = \frac{1}{1-x}$ läßt sich natürlich genau so für alle $x \in \mathbb{R}$ mit $|x| < 1$ beweisen. Da wir aber nach Satz 7 Majoranten bzw. Minoranten mit nicht negativen Gliedern betrachten, haben wir uns hier auf $0 \leqslant x < 1$ beschränkt.

Die beiden folgenden Sätze behandeln zwei Konvergenzkriterien, die in der Praxis am häufigsten angewendet werden.

**Satz 9**: (Quotientenkriterium): Die Reihe $\sum_{i=1}^{\infty} \mathbf{x}_i$

(a) konvergiert, wenn es eine Zahl $q \in (0,1)$ und eine natürliche Zahl $N$ gibt, so daß für alle $m \geqslant N$ gilt

$$\frac{\|\mathbf{x}_{m+1}\|}{\|\mathbf{x}_m\|} \leqslant q < 1 ,$$

(b) divergiert, wenn für alle $m \geqslant N$ gilt

$$\frac{\|\mathbf{x}_{m+1}\|}{\|\mathbf{x}_m\|} \geqslant 1.$$

Beweis:

Aus $\frac{\|\mathbf{x}_{m+1}\|}{\|\mathbf{x}_m\|} \leqslant q$ für alle $m \geqslant N$ folgt

$$\|\mathbf{x}_{N+1}\| \leqslant q \, \|\mathbf{x}_N\|$$

$$\|\mathbf{x}_{N+2}\| \leqslant q \, \|\mathbf{x}_{N+1}\| \leqslant q^2 \, \|\mathbf{x}_N\|$$

. . . . . . . . . . . . . . . . . . . . . . . . .

$$\|\mathbf{x}_{N+p}\| \leqslant q^p \, \|\mathbf{x}_N\|$$

d.h. $\|\mathbf{x}_m\| \leqslant q^m \|\mathbf{x}_N\| q^{-N}$ für alle $m \geqslant N (N+p=m$ gesetzt).

Da $\Sigma\, q^m$ wegen $0 < q < 1$ konvergiert (Satz 8) und $\|\mathbf{x}_N\| q^{-N}$ eine feste Zahl ist, stellt $\|\mathbf{x}_N\| q^{-N} \cdot \sum_{m=0}^{\infty} q^m$ eine konvergente Majorante von $\sum_{i=0}^{\infty} \mathbf{x}_i$ im Sinne von Satz 7 dar.

Analog beweist man die Divergenz, wenn (ii) erfüllt ist. ●

**Satz 10**: (Wurzelkriterium):

(i) Die Reihe $\sum_{i=1}^{\infty} \mathbf{x}_i$ konvergiert, wenn es eine Zahl r mit $r \in (0,1)$ und eine natürliche Zahl N gibt, so daß für alle $m > N$ gilt

$$\sqrt[m]{\|\mathbf{x}_m\|} \leqslant r < 1 \,.$$

(ii) Die Reihe $\sum_{i=1}^{\infty} \mathbf{x}_i$ divergiert, wenn für unendlich viele $m \in \mathbb{N}$ gilt

$$\sqrt[m]{\|\mathbf{x}_m\|} \geqslant 1 \,.$$

Beweis:

(i) Aus $\sqrt[m]{\|\mathbf{x}_m\|} \leqslant r < 1$ folgt $\|\mathbf{x}_m\| \leqslant r^m$. Da $\Sigma\, r^m$ wegen $r \in (0,1)$ konvergent ist, ist auch $\Sigma\, \mathbf{x}_i$ nach dem Majorantenkriterium konvergent.

(ii) Der Beweis verläuft analog. ●

**Bemerkung**:

Das Quotienten- und das Wurzelkriterium sind keine notwendigen sondern nur hinreichende Kriterien für die Konvergenz bzw. Divergenz einer Reihe. Sind die Kriterien nicht erfüllt, so ist noch nichts über die Konvergenz bzw. Divergenz der Reihe ausgesagt.

Will man z.B. das Quotientenkriterium auf die Reihen im $\mathbb{R}^1$

(a) $\sum_{i=1}^{\infty} \frac{1}{i}$ (b) $\sum_{i=1}^{\infty} \frac{1}{i^2}$ anwenden,

so ergibt sich:

(a) $\left|\frac{x_{m+1}}{x_m}\right| = \frac{i}{i+1}$ (b) $\left|\frac{x_{m+1}}{x_m}\right| = \frac{i^2}{(i+1)^2}$.

Es gilt:

(a) $\lim\limits_{i\to\infty} \frac{i}{i+1} = 1$ (b) $\lim\limits_{i\to\infty} \frac{i^2}{(i+1)^2} = 1$.

Es kann aber gezeigt werden:

(a) $\Sigma \frac{1}{i}$ ist divergent, (b) $\Sigma \frac{1}{i^2}$ ist konvergent.

In beiden Beispielen läßt sich kein $q \in (0,1)$ angeben, für das gilt

$\left|\frac{x_{m+1}}{x_m}\right| \leqslant q < 1$ für alle $m \geqslant N$.

Die Tatsache, daß ein solches $q$ im Quotientenkriterium gefordert wird (analog dem $r \in (0,1)$ im Wurzelkriterium) beinhaltet einen gewissen „Sicherheitsabstand $1 - q$" der Quotienten

$\left|\frac{x_{m+1}}{x_m}\right|$ für $m \geqslant N$ von der Zahl 1.

Veranschaulichung:

Zwischen 0 und $q$ sollen alle Werte $\left|\frac{x_{m+1}}{x_m}\right|$ für $m \geqslant N$ liegen.

Das gleiche gilt für $\frac{\|\mathbf{x}_{m+1}\|}{\|\mathbf{x}_m\|}$ bei Reihen im $\mathbb{R}^n$.

**Beispiel 7:**

(a) Die Reihe $\sum\limits_{i=0}^{\infty} \frac{x^i}{i!}$ ist für alle $x \in \mathbb{R}$ konvergent, denn nach dem Quotientenkriterium* gilt $\left|\frac{x^{m+1} \cdot m!}{(m+1)!x^m}\right| = \frac{|x|}{m+1}$.

Da $x$ beliebig, aber fest vorgegeben ist, gilt: $\lim\limits_{m\to\infty} \frac{|x|}{m+1} = 0$. Für $x=1$ ist der Grenzwert der Reihe $\sum\limits_{i=0}^{\infty} \frac{x^i}{i!}$ gleich der „Eulerschen" Zahl $e \approx 2{,}71828\ldots$

* Der Fall $x = 0$ kann ausgeschlossen werden; die Reihe ist dafür trivialerweise konvergent.

(b) Die Reihen $\sum_{i=0}^{\infty}(-1)^i \frac{x^{2i}}{(2i)!}$ und $\sum_{i=0}^{\infty}(-1)^i \frac{x^{2i+1}}{(2i+1)!}$ sind für alle $x \in \mathbb{R}$ konvergent. Durch die erste wird die Cosinusfunktion, durch die zweite die Sinusfunktion für alle $x \in \mathbb{R}$ definiert. Der Leser zeige die Konvergenz der Reihen mit dem Quotienten- und Wurzelkriterium. ●

## 8.6 Der Euklidische Raum

In der linearen Algebra wurde die Menge aller n-Tupel reeller Zahlen mit den Verknüpfungen

$$\begin{pmatrix} x_1 \\ x_2 \\ \vdots \\ x_n \end{pmatrix} + \begin{pmatrix} y_1 \\ y_2 \\ \vdots \\ y_n \end{pmatrix} = \begin{pmatrix} x_1 + y_1 \\ x_2 + y_2 \\ \vdots \\ x_n + y_n \end{pmatrix} \text{ und } \alpha \begin{pmatrix} x_1 \\ x_2 \\ \vdots \\ x_n \end{pmatrix} = \begin{pmatrix} \alpha x_1 \\ \alpha x_2 \\ \vdots \\ \alpha x_n \end{pmatrix} \quad \alpha \in \mathbb{R}$$

betrachtet und gezeigt, daß dieses System einen Vektorraum der Dimension n bildet, den man mit $\mathbb{R}^n$ bezeichnet.

Ferner wurde durch die Gleichung

$$(1) \qquad \mathbf{x} \cdot \mathbf{y} = \sum_{i=1}^{n} x_i \cdot y_i$$

das sogenannte innere Produkt eingeführt, das je zwei Vektoren $\mathbf{x}$ und $\mathbf{y}$ eine reelle Zahl zuordnet. Schließlich wurde durch

$$(2) \qquad \|\mathbf{x}\| = +\sqrt{\mathbf{x} \cdot \mathbf{x}} = +\sqrt{\sum_{1}^{n} x_i^2}$$

die Norm von Vektoren eingeführt.

> **Definition 8**: Der Raum $\mathbb{R}^n$ mit dem inneren Produkt aus (1) bzw. der Norm aus (2) heißt *Euklidischer Raum*.

Im Falle $n = 1$ geht das innere Produkt in das gewöhnliche Produkt von reellen Zahlen (1-Tupel sind reelle Zahlen!) und die Norm in den absoluten Betrag derselben über. Also ist die Menge der reellen Zahlen $\mathbb{R}$ mit diesen Verknüpfungen ein eindimensionaler Euklidischer Raum. Statt $\mathbb{R}^1$ schreibt man aber kurz $\mathbb{R}$.

Die Eigenschaften der Norm sind in dem folgenden Satz zusammengefaßt. Den Beweis findet der Leser in Kap. 4.3.

**Satz 11**: Für alle $\mathbf{x}, \mathbf{y}, \mathbf{z}$ aus $\mathbb{R}^n$ und alle $\alpha \in \mathbb{R}$ gilt

(i) $\|\mathbf{x}\| \geqslant 0$ und $\|\mathbf{x}\| = 0 \Leftrightarrow \mathbf{x} = \mathbf{0}$

(ii) $\|\alpha\mathbf{x}\| = |\alpha| \cdot \|\mathbf{x}\|$

(iii) $|\mathbf{x} \cdot \mathbf{y}| \leqslant \|\mathbf{x}\| \cdot \|\mathbf{y}\|$

(iv) $\|\mathbf{x}+\mathbf{y}\| \leqslant \|\mathbf{x}\| + \|\mathbf{y}\|$

(v) $\|\mathbf{x}-\mathbf{y}\| \leqslant \|\mathbf{x}-\mathbf{z}\| + \|\mathbf{z}-\mathbf{y}\|$

Man sieht daraus, daß durch $\|\mathbf{x}-\mathbf{y}\|$ ein Abstand zwischen Vektoren (Punkten) des $\mathbb{R}^n$ eingeführt ist, denn es gelten die Eigenschaften

(1) $\|\mathbf{x}-\mathbf{y}\| \geqslant 0$ und $\|\mathbf{y}-\mathbf{x}\| = 0$ genau dann, wenn $\mathbf{x} = \mathbf{y}$

(2) $\|\mathbf{x}-\mathbf{y}\| = \|\mathbf{y}-\mathbf{x}\|$

(3) $\|\mathbf{x}-\mathbf{y}\| \leqslant \|\mathbf{x}-\mathbf{z}\| + \|\mathbf{z}-\mathbf{y}\|$ für alle $\mathbf{z} \in \mathbb{R}^n$ (Dreiecksungleichung).

(1) besagt, daß ein Abstand nicht negativ und genau dann gleich Null ist, wenn beide Punkte (Vektoren) identisch sind.

(2) bedeutet die Gleichheit der Abstände von „$\mathbf{x}$ nach $\mathbf{y}$“ und „$\mathbf{y}$ nach $\mathbf{x}$“ (Symmetrie).

(3) beschreibt eine Tatsache, daß die Summe zweier Seiten eines „Dreiecks“ stets mindestens so groß ist wie die dritte Seite.

## 8.7 Offene und abgeschlossene Mengen, konvexe Mengen im $\mathbb{R}^n$

**Definition 9**: Die Menge $U_\delta(\mathbf{a}) = \{\mathbf{x} \in \mathbb{R}^n \mid \|\mathbf{x}-\mathbf{a}\| < \delta\}$ heißt $\delta$-Umgebung des Punktes $\mathbf{a}$ mit $\delta > 0$ fest.

Anschaulich: Die $\delta$-Umgebung des Punktes $\mathbf{a}$ ist die Menge aller Punkte aus $\mathbb{R}^n$, die von $\mathbf{a}$ um weniger als $\delta$ entfernt sind.

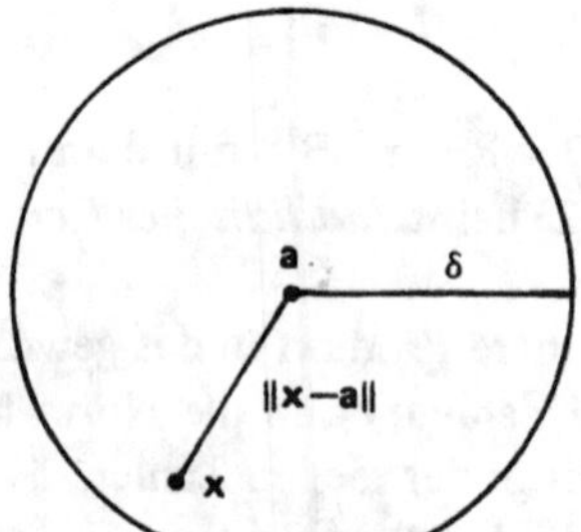


*Abb. 8.3*

Im $\mathbb{R}^2$ stellt die $\delta$-Umgebung von **a** das Innere der Kreisfläche mit **a** als Mittelpunkt und $\delta$ als Radius dar. Im $\mathbb{R}^3$ handelt es sich entsprechend um das Innere einer Kugel von Radius $\delta$ mit dem Mittelpunkt **a**. Wir benutzen nun die $\delta$-Umgebung zur Definition offener Mengen.

> **Definition 10**: $T \subset \mathbb{R}^n$ heißt *offene* Menge, wenn zu jedem $\mathbf{a} \in T$ eine $\delta$-Umgebung von **a** existiert, die ganz in T liegt (d.h. $U_\delta(\mathbf{a}) \subset T$). Ein Punkt $\mathbf{a} \in S$ ($S \subset \mathbb{R}^n$) heißt *innerer* Punkt von S, wenn eine Umgebung $U_\delta(\mathbf{a}) \subset S$ existiert. $A \subset \mathbb{R}^n$ heißt *abgeschlossene* Menge, wenn $\mathbb{R}^n \setminus A$ offen ist.

Eine offene Menge besteht also nur aus inneren Punkten. Offenbar ist die Umgebung $U_\delta(\mathbf{a})$ für alle $\mathbf{a} \in \mathbb{R}^n$ eine offene Menge. Man beweist diese Aussage mit der Dreiecksungleichung (v) aus Satz 11. Das Wesentliche dieses Beweises ist aber auch aus Abbildung 8.4 zu ersehen.

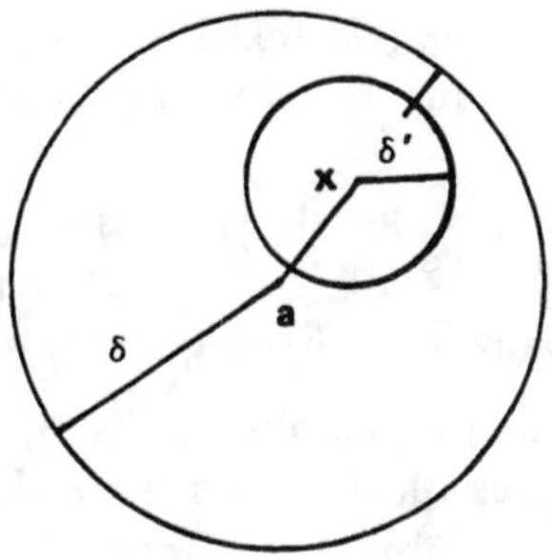


*Abb. 8.4*

Zu jedem **x** aus $U_\delta(\mathbf{a})$ (das Innere der Kreisscheibe) gibt es ein $\delta' > 0$ derart, daß $U_{\delta'}(\mathbf{x}) \subset U_\delta(\mathbf{a})$, d.h. zu jedem $\mathbf{x} \in U_\delta(\mathbf{a})$ gibt es einen (genügend kleinen) Kreis mit **x** als Mittelpunkt, der ganz in $U_\delta(\mathbf{a})$ liegt. Man wähle nur $\delta' < \delta - \|\mathbf{a}-\mathbf{x}\|$.

Als Beispiel einer abgeschlossenen Menge diene etwa für festes $\mathbf{a} \in \mathbb{R}^n$ und festes $\alpha > 0$:

$$A = \{\mathbf{x} \in \mathbb{R}^n \mid \|\mathbf{x}-\mathbf{a}\| \leqslant \alpha\} .$$

A stellt eine n-dimensional abgeschlossene Kugel dar, die man kurz als Sphäre bezeichnet, wobei die Berandung (Oberfläche) wegen des „$\leqslant$“ Zeichens mit zur Menge gehört, während sie nicht zur „Umgebung“ im $\mathbb{R}^n$ gehört. Für n = 2 betrachte man die obigen Skizzen zu den entsprechenden Umgebungen. Zu allen Punkten $\mathbf{y} \in \mathbb{R}^n \setminus A$ gibt es stets eine Umgebung $U_\delta(\mathbf{y}) \subset \mathbb{R}^n \setminus A$. Also ist $\mathbb{R}^n \setminus A$ offen und damit $A = \mathbb{R}^n \setminus (\mathbb{R}^n \setminus A)$ abgeschlossen.

**Definition 11**: Sei $T \subset \mathbb{R}^n$. Dann heißt ein Punkt $\mathbf{a} \in \mathbb{R}^n$ *Häufungspunkt* von $T$, wenn jede Umgebung von $\mathbf{a}$ mindestens einen* von $\mathbf{a}$ verschiedenen Punkt aus $T$ enthält. Ein Punkt, der kein Häufungspunkt ist, heißt *isolierter* Punkt.

**Bemerkung**:

1. Nach dieser Definition des Häufungspunktes ist eine abgeschlossene Menge auch dadurch charakterisiert, daß sie alle ihre Häufungspunkte enthält. Ist nämlich $A \subset \mathbb{R}^n$ abgeschlossen und $\mathbf{a}$ Häufungspunkt von $A$ so folgt aus $\mathbf{a} \notin A$, daß $\mathbf{a} \in \mathbb{R}^n \setminus A$. Da $\mathbb{R}^n \setminus A$ offen ist, gibt es eine $U_\delta(\mathbf{a}) \subset (\mathbb{R}^n \setminus A)$, d.h., $U_\delta(\mathbf{a}) \cap A = \emptyset$ im Widerspruch zur Definition des Häufungspunktes.

   Also gilt $\mathbf{a} \in A$ für alle Häufungspunkte $\mathbf{a}$ von $A$.

   Enthält umgekehrt eine Menge $A$ alle ihre Häufungspunkte, so enthält die Menge $\mathbb{R}^n \setminus A$ mit jedem ihrer Punkte auch eine passende offene Umgebung dieses Punktes, ist also offen und mithin $A$ abgeschlossen.
2. Jeder Punkt des $\mathbb{R}^n$ ist Häufungspunkt von $\mathbb{R}^n$. $\mathbb{R}^n$ ist somit abgeschlossen. Andererseits ist $\mathbb{R}^n$ offen nach Definition 10. Wegen $\emptyset = \mathbb{R}^n \setminus \mathbb{R}^n$ gilt die entsprechende Aussage für $\emptyset$. D.h. $\mathbb{R}^n$ und $\emptyset$ sind gleichzeitig offen und abgeschlossen.
3. Es gibt auch Mengen, die weder abgeschlossen noch offen sind. Das ist z.B. bei dem Intervall $(a,b] = \{x \in \mathbb{R} | a < x \leqslant b\}$ der Fall. Es gibt nämlich keine Umgebung von $b$, die ganz in $(a,b]$ liegt. Also ist $(a,b]$ nicht offen.

   Andererseits ist $a$ ein Häufungspunkt von $(a,b]$, der nicht zu $(a,b]$ gehört. Also ist $(a,b]$ nicht abgeschlossen. Das Intervall $[a,b] = \{x \in \mathbb{R} | a \leqslant x \leqslant b\}$ ist dagegen abgeschlossen, während das Intervall $(a,b) = \{x \in \mathbb{R} | a < x < b\}$ offen ist.

**Definition 12**: Eine Teilmenge $B \subset \mathbb{R}^n$ heißt *beschränkt*, wenn es eine passende Kugel $S$ gibt, die $B$ enthält.

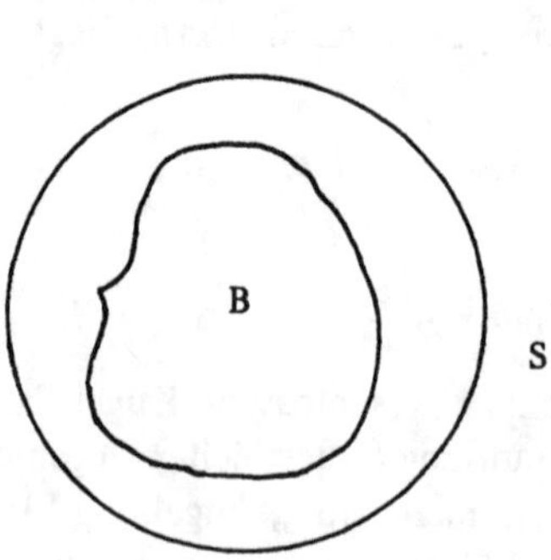


*Abb. 8.5*

* Und damit unendlich viele (Beweis!)

Für $B \subset \mathbb{R}$ wird die Kugel S zum Intervall,

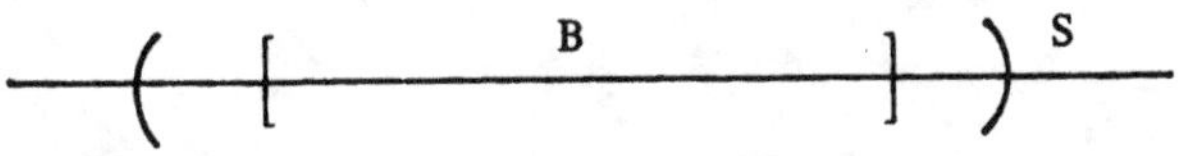

*Abb. 8.6*

das die Menge B umfaßt, d.h. $B \subset \mathbb{R}$ heißt beschränkt, wenn reelle Zahlen m bzw. k existieren mit

$$\bigwedge_{x \in B} x \leqslant m \text{ und } x \geqslant k$$

Man nennt m obere und k untere Schranke von B. Existiert nur ein solches m (bzw. nur k), so heißt B nach oben (bzw. nach unten) beschränkt. Die Begriffe „Abgeschlossenheit" und „Beschränktheit" führen zusammen zum Begriff der kompakten Menge.

> **Definition 13**: Eine abgeschlossene und beschränkte Menge heißt *kompakt* (Kompaktum).

Offenbar existieren mit jeder unteren (oberen) Schranke unendlich viele.

> **Satz 12**: Jede nach oben (bzw. unten) beschränkte Teilmenge von $\mathbb{R}$ besitzt eine obere (bzw. untere) Grenze, d.h. besitzt ein Supremum (bzw. Infimum).

Wir können also in Zukunft bei beschränkten Mengen M stets von $\inf M$ und $\sup M$ sprechen, wenn $M \subset \mathbb{R}$ ist. Sind $\inf M$ und $\sup M$ Elemente von M, so bezeichnen wir sie als Minimum und Maximum.

In vielen Gebieten der Angewandten Mathematik und besonders in den mathematisch orientierten Teilen der ökonomischen Theorie spielen sogenannte konvexe Teilmengen des $\mathbb{R}^n$ eine bedeutende Rolle. Wir geben daher die folgende

> **Definition 14**: Seien $k_1, k_2 \in [0,1]$ mit $k_1 + k_2 = 1$. Dann heißt eine Menge $T \subset \mathbb{R}^n$ *konvex*, wenn für alle $\mathbf{x}_1, \mathbf{x}_2 \in T$ gilt $k_1\mathbf{x}_1 + k_2\mathbf{x}_2 \in T$. Dabei heißt $k_1\mathbf{x}_1 + k_2\mathbf{x}_2$ konvexe Kombination der Vektoren $\mathbf{x}_1, \mathbf{x}_2$.

Geometrisch läßt sich das folgendermaßen deuten:
Wegen $k_1, k_2 \in [0,1]$ und $k_1 + k_2 = 1$ stellt die konvexe Kombination $k_1\mathbf{x}_1 + k_2\mathbf{x}_2$ die Menge aller Punkte in $\mathbb{R}^n$ dar, die auf der Verbindungsstrecke der Punkte (Vektoren) $\mathbf{x}_1$ und $\mathbf{x}_2$ liegen.

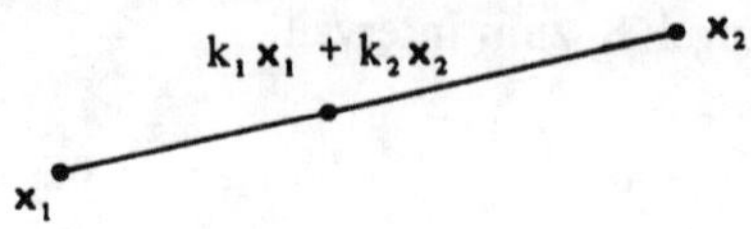


*Abb. 8.7*

Also bedeutet die Konvexität einer Menge $T \subset \mathbb{R}^n$, daß mit je zwei Punkten aus T auch die Verbindungsstrecke der beiden ganz in T liegt.

**Beispiel 8:**
Quadrate, Rechtecke, Kreise, Dreiecke sind konvexe Teilmengen des $\mathbb{R}^2$. Intervalle sind die (einzigen) konvexen Teilmengen des $\mathbb{R}^1$. Dagegen stellt z.B. die Figur

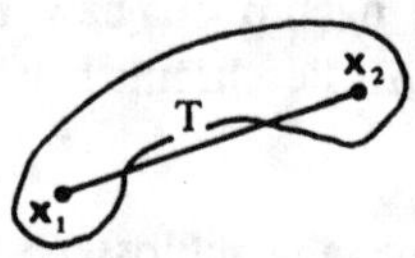


*Abb. 8.8*

eine nicht-konvexe Punktmenge des $\mathbb{R}^2$ dar, weil es Punktepaare $\mathbf{x}_1, \mathbf{x}_2$ gibt, deren Verbindungsstrecke nicht ganz in T liegt. ●

## 8.8 Aufgaben

1. Wir betrachten folgende Teilmengen im $\mathbb{R}^2$:
   (a) $\{\mathbf{x} \mid \|\mathbf{x}\| < 3\}$ (man beachte: $\|\mathbf{x}\| = \|\mathbf{x} - \mathbf{o}\|$)
   (b) $\{\mathbf{x} \mid \|\mathbf{x}\| \leqslant 3\}$
   (c) Eine beliebige endliche Teilmenge von $\mathbb{R}^2$
   (d) $\{\mathbf{x} \mid \mathbf{x}$ hat ganzzahlige Komponenten$\}$
   (e) $\{\mathbf{x} = \begin{pmatrix} x_1 \\ x_2 \end{pmatrix} \mid x_1 = 1, \frac{1}{2}, \frac{1}{3}, \frac{1}{4}, \ldots \text{ und } x_2 = 0\}$
   (f) $\mathbb{R}^2$
   (g) $\{\mathbf{x} = \begin{pmatrix} x_1 \\ x_2 \end{pmatrix} \mid a < x_1 < b \text{ und } x_2 = 0\}$
   (h) $\{\mathbf{x} = \begin{pmatrix} x_1 \\ x_2 \end{pmatrix} \mid x_1, x_2 \text{ rational}\}$.

Der Leser stelle sämtliche Mengen (a) bis (h) graphisch dar und überprüfe die folgende Tabelle, die die Eigenschaften dieser Mengen angibt. Die Tabelle enthält Fehler, die der Leser finden soll.

| | Offen | Abgeschlossen | Beschränkt |
|---|---|---|---|
| (a) | x | | x |
| (b) | | x | x |
| (c) | | x | x |
| (d) | | x | |
| (e) | x | x | x |
| (f) | x | x | |
| (g) | | | x |
| (h) | x | | x |

Was ändert sich in der Zeile von (g), wenn (g) nicht als Teilmenge von $\mathbb{R}^2$ sondern von $\mathbb{R}$ aufgefaßt wird?

2. Man zeige, daß die Lösungsmenge $\mathbf{L} = \{\mathbf{x} \in \mathbb{R}^n | \mathbf{Ax}=\mathbf{b}\}$ eines linearen inhomogenen Systems konvex ist.
3. Zu jedem Häufungspunkt einer Folge kann man eine konvergente Teilfolge auswählen, die gegen diesen konvergiert.
4. Jede Folge besitzt höchstens einen Grenzwert.
   (Man zeige, daß die Annahme der Existenz eines zweiten Grenzwertes einer konvergenten Folge zu einem Widerspruch führt und benutze dazu die Dreiecksungleichung für die Norm im $\mathbb{R}^n$.)
5. Zeige, daß für eine konvergente Folge $\{a_n\}$ gilt: $\lim\limits_{n\to\infty} (a_n - a_{n+k}) = 0$ für jedes $k \in \mathbb{N}$.
6. Man zeige, daß die Folge $\left\{\frac{1}{n^2}\right\}$ gegen Null konvergiert.
7. Man zeige, daß die harmonische Reihe $\sum\limits_{i=1}^{\infty} \frac{1}{i}$ divergent ist, indem man eine divergente Minorante mit positiven Gliedern angibt.
8. Man zeige, daß die Reihe $\mathbf{x}_1 + \mathbf{x}_2 + \mathbf{x}_3 + \ldots$ im $\mathbb{R}^n$ divergiert, wenn die Reihe mindestens einer Komponente divergiert.

# 9. Stetige Funktionen

## 9.1 Einführende Beispiele

Im 7 Kapitel haben wir bestimmte Typen von Funktionen wie beschränkte, kovexe, konkave u.a. kennengelernt, deren Definitionen nicht auf dem Grenzwertbegriff basieren. In diesem Kapitel und im 10. und 12. werden wir 3 wichtige Klassen von Funktionen, die *stetigen, differenzierbaren* und die *integrierbaren* vorstellen. Diese Eigenschaften sind über den im vorangegangegen Kapitel eingeführten Grenzwertbegriff definiert. Zur Vorbereitung auf den Begriff der Stetigkeit einer Funktion betrachten wir zunächst einige Beispiele von Funktionen einer Variablen mit ihren graphischen Darstellungen. (Das Zeichen o deutet an, daß der Punkt *nicht* zum Graphen gehört.)

**Beispiel 1:**

$$f: \mathbb{R} \to \mathbb{R} \text{ mit } f(x) = \begin{cases} 2 & \text{für } x < 0 \\ x & \text{für } x \geqslant 0 \end{cases}$$

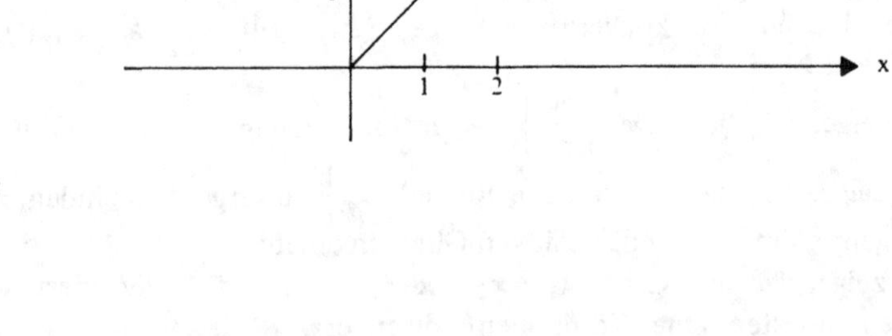


*Abb. 9.1*

**Beispiel 2:**

$$f: \mathbb{R} \to \mathbb{R} \text{ mit } f(x) = \begin{cases} 2 & \text{für } x \neq 1 \\ 1 & \text{für } x = 1 \end{cases}$$

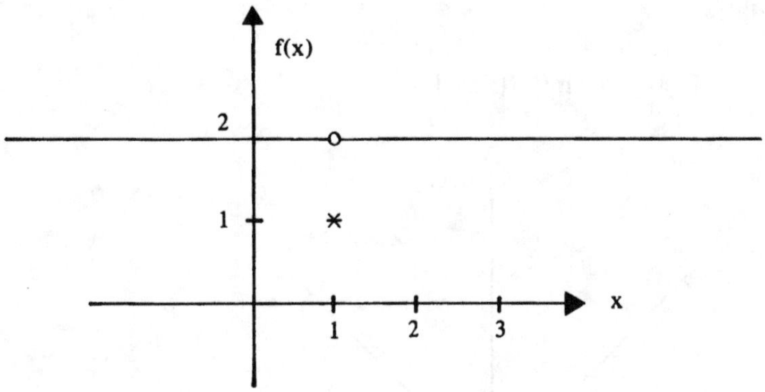


*Abb. 9.2*

**Beispiel 3:**

$$f: \mathbb{R} \to \mathbb{R} \text{ mit } f(x) = \begin{cases} 0 & \text{für } x \text{ irrational} \\ 1 & \text{für } x \text{ rational} \end{cases}$$

Diese „pathologische" Funktion entzieht sich eigentlich jeder graphischen Darstellung. Die folgende Skizze möge zur Veranschaulichung dienen (x ≙ irrationale Zahl, – ≙ rationale Zahl).

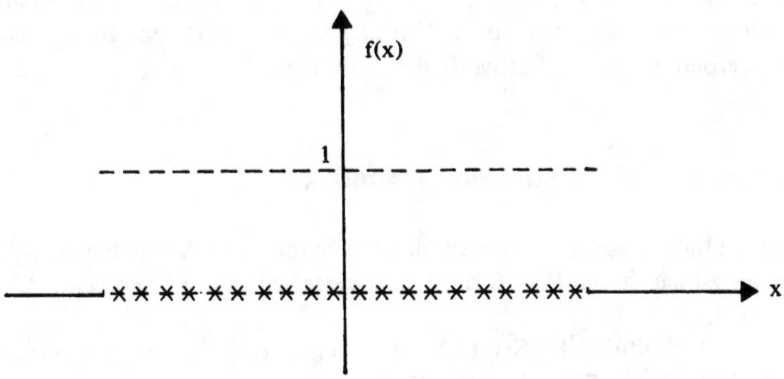


*Abb. 9.3*

Der Leser beachte, daß graphisch keine „Lücken" auftreten, da die rationalen und die irrationalen Zahlen „dicht" liegen, d.h. zwischen zwei rationalen (irrationalen) Zahlen liegt stets eine weitere rationale (irrationale) Zahl. ●

**Beispiel 4:**

$$f: \mathbb{R} \to \mathbb{R} \text{ mit } f(x) = |x|.$$

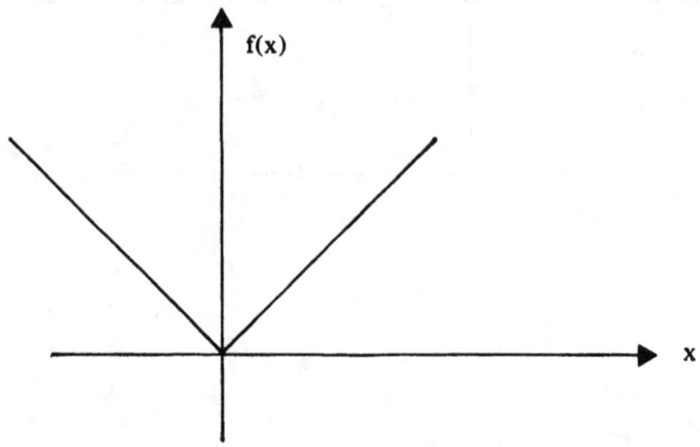


*Abb. 9.4*

●

Obwohl wir die formale Definition der Stetigkeit noch nicht eingeführt haben, wird der Leser bei Betrachtung der graphischen Darstellungen zu der intuitiven Vorstellung kommen, daß die Funktionen in den Beispielen 1 bis 3 *„unstetig"* sind und die Funktion im Beispiel 4 stetig; vielleicht deshalb, weil die Graphen in den Beispielen 1 bis 3 im Gegensatz zum Beispiel 4 nicht „ohne abzusetzen" zu zeichnen sind, da sogenannte „Sprungstellen" auftreten. Im nächsten Abschnitt werden wir diesen Sachverhalt formalisieren.

## 9.2 Grenzwert einer Funktion – Stetigkeit

Um die Stetigkeit von Funktionen einer oder mehrerer Variablen zu definieren, führen wir zunächst den Begriff des Grenzwertes von Funktionen ein.

**Definition 1**: Sei $f: X \to Y$ eine reelle Funktion mit $X \subset \mathbb{R}^n$, $Y \subset \mathbb{R}$. Dann heißt $a \in \mathbb{R}$ Grenzwert von f bei Annäherung an die Stelle $\mathbf{x}_0$*, wenn für sämtliche gegen $\mathbf{x}_0$ konvergierende Folgen $\{\mathbf{x}_i\}$ aus X, $\mathbf{x}_i \neq \mathbf{x}_0$, gilt:

(1) $\lim\limits_{i \to \infty} f(\mathbf{x}_i) = a.$

* $\mathbf{x}_0$ braucht kein Element von X zu sein.

Statt (1) sind auch folgende Schreibweisen üblich:

(2) $\lim\limits_{\{\mathbf{x}_i\}\to\mathbf{x}_0} f(\mathbf{x}_i) = a$ oder kurz $\lim\limits_{\mathbf{x}\to\mathbf{x}_0} f(\mathbf{x}) = a$.

Dabei ist dann $\{\mathbf{x}_i\} \to \mathbf{x}_0$ bzw. $\mathbf{x} \to \mathbf{x}_0$ im Sinne von Definition 1 zu lesen als „für *jede* gegen $\mathbf{x}_0$ konvergierende Folge".

Der Leser beachte folgenden Unterschied: Im Kapitel 8 haben wir für Punktfolgen $\{\mathbf{a}_i\}$, die als Funktionen $f: \mathbb{N} \to \mathbb{R}^n$ definiert sind, die Frage nach einem möglichen Grenzwert $a \in \mathbb{R}^n$ gestellt, was durch folgendes Schema veranschaulicht wird:

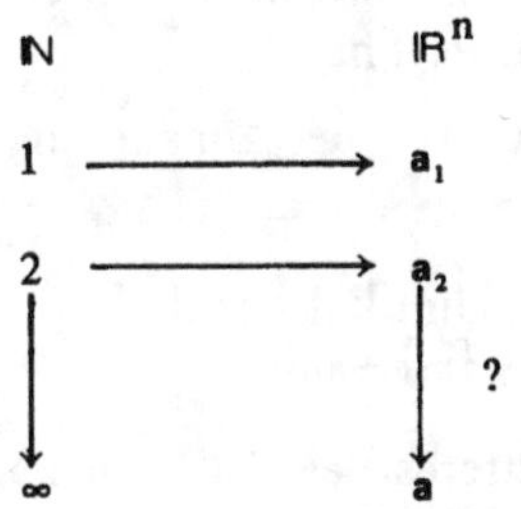


*Abb. 9.5*

Wir unterstellen also $i \to \infty$ und fragten, ob $\mathbf{a}_i \in \mathbb{R}^n$ gegen einen Grenzwert $\mathbf{a} \in \mathbb{R}^n$ strebt. Im Gegensatz dazu gehen wir bei der oben eingeführten Grenzwertdefinition von Funktionen davon aus, daß $\{\mathbf{x}_i\} \to \mathbf{x}_0$ strebt mit $\mathbf{x}_i$, $\mathbf{x}_0 \in \mathbb{R}^n$, $\mathbf{x}_i \neq \mathbf{x}_0$, und fragen, ob die Folge der zugehörigen Funktionswerte $f(\mathbf{x}_i)$, $f(\mathbf{x}_i) \in \mathbb{R}$, gegen einen Grenzwert $a \in \mathbb{R}$ strebt, schematisch

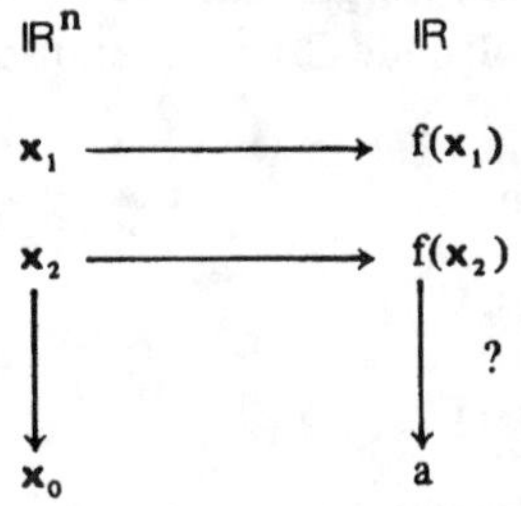


*Abb. 9.6*

Betrachten wir die Beispiele 1 bis 4 aus Abschnitt 9.1. Offensichtlich hat die Funktion f in Beispiel 1 bei Annäherung an die Stelle $x_0 = 0$ keinen Grenzwert, da *nicht für alle* gegen $x_0 = 0$ konvergierenden Folgen $\{x_i\}$ die Folge der Funktionswerte gegen *einen* bestimmten Wert a strebt. Man wähle z.B. $\{x_i\} = -1, -\frac{1}{2}, -\frac{1}{3}, \ldots$ bzw. $\{x_i\} = 1, \frac{1}{2}, \frac{1}{3}, \ldots$ und untersuche die beiden Folgen der zugehörigen Funktionswerte $f(x_i)$. Bei Annäherung an jede andere Stelle $x_0 \neq 0$ hat aber die Funktion f einen (eindeutigen) Grenzwert.

Die Funktion f im Beispiel 2 hat bei Annäherung an die Stelle $x_0 = 1$ den Grenzwert 2. Der Leser beachte, daß laut Definition 1 nur Folgen $\{x_i\}$ mit $x_i \neq 1$ zugelassen sind.

Im Beispiel 3 läßt sich *kein* $x_0$ angeben, so daß die Funktion f bei Annäherung an die Stelle $x_0$ einen Grenzwert hat.

Im Beispiel 4 hat die Funktion f bei Annäherung an jede Stelle $x_0 \in \mathbb{R}$ einen Grenzwert; denn es ist

$$\lim_{\{x_i\} \to x_0} f(x_i) = \lim_{\{x_i\} \to x_0} |x_i| = |x_0| .$$

Betrachten wir noch als weiteres Beispiel für die Frage nach der Existenz eines Grenzwertes eine Funktion zweier Variabler:

**Beispiel 5:**

$$f : \mathbb{R}^2 \to \mathbb{R} \text{ mit } f(x_1,x_2) = \begin{cases} \dfrac{2x_1 x_2}{x_1^2 + x_2^2} & \text{für } (x_1, x_2) \neq (0,0) \\ 0 & \text{für } (x_1, x_2) = (0,0) . \end{cases}$$

Wir zeigen, daß die Funktion f bei Annäherung $\mathbf{x} \to (0,0)$ keinen Grenzwert hat. Dazu wählen wir die beiden Folgen $\left\{\left(\frac{1}{i}, 0\right)\right\} \to (0,0)$ und $\left\{\left(\frac{1}{i}, \frac{1}{i}\right)\right\} \to (0,0)$. Dabei handelt es sich um Punktfolgen auf der $x_1$-Achse bzw. auf der Winkelhalbierenden $x_1 = x_2$, was die folgende Graphik veranschaulichen möge. (s. Abb. 9.7)

Es ist:
$$f\left(\frac{1}{i}, 0\right) = \frac{2 \cdot \frac{1}{i} \cdot 0}{\left(\frac{1}{i}\right)^2 + 0^2} = 0$$

$$f\left(\frac{1}{i}, \frac{1}{i}\right) = \frac{2 \cdot \frac{1}{i} \cdot \frac{1}{i}}{\left(\frac{1}{i}\right)^2 + \left(\frac{1}{i}\right)^2} = 1 .$$

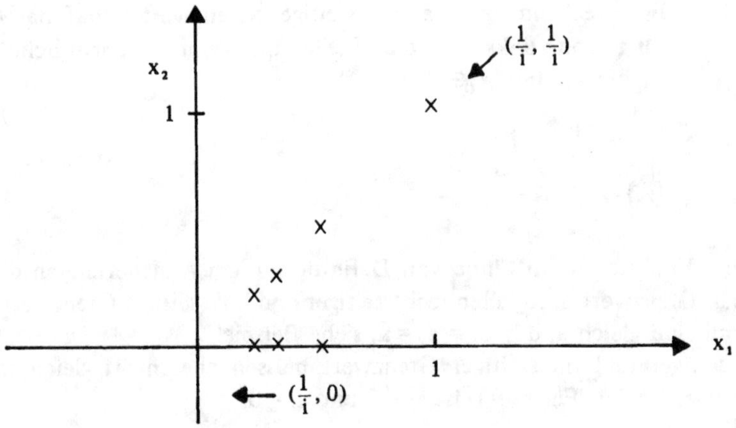


*Abb. 9.7*

Im ersten Fall ist der Limes gleich 0, im zweiten Fall gleich 1, d.h. es existiert kein eindeutiger Grenzwert a für jede Folge $\{x_i\} \to (0,0)$. ●

Die obige Diskussion der Funktion f in Beispiel 1 legt es nahe, für Funktionen *einer* Variablen zwei spezielle Begriffe, den des „rechtseitigen" bzw. den des linksseitigen Grenzwertes auszuzeichnen. Dazu führen wir zunächst folgende Schreibweise ein:

Mit $\{x_i\} \to x_0^+$ bezeichnen wir eine Folge, die „von rechts", d.h. für $x_i > x_0$ gegen $x_0$ strebt; entsprechend mit $\{x_i\} \to x_0^-$ eine Folge, die „von links", d.h. für $x_i < x_0$ gegen $x_0$ strebt. Die folgende Graphik möge diesen Sachverhalt veranschaulichen:

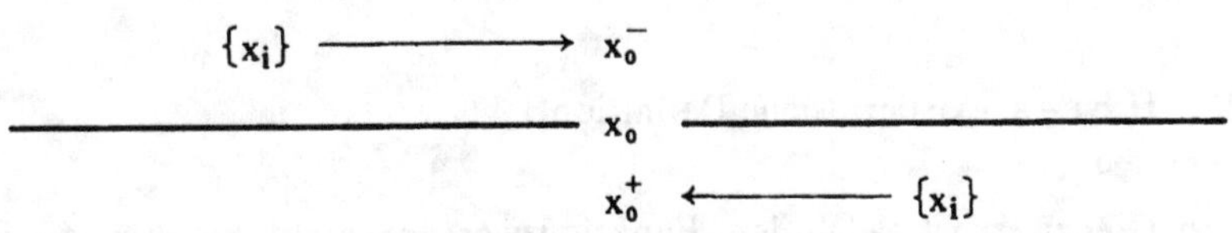


*Abb. 9.8*

**Definition 2**: Sei $f: X \to Y$ eine reelle Funktion mit $X, Y \subset \mathbb{R}$. Dann heißt $a_r$ rechtsseitiger Grenzwert von f bei Annäherung von rechts an die Stelle $x_0$, wenn für sämtliche Folgen $\{x_i\} \to x_0^+$ mit $x_i \in X$ gilt:

$$\lim_{\{x_i\} \to x_0^+} f(x_i) = a_r .$$

Entsprechend heißt $a_\ell$ linksseitiger Grenzwert von f bei Annäherung von links an die Stelle $x_0$, wenn für sämtliche Folgen $\{x_i\} \to x_0^-$ mit $x_i \in X$ gilt:

$$\lim_{\{x_i\} \to x_0^-} f(x_i) = a_\ell .$$

Hat eine Funktion f im Sinne von Definition 1 bei Annäherung an die Stelle $x_0$ einen Grenzwert a, so fallen rechtsseitiger und linksseitiger Grenzwert zusammen und sind gleich a, d.h. $a_r = a_\ell = a$, siehe Beispiel 2: $x_0 = 1 \Rightarrow a_\ell = a_r = a = 2$. Rechtsseitiger und linksseitiger Grenzwert müssen aber nicht gleich sein, wie das Beispiel 1 zeigt: Für $x_0 = 0$ ist $a_\ell = 2$ und $a_r = 0$.

Mit Hilfe des oben eingeführten Grenzwertes von Funktionen wollen wir nun die Stetigkeit einer Funktion f im Punkt $x_0$ definieren.

**Definition 3**: Eine Funktion $f: X \to Y$ mit $X \subset \mathbb{R}^n$, $Y \subset \mathbb{R}$ heißt *stetig* im Punkt $\mathbf{x}_0 \in X$, wenn für jede Folge $\{\mathbf{x}_i\}$ aus X mit $\lim_{i\to\infty} \mathbf{x}_i = \mathbf{x}_0$ gilt:

$$\lim_{i\to\infty} f(\mathbf{x}_i) = f(\lim_{i\to\infty} \mathbf{x}_i) = f(\mathbf{x}_0) \text{ oder in äquivalenter Schreibweise:}$$

$$\lim_{\{\mathbf{x}_i\}\to\mathbf{x}_0} f(\mathbf{x}_i) = f(\mathbf{x}_0) \text{ bzw. } \lim_{\mathbf{x}\to\mathbf{x}_0} f(\mathbf{x}) = f(\mathbf{x}_0).$$

Diese Definition der Stetigkeit einer Funktion f im Punkt $\mathbf{x}_0$ beinhaltet zweierlei:

1. $\lim_{\{\mathbf{x}_i\}\to\mathbf{x}_0} f(\mathbf{x}_i) = a$ existiert, siehe Definition 1.

2. Der Grenzwert ist gleich dem Funktionswert im Punkt $\mathbf{x}_0$, d.h. $a = f(\mathbf{x}_0)$.

Die Existenz eines Grenzwertes a bei Annäherung von f an die Stelle $\mathbf{x}_0$ reicht also zum Nachweis der Stetigkeit von f in $\mathbf{x}_0$ *nicht* aus; (1) ist lediglich eine notwendige Bedingung für die Stetigkeit von f in $\mathbf{x}_0$. Die Funktion f in Beispiel 2 hat bei Annäherung an die Stelle $\mathbf{x}_0 = 1$ den Grenzwert $a = 2$, es ist aber $f(1) = 1$, d.h. 2. ist nicht erfüllt. Die Funktion f im Beispiel 1 ist an der Stelle $x_0 = 0$ unstetig und die Funktion f im Beispiel 3 an *allen* Stellen $x_0 \in \mathbb{R}$, da bei beiden Funktionen die notwendige Bedingung 1. verletzt ist; ebenso ist die Funktion f im Beispiel 5 im Punkt (0,0) unstetig.

Die Funktion f im Beispiel 4 ist an allen Stellen $x_0 \in \mathbb{R}$ stetig, denn es gilt

$$\lim_{\{x_i\} \to x_0} f(x_i) = \lim_{\{x_i\} \to x_0} |x_i| = |x_0| = f(x_0).$$

Betrachten wir noch als ein weiteres Beispiel eine Funktion zweier Variablen, für die wir die Stetigkeit in einem beliebigen Punkt nachweisen wollen:

**Beispiel 6:**

Es sei $f: \mathbb{R}^2 \to \mathbb{R}$ mit $f(x_1, x_2) = x_1^2 + 2x_1x_2$ und $\mathbf{x}_0 = (x_{10}, x_{20})$ beliebig. Wir zeigen, daß f in $\mathbf{x}_0$ stetig ist. Dazu betrachten wir eine beliebige Folge $\{\mathbf{x}_i\}$ mit $\mathbf{x}_i \in \mathbb{R}^2$:

$$\mathbf{x}_i = (x_{1i}, x_{2i}) \text{ mit } \lim_{n \to \infty} \mathbf{x}_i = (x_{10}, x_{20}) = \mathbf{x}_0.$$

Dann gilt:

$$f(x_{1i}, x_{2i}) = x_{1i}^2 + 2x_{1i}x_{2i} \quad \text{und damit}$$

$$\lim_{i \to \infty} f(\mathbf{x}_i) = \lim_{i \to \infty} (x_{1i}^2 + 2x_{1i}x_{2i})$$

$$= \lim_{i \to \infty} x_{1i} \cdot \lim_{i \to \infty} x_{1i} + 2 \lim_{i \to \infty} x_{1i} \cdot \lim x_{2i}$$

$$= x_{10}^2 + 2x_{10} \cdot x_{20} = f(\mathbf{x}_0).$$

Das vorletzte Gleichheitszeichen gilt wegen Satzes 4 in Kapitel 8 über das Rechnen mit Grenzwerten. •

Mit Hilfe des Konzepts eines rechtsseitigen bzw. linksseitigen Grenzwertes von Funktion *einer* Variablen können wir für solche Funktionen die Begriffe rechtsseitig bzw. linksseitig stetig einführen.

**Definition 4**: Eine Funktion $f: X \to Y$ mit $X, Y \subset \mathbb{R}$ heißt rechtsseitig bzw. linksseitig stetig an der Stelle $x_0$, wenn

$$\lim_{\{x_i\} \to x_0^+} f(x_i) = f(x_0) \quad \text{bzw.}$$

$$\lim_{\{x_i\} \to x_0^-} f(x_i) = f(x_0) \quad \text{ist.}$$

Eine Funktion ist also rechtsseitig (linksseitig) stetig, wenn der rechtsseitige (linksseitige) Grenzwert $a_r (a_\ell)$ existiert und wenn $a_r = f(x_0)$ $(a_\ell = f(x_0))$ ist. Statt $a_r$ bzw. $a_\ell$ schreibt man im Zusammenhang mit der Betrachtung rechts- bzw. linksseitig stetiger Funktion häufig auch

$$f^+(x_0) \text{ bzw. } f^-(x_0) \text{ oder } f(x_0+0) \text{ bzw. } f(x_0-0).$$

Offensichtlich gilt der folgende

**Satz 1:** Eine Funktion $f: X \to Y$ mit $X, Y \in \mathbb{R}$ ist stetig in $x_0$ $\Leftrightarrow$ f ist rechtsseitig *und* linksseitig stetig in $x_0$.

Daß aus der rechtsseitigen Stetigkeit nicht die linksseitige folgt oder umgekehrt, verdeutlicht Beispiel 1: f ist rechtsseitig stetig in $x_0 = 0$ wegen $a_r = f^+(0) = f(0) = 0$, aber nicht linksseitig stetig in $x_0 = 0$, denn $a_\ell = f^-(0) = 2 \neq f(0) = 0$. Die Funktion f im Beispiel 2 ist an der Stelle $x_0 = 1$ weder rechtsseitig noch linksseitig stetig. Die Funktion f im Beispiel 3 ist in *keinem* Punkt $x_0$ rechtsseitig oder linksseitig stetig.

Die Stetigkeit einer Funktion f ist (zunächst) laut Definition 3 eine Punkteigenschaft: f heißt stetig in $\mathbf{x}_0 \ldots$. Ist f für alle $\mathbf{x}_0 \in X$ stetig, so heißt f (*schlechthin*) stetig auf X. Bei Funktionen einer Variablen spricht man auch von Stetigkeit auf einem Intervall [a,b].

Nach den bisherigen Ausführungen könnte sich beim Lesen die Frage aufdrängen: **Warum Stetigkeit?**

Diese für den Anfänger vernünftige und berechtigte Frage kann mit dem Hinweis auf das Prinzip „der Zweck heiligt die Mittel" beantwortet werden.

Man hat eine Vorstellung vom „vernünftigen" Verhalten einer Funktion, die z.B. zur Beschreibung physikalischer, ökonomischer usw. Sachverhalte verwendet werden soll und beschränkt die Menge aller reellen Funktionen schrittweise bis man eine Teilklasse von „vernünftigen" Funktionen erhält.

Will man einen kausalen Zusammenhang z.B. in der Ökonomie beschreiben, bei dem man vermutet oder weiß, daß eine „kleine Änderung" in der verursachenden Variablen eine „kleine Änderung" der abhängigen Größe zur Folge hat, dann wird man stetige Funktionen zur Beschreibung verwenden. Es kann jedoch nicht behauptet werden, daß nur stetige Funktionen in der Ökonomie eine Rolle spielen, weil ökonomische Fragestellungen häufig auch „sprunghafte" (nicht stetige) Zusammenhänge implizieren.

Zum Abschluß dieses Abschnittes wollen wir noch eine zweite Stetigkeitsdefinition angeben, die zu der ersten äquivalent ist und die auch häufig in der Literatur verwendet wird.

Auf den Beweis der Äquivalenz der beiden Definitionen wollen wir hier verzichten.

**Definition 5:** $f: X \to Y$, $X \subset \mathbb{R}^n$, $Y \subset \mathbb{R}$, heißt stetig im Punkt $\mathbf{x}_0 \in X$, wenn für jedes $\epsilon > 0$ ein $\delta > 0$ existiert, so daß für alle $\mathbf{x} \in X$ mit $\|\mathbf{x} - \mathbf{x}_0\| < \delta$ folgt $|f(\mathbf{x}) - f(\mathbf{x}_0)| < \epsilon$.

Mit anderen Worten:

Die absolute Differenz der Funktionswerte $|f(x) - f(x_0)|$ kann „beliebig klein gemacht werden" (kleiner als jede noch so kleine Zahl $\epsilon > 0$), wenn nur $\mathbf{x}$ hinreichend nahe bei $\mathbf{x}_0$ liegt, d.h. $\|\mathbf{x} - \mathbf{x}_0\| < \delta$ ist, wobei $\delta$ von $\epsilon$ abhängt.

In dieser Definition mag vielleicht von der Anschauung her das Prinzip der Stetigkeit besser zum Ausdruck kommen als in der ersten Definition über den Limes; zum Nachweis der Stetigkeit einer Funktion (siehe Beispiel 7) mehr noch zum Nachweis der Unstetigkeit ist jedoch die Zugrundelegung der ersten Definition in den meisten Fällen weit besser geeignet. Es ist selbst bei einfachen rationalen Funktionen schon oft recht mühselig, zu *vorgegebenem* $\epsilon$ das *passende* $\delta$ zu finden. Im folgenden Beispiel gelingt das noch ohne Mühe:

**Beispiel 7:** Es sei $f: \mathbb{R} \to \mathbb{R}$ mit $f(x) = x^2$. Die Funktion f ist in $x_0 = 0$ stetig, denn setzen wir $\delta = \sqrt{\epsilon}$ so gilt:

$$|x - 0| < \sqrt{\epsilon} \Rightarrow |x^2 - 0| = |x| \cdot |x| < \sqrt{\epsilon} \cdot \sqrt{\epsilon} = \epsilon. \quad \bullet$$

Der Nachweis der Stetigkeit von f für alle $x_0 \in \mathbb{R}$ über Definition 5 ist schon viel aufwendiger, hingegen sehr einfach über Definition 3.

## 9.3 Eigenschaften stetiger Funktionen

Wir zählen einige Sätze über stetige Funktionen auf, ohne sie alle zu beweisen.

**Satz 2:** Ist $f: X \to Y$ an der Stelle $\mathbf{x}_0 \in X$ stetig und gilt $f(\mathbf{x}_0) > 0$ ($f(\mathbf{x}_0) < 0$), dann gibt es eine Umgebung $U_\delta(\mathbf{x}_0)$ derart, daß für alle $\mathbf{x} \in U_\delta(\mathbf{x}_0)$ gilt $f(\mathbf{x}) > 0$ ($f(\mathbf{x}) < 0$).

Beweis:
Wegen $f(\mathbf{x}_0) > 0$ gibt es ein $\epsilon > 0$ mit $f(\mathbf{x}_0) > \epsilon > 0$. Wegen der Stetigkeit gibt es dazu ein $\delta > 0$ mit

$$\|\mathbf{x} - \mathbf{x}_0\| < \delta \Rightarrow |f(\mathbf{x}) - f(\mathbf{x}_0)| < \epsilon,$$

woraus

$$f(\mathbf{x}_0) - \epsilon < f(\mathbf{x}_0) + \epsilon$$

für alle $\mathbf{x} \in U_\delta(\mathbf{x}_0)$ folgt. Wegen $f(\mathbf{x}_0) > \epsilon$ gilt $f(\mathbf{x}) > 0$. •

**Bemerkung:**
Wie die Graphik zeigt, gilt der Satz nicht für unstetige Funktionen, denn obwohl $f(x_0) > 0$, sind in jeder Umgebung von $x_0$ Punkte x mit $f(x) < 0$.

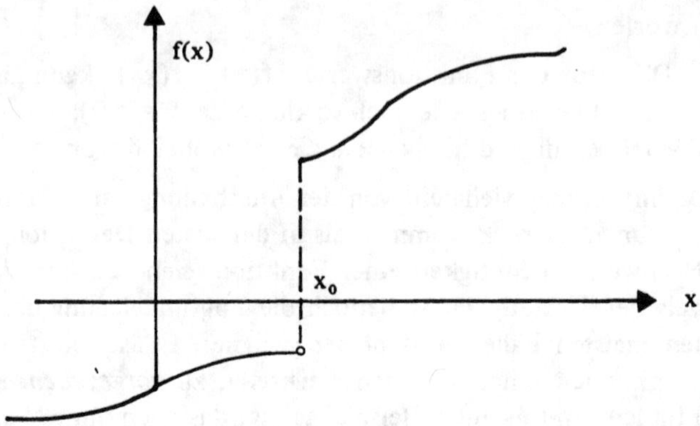


*Abb. 9.9*

**Satz 3:** Ist f eine auf $[a,b] \subset \mathbb{R}$ definierte stetige Funktion und gilt $f(a) > 0$ und $f(b) < 0$, dann existiert stets mindestens ein $c \in [a,b]$ mit $f(c) = 0$.

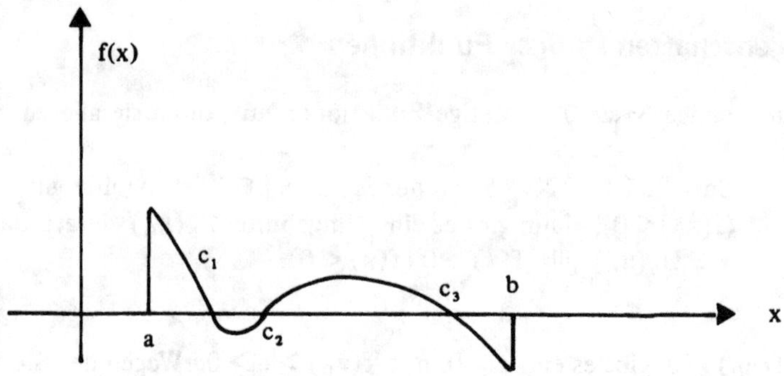


*Abb. 9.10*

Dieser Satz liefert die Grundlage für numerische Methoden zur Bestimmung von Nullstellen stetiger Funktionen, weil er die Existenz dieser Nullstellen garantiert, siehe 9.5.2.

**Satz 4 (Zwischenwertsatz):** Sei f wie in Satz 3 jedoch $f(a) = A > f(b) = B$, dann gibt es zu jedem C mit $A > C > B$ ein $c \in [a,b]$, so daß $f(c) = C$, d.h. f nimmt jeden Wert zwischen A und B an.

Beweis:
Um Satz 3 anwenden zu können, setzt man $h(x) = f(x) - C$. Dann gilt $h(a) > 0$ und $h(b) < 0$. Da f stetig ist, ist auch h stetig und aus Satz 3 folgt die Existenz eines $c \in [a,b]$ mit $h(c) = 0$, d.h. $f(c) = C$. •

Wir geben noch ohne Beweis zwei Sätze an.

> **Satz 5**: Eine in einem abgeschlossenen Intervall stetige Funktion ist dort beschränkt.

Das Beispiel $f(x) = \frac{1}{x}$ mit $x \in (0,1)$ zeigt, daß auf die Abgeschlossenheit nicht verzichtet werden kann: f ist stetig für alle $x \in (0,1)$, aber nicht beschränkt auf $(0,1)$.

> **Satz 6**: Eine auf einer Kompaktum (z.B. abgeschlossenen Intervall) stetige Funktion nimmt dort ihr Supremum und Infimum an.

Ist eine der Voraussetzungen verletzt (Abgeschlossenheit und Beschränktheit des Definitionsbereichs und Stetigkeit von f) so braucht diese Implikation nicht zu gelten. Dazu betrachten wir folgende Beispiele:

**Beispiel 8**:
Es sei $f(x) = x$ für $0 < x < 1$, dann gilt $\inf f(x) = 0$ und $\sup f(x) = 1$. Beide Werte werden aber von f nicht angenommen, weil $x = 1$ und $x = 0$ nicht zum Definitionsbereich gehören. Der Definitionsbereich ist also offen und die Aussage des Satzes ist nicht erfüllt. Schließt man den Bereich durch Hinzunahme von $x = 0$, $x = 1$ ab, so gilt der Satz, weil dann $\inf f(x) = f(0)$ und $\sup f(x) = f(1)$. Also kann auf die Abgeschlossenheit nicht verzichtet werden. •

**Beispiel 9**:
Ist der Definitionsbereich von $f(x) = x$ ganz $\mathbb{R}$, d.h. nicht beschränkt, so nimmt f weder $\sup f = \infty$ noch $\inf f = -\infty$ an. Also kann auf die Beschränktheit des Definitionsbereichs in Satz 6 im Allgemeinen nicht verzichtet werden. •

**Beispiel 10**:

Die Funktion $f: [0,1] \to \mathbb{R}^+$ mit $f(x) = \begin{cases} \frac{1}{x} & \text{für } x > 0 \\ 0 & \text{für } x = 0 \end{cases}$ ist auf dem abgeschlossenen Intervall $[0,1]$ nicht nach oben beschränkt und nimmt also dort nicht ihr Supremum an. f ist auch nicht stetig auf $[0,1]$. •

## 9.4 Operationen mit stetigen Funktionen

Der vorangegangene Abschnitt hat deutlich gemacht, daß der Nachweis der Stetigkeit einer vorgegebenen Funktion f in der Regel eine mühselige Arbeit ist. Die Mathematiker haben nun aber glücklicherweise das Prinzip, von dem einzelnen Fall – hier eine bestimmte Funktion f und die Frage nach ihrer Stetigkeit – zu abstrahieren und sich statt dessen einer Klasse von Funktionen, d.h. einer Menge von Funktionen, die sich durch etwas Gemeinsames auszeichnen, zuzuwenden.

Im Kapitel 7 hatten wir Verknüpfungen von Funktionen betrachtet. Alle Funktionen h, die sich als Summe zweier Funktionen f und g darstellen lassen, können wir beispielsweise zu einer Klasse zusammenfassen. Dann können wir die Frage untersuchen, ob sich eine generelle Aussage über die Stetigkeit der Funktionen dieser Klasse machen läßt, also eine Aussage, zu deren Gewinnung wir nicht die explizite Darstellung der einzelnen Funktion h verwenden. Entsprechende Untersuchungen können wir auch für die Klasse der Funktionen h machen, die sich als Produkt zweier Funktionen f und g darstellen lassen.

Als Ergebnis solcher Bemühungen läßt sich der folgende Satz formulieren.

> **Satz 7**: Es seien f, g zwei stetige reelle Funktionen mit gleichem Definitionsbereich X. Dann sind die Funktionen $f+g$, $f-g$, $f\cdot g$, $\frac{f}{g}$ ebenfalls stetig. Der Quotient ist natürlich nur für solche $\mathbf{x}\in X$ erklärt, für die $g(\mathbf{x})\neq 0$ gilt.

Beweis:
Benutzt man die Stetigkeitsdefinition in der Form von Definition 3, so gilt mit den Eigenschaften des lim-Operators und der Stetigkeit von f bzw. g für jede gegen ein $\mathbf{x}_0\in X$ konvergierende Folge $\{\mathbf{x}_i\}$

$$\lim_{i\to\infty}(f+g)(\mathbf{x}_i)=\lim_{i\to\infty}(f(\mathbf{x}_i)+g(\mathbf{x}_i))=\lim_{i\to\infty}f(\mathbf{x}_i)+\lim_{i\to\infty}g(\mathbf{x}_i)=$$

$$=f(\lim_{i\to\infty}\mathbf{x}_i)+g(\lim_{i\to\infty}\mathbf{x}_i)=(f+g)(\lim_{i\to\infty}\mathbf{x}_i)=(f+g)(\mathbf{x}_0)=f(\mathbf{x}_0)+g(\mathbf{x}_0).$$

Analog lassen sich die Beweise für $f-g$, $f\cdot g$, $\frac{f}{g}$ führen. ●

**Beispiel 11**:
Im Beispiel 4 haben wir die stetige Funktion f mit $f(x)=|x|$ und im Beispiel 7 die stetige Funktion g mit $g(x)=x^2$ kennengelernt. Mit Hilfe des Satzes 7 sind wir jetzt in der Lage festzustellen, daß die durch $|x|+x^2$, $|x|-x^2$, $x^2-|x|$, $x^2\ |x|$

festgelegte Funktionen alle stetig sind und daß auch für $x \neq o$ die Funktion $|x|/x^2$ und $x^2/|x|$ stetig sind. •

Aus diesem Satz 7 läßt sich die folgende Aussage herleiten.

**Folgerung:**
Alle gebrochenen rationalen Funktionen vom Typ

$$f(x) = \frac{a_0 + a_1 x + a_2 x^2 + \ldots + a_n x^n}{b_0 + b_1 x + b_2 x^2 + \ldots + b_m x^m}$$

sind stetig an allen Stellen $x \in \mathbb{R}$, an denen der Nenner nicht verschwindet.

Beweis:
$f(x)$ läßt sich durch rationale Operationen aus den stetigen Funktionen vom Typ $f_1(x) = \text{const.}$ und $f_2(x) = x$ aufbauen. •

Im Kapitel 7 hatten wir als weitere Verknüpfung zweier Funktionen $f$ und $g$ die sogenannte Verkettung $h$ kennengelernt, die durch $h(x) = f(g(x))$ festgelegt war. Ohne Beweis wollen wir das Ergebnis der Stetigkeitsuntersuchungen für die Klasse der verketteten Funktionen angeben.

> **Satz 8**: Sind die Funktionen $f$ und $g$ stetig, dann ist auch die verkettete Funktion $h$ stetig.

**Beispiel 12:**
Sei $f(x) = |x|$ und $g(x) = \sin x$. Dann sind

$$h(x) = f(g(x)) = |\sin x| \text{ und}$$
$$\tilde{h}(x) = g(f(x)) = \sin |x|$$

stetig nach Satz 8. •

Im Kapitel 7 wurde der Begriff der Umkehrfunktion einer Funktion eingeführt. Der folgende Satz gibt darüber Auskunft, wie es mit der Stetigkeit der Umkehrfunktion steht. Den Beweis wollen wir unterdrücken.

> **Satz 9**: Ist $f$ stetig und streng monoton, dann ist die Umkehrfunktion $f^{-1}$ stetig.

**Beispiel 13:**
Aus Abschnitt 7.4 wissen wir, daß für den Bereich $[0,+\infty)$ die Funktion $f$ und $g$ mit $f(x) = x^2$ und $g(x) = \sqrt{x}$ invers sind. Satz 9 erlaubt uns aus der Stetigkeit von $f$ – sie wurde in Beispiel 7 gezeigt – die Stetigkeit von $g$ für jedes $x \in [0,+\infty)$ zu folgern. •

Als Bausteine für die Anwendung der Sätze 7, 8 und 9 stellt die folgende Tabelle einige stetige Funktionen zusammen.

| Funktion | Stetigkeitsbereich |
|---|---|
| $c$ | $x \in \mathbb{R}$ |
| $x$ | $x \in \mathbb{R}$ |
| $x^{-1}$ | $x \in \mathbb{R} \setminus \{0\}$ |
| $\sin x$ | $x \in \mathbb{R}$ |
| $\cos x$ | $x \in \mathbb{R}$ |
| $\tan x$ | $x \in \mathbb{R} \setminus \{\ldots, -\frac{3\pi}{2}, \frac{\pi}{2}, \frac{3\pi}{2}, \ldots\}$ |
| $\cot x$ | $x \in \mathbb{R} \setminus \{\ldots, -\pi, 0, \pi, 2\pi, \ldots\}$ |
| $e^x$ | $x \in \mathbb{R}$ |
| $\log x$ | $x \in \mathbb{R}^+$ |
| $\lvert x\rvert$ | $x \in \mathbb{R}$ |

Tabelle 9.1: Elementare stetige Funktionen

**Beispiel 14:**
Man betrachte die Funktion $f$ die durch

$$f(x) = x^2 \sin(ax + e^{-bx}) - \sqrt{|x|} \cdot \log(\sin^2 x)$$

festgelegt ist. Wiederholtes Anwenden der Sätze 7, 8 und 9 zusammen mit den elementaren Bausteinen der Tabelle 9.1 liefert uns die Aussage: $f$ ist stetig. ●

Ob sich jemand findet, der freiwillig durch Anwenden der Definition 3 oder der Definition 5 den Nachweis der Stetigkeit der in Beispiel 14 vorgestellten Funktion $f$ führt?

## 9.5 Anwendungen

### 9.5.1 Landau-Symbole o und O

Betrachten wir die Funktion $f$ mit $f(x) = x^2$ und $g$ mit $g(x) = x$. Beide Funktionen sind stetig und es gilt

$$\lim_{x \to 0} f(x) = 0 = \lim_{x \to 0} g(x) .$$

Intuitiv haben wir aber die Vorstellung, daß wir, wie auch immer eine Folge $\{x_i\}$ gegen Null strebt, mit der Folge $\{f(x_i)\}$ schneller in die Nähe von Null kommen als mit der Folge $\{g(x_i)\}$. Die folgende Darstellung der beiden Funktionsgraphen stützt unsere Vorstellung.

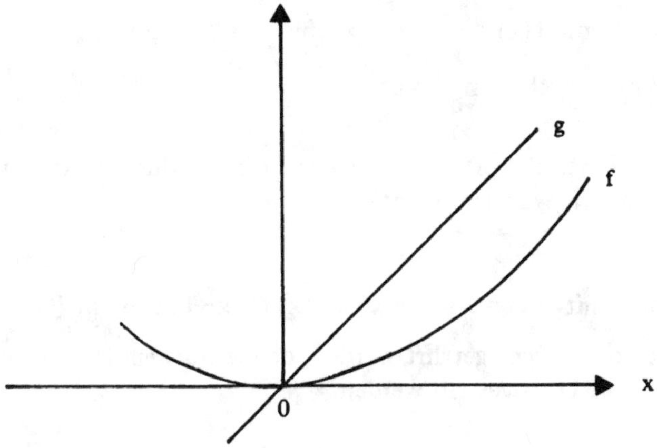


*Abb. 9.11 Graph von f und g.*

Ähnliche Vorstellungen kommen uns auch, wenn wir das Verhalten der beiden Funktionen für $x \to +\infty$ betrachten. Zwar haben beiden den uneigentlichen Grenzwert $+\infty$, aber auch hier haben wir den Eindruck, daß – salopp gesprochen – wir mit f eher da sind. Vergleichen wir dagegen das Verhalten von g mit dem der Funktion h mit $h(x) = x + 10000$, so fühlen wir, daß h und g sich im Prinzip ähnlich verhalten.

Um unsere Vorstellungen zu präzisieren, benötigen wir ein Instrument, welches das Verhalten einer Funktion f in der Umgebung eines Punktes a mißt. Dabei interessieren uns nicht die konkreten Funktionswerte, sondern nur die Frage, in welcher Art (mit welcher „Geschwindigkeit") die Funktionswerte unendlich klein (d.h. gegen Null gehen) oder unendlich groß werden.

Funktionen, wie die durch $g(x) = x$ oder $g(x) = x^2$ festgelegten, sind von ihrer Struktur her einfach, und daher in ihrem Verhalten in der Umgebung jedes Punktes a überschaubar. Die folgenden Definitionen bringen nun die Möglichkeit, das Verhalten einer beliebigen Funktion f in einer Umgebung von a mit denen solcher „einfacher" Funktionen g zu vergleichen. Die Vergleichsfunktion g der Definition 6 und 7 wird man also vornehmlich aus einem Satz von Standardfunktionen z.B. $g(x) = x^n$ nehmen.

**Definition 6:** Sei $g$ eine Funktion und $a$ ein Punkt ($a = \pm\infty$ ist zugelassen), und gelte in einer Umgebung von a, daß $g(x) \neq 0$ ist. Eine Funktion f, für die gilt $\lim\limits_{x \to a} (f(x)/g(x)) = 0$ heißt dann *o* von g, und man schreibt dafür auch $f(x) = o(g(x))$, lies: klein *o* von g.

**Beispiel 15:**
Die Funktion f mit $f(x) = x^2$ ist $o(x)$ für $x \to 0$, denn

$$\lim_{x \to 0} (x^2/x) = \lim_{x \to 0} x = 0 .$$

Die Funktion f des Beispiels ist aber auch $o(x^{3/2})$ für $x \to 0^+$, wie man sich leicht überzeugt, dagegen aber nicht $o(x^3)$. ●

**Beispiel 16:**
Die Funktion f mit $f(x) = 1 - \cos x$ ist $o(x)$ für $x \to 0$, daß $\lim\limits_{x \to 0} ((1 - \cos x)/x) = 0$ ist, kann hier noch nicht geführt werden, da die notwendigen Instrumente erst im Abschnitt 11.1 bereitgestellt werden. ●

**Bemerkung:**
Wie die obigen Beispiele zeigen, darf aus $f(x) = o(g(x))$ und $h(x) = o(g(x))$ *nicht* gefolgert werden, daß die Funktion f und h identisch sind. Sie zeigen uns bei Annäherung an den Punkt a „nur" das gleiche Verhalten. Während Definition 6 ein Maß liefert, um uns das Verhalten einer Funktion f mit $\lim\limits_{x \to a} f(x) = 0$ in einer Umgebung von a zu beschreiben, gelingt uns mit der nächsten Definition eine Beschreibung des Verhaltens einer Funktion f, deren Funktionswerte bei Annäherung an den Punkt a über alle Grenzen wachsen.

**Definition 7:** Sei g eine Funktion und a ein Punkt ($a = \pm\infty$ ist zugelassen) und gelte in einer Umgebung von a, daß $g(x) \neq 0$ ist. Eine Funktion f für die der Quotient $f(x)/g(x)$ für $x \to a$ beschränkt bleibt, heißt dann O von g und man schreibt dafür auch $f(x) = O(g(x))$, lies: groß O von g.

**Beispiel 17:**
Die Funktion f mit $f(x) = x \sin x$ ist $O(x)$ für $x \to +\infty$, denn $(x \sin x)/x = \sin x$ und $|\sin x| \leqslant 1$ für alle x. ●

**Beispiel 18:**
Die Funktion f mit $f(x) = \sqrt{x}$ ist $O(x)$ für $x \to +\infty$, denn $\sqrt{x}/x = x^{-1/2}$ und aus $\lim\limits_{x \to +\infty} x^{-1/2} = 0$ folgt die Beschränktheit. ●

**Bemerkung:**
Aus den Definitionen 6 und 7 folgt zwar, daß man aus $f(x) = o(x)$ auch folgern darf, daß $f(x) = O(x)$ ist, denn aus $\lim_{x \to a} f(x)/g(x) = 0$ ergibt sich, daß der Quotient $f(x)/g(x)$ für $x \to a$ beschränkt ist. Die Umkehrung gilt aber *nicht*. Dies sieht man leicht am Beispiel der Funktion f aus Beispiel 17: $f(x) = x \sin x$ ist nicht $O(x)$ für $x \to +\infty$, da $\sin x$ für $x \to +\infty$ nicht gegen Null geht. Wie aber das Beispiel 18 zeigt, kann im Einzelfall durchaus manchmal aus $f(x) = O(x)$ auch $f(x) = o(x)$ gefolgert werden.

**Bemerkung:**
Wie die letzten beiden Beispiele zeigen, darf auch hier *nicht* aus $f(x) = O(g(x))$ und $h(x) = O(g(x))$ gefolgert werden, daß h und f identisch sind. f und h zeigen nur das gleiche Verhalten.

Die folgende Tabelle listet für einige häufig auftretende Funktionen das Verhalten bei Annäherung an ausgewählte Punkte auf.

| Funktionsdefinition | | Punkt | Bemerkung |
|---|---|---|---|
| $\log x$ | $o(x^\alpha)$ | $+\infty$ | $\alpha \in \mathbb{R}^+$ |
| $\sin x$ | $x + o(x^2)$ | 0 | |
| $\cos x$ | $1 - x^2/2 + o(x^3)$ | 0 | |
| $x^\alpha$ | $o(e^x)$ | $+\infty$ | $\alpha \in \mathbb{R}$ |
| $\sin x$ | $O(1)$ | $+\infty$ | |
| $\sin x$ | $x + O(x^3)$ | 0 | |

Tabelle 9.2

Die Schreibweise $f(x) = h(x) + o(g(x))$ steht für $f(x) - h(x) = o(g(x))$, d.h. drückt aus, daß die Differenzfunktion $(f-h)$ $o$ von g ist. Das nächste Beispiel liefert eine mögliche Anwendung.

**Beispiel 19:**
Wie Tabelle 9.2 zeigt, ist $\sin x = x + o(x^2)$ für $x \to 0$. Das läßt sich so interpretieren. Ersetzen wir in einer Umgebung von 0 den Funktionswert $\sin x$ durch x, so machen wir zwar einen Fehler, der aber schneller als $x^2$ gegen Null geht. Die folgenden Beispielsrechnungen machen dies deutlich.

| x in Bogenmaß | sin x | $\lvert x - \sin x \rvert$ | $x^2$ |
|---|---|---|---|
| 0.2 | 0.19866 | 0.00133 | 0.04 |
| 0.1 | 0.09983 | 0.00016 | 0.01 |
| 0.05 | 0.04997 | 0.00002 | 0.0025 |

●

### 9.5.2 Regula falsi

Im Kapitel 3 werden unter anderem Polynome und ihre Nullstellen untersucht. Im Beispiel 7 jenes Kapitels findet sich die folgende Passage – $a_1$ bezeichnet dabei eine Nullstelle – „$P_3(x) = x^3 + x + 2$, $a_1 = -1$ erraten . . .“

Das „Erraten“ von Nullstellen ist sicher ein unbefriedigender Vorgang innerhalb der doch sonst so exakten und methodischen Mathematik. Wir werden jetzt ein Verfahren kennenlernen, das diesen Mißstand behebt.

Im Abschnitt 9.3 wurde der folgende Satz formuliert:

> **Satz 3:** Ist $f$ eine auf $[a,b] \subset \mathbb{R}$ definierte stetige reelle Funktion und gilt $f(a) > 0$ und $f(b) < 0$, dann existiert stets mindestens ein $c \in [a,b]$ mit $f(c) = 0$.

Dieser Satz macht zwar nur eine „Existenzaussage“ und sagt nichts über die genaue Lage dieser Nullstelle $c$ (oder der Nullstellen) im Intervall $[a,b]$ aus. Stellen wir uns nun einmal vor, wir „drücken“ das Intervall zusammen, indem wir neue rechte bzw. linke Eckpunkte wählen, die jeweils größer bzw. kleiner als die bisherigen Eckpunkte sind. Wenn wir dabei darauf achten, daß in den neuen Eckpunkten die Funktion $f$ jeweils Werte mit unterschiedlichen Vorzeichen annimmt, dann sichert uns der zitierte Satz, daß die gesuchte Nullstelle auch im neuen (engeren) Intervall liegt. Wir ziehen also gleichsam eine Schlinge zu, in der sich die Nullstelle fängt. Gesucht ist nun lediglich noch ein systematisches Verfahren für den Prozeß des „Zusammendrückens“ des Ausgangsintervalls.

Ein solches Verfahren ist die sogenannte Regula falsi. Wir wollen sie in Form eines Algorithmus angeben.

**Algorithmus:** Regula falsi

*Ausgangslage:* $f$ ist stetig ; $a < b$ mit $f(a)f(b) < 0$ d.h. $f$ hat in $a$ und $b$ Werte mit unterschiedlichen Vorzeichen.

*Schritt 1:* Ersetze $f$ über $[a,b]$ durch eine Gerade durch die Punkte $(a,f(a))$ und $(b,f(b))$.

Die Gleichung dieser Geraden ergibt sich aus der sogenannten Zwei-Punkte-Formel

$$\frac{y - f(a)}{x - a} = \frac{f(b) - f(a)}{b - a}$$

zu

$$y = \frac{f(b) - f(a)}{b - a} x + f(a) - \frac{f(b) - f(a)}{b - a} a$$

*Schritt 2:* Bestimme die Nullstelle c (Schnittpunkt mit der Abszisse) für diese Gerade. Für c ergibt sich die Formel

$$c = a - f(a)\frac{b-a}{f(b)-f(a)}$$

*Schritt 3:* Berechne f(c). Ist $f(c) = 0$, so wurde mit c eine Nullstelle gefunden; der Algorithmus endet.

*Schritt 4:* Ist $f(c)f(a) < 0$, so setze c gleich b, im anderen Fall setze c gleich a.

*Schritt 5:* Ist $b - a$ kleiner als eine vorgegebene Größe $\delta$ (sie bestimmt die Genauigkeit mit der man die Nullstelle bestimmen will), so endet der Algorithmus mit der Antwort: die Nullstelle liegt zwischen a und b, im anderen Fall beginne man wieder mit Schritt 1.

Die Regula falsi stellt also ein Verfahren dar, daß uns entweder ein c liefert, für das gilt $f(c) = 0$, oder aber es liefert uns ein beliebig kleinzumachendes Intervall $[a,b]$, in dem die gesuchte Nullstelle c liegt.

Es sind für den Abbruch des angegebenen Algorithmus noch andere Bedingungen denkbar. So könnte man aufhören, wenn im Schritt 3 sich ergibt, daß $|f(c)| < \epsilon$ ist, wobei $\epsilon > 0$ eine vorgegebene Schranke ist. Auch eine Kombination $|f(c)| < \epsilon \wedge |b-a| < \delta$ wäre denkbar.

**Bemerkung:**
Der Algorithmus setzt voraus, daß die beiden Startpunkte a und b mit $f(a)f(b) < 0$ bekannt sind. Für das Auffinden der Startpunkte läßt sich keine allgemeine Regel angeben. Man ist auf ein „Erraten" angewiesen. Diese Rateaufgabe ist aber sehr viel einfacher als beispielsweise die Aufgabe, eine Nullstelle zu erraten.

Das Vorgehen bei der Regula falsi wird in der folgenden Graphik deutlich.

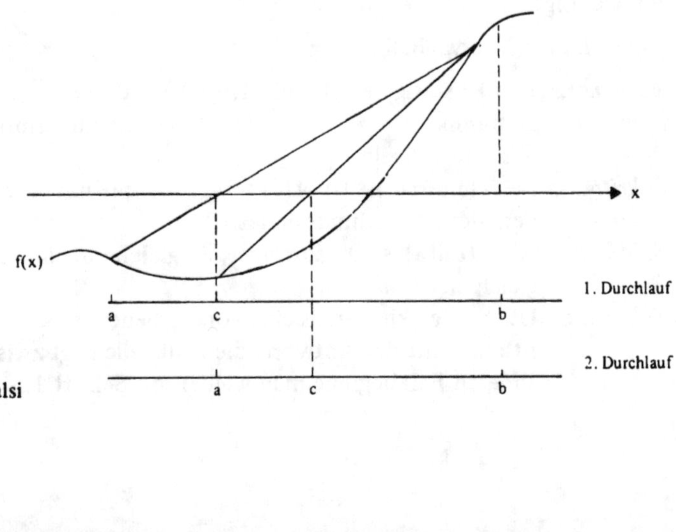


*Abb. 9.12:* Regula falsi

**Beispiel 20:**
Betrachten wir das Polynom $P(x) = x^3 + x + 2$ aus den einführenden Bemerkungen. Aus dem Abschnitt 9.4 wissen wir, Polynome sind stetig.

Es gilt $P(b) = P(0) = 2$ und $P(a) = P(-2) = -8$.

Damit ergibt sich im 1. Durchgang die Gerade $f(x) = 5x + 2$ und die Nullstelle $c = -0.4$. Da $P(-0.4) = 1.536 > 0$ ist, wird der 2. Durchgang mit $a = -2$ und $b = -0.4$ durchgeführt. Es ergibt sich $c = -0.6577$. Da $P(-0.6577) > 0$ ist, geht man in einen weiteren Durchgang mit $a = -2$ und $b = -0.6577$. Wie man erkennt, wird das Intervall in dem die gesuchte Nullstelle liegt immer enger, d.h. wir wissen immer genauer, wo die Nullstelle liegt. ●

Das Beispiel mag für gute „Rater" wenig überzeugend sein, denn nach zwei Durchgängen sind wir von der Antwort $c = -1$ noch ein gutes Stück weg. Aber alle Skeptiker mögen ihre Ratefähigkeit doch einmal an der Suche nach einer Nullstelle für $P(x) = x^7 - 21.5x^4 + 3x - 17.9$ erproben.

Das nächste Beispiel zeigt, daß die Regula falsi auch zur Lösung anderer Probleme herangezogen werden kann.

**Beispiel 21:**
Seien f durch $f(x) = x^2$ und g durch $g(x) = e^x$ gegeben.

Bestimme ein c so, daß $f(c) = g(c)$ ist, d.h. ermittle den Schnittpunkt der beiden Funktionen. Das geschilderte Problem läßt sich auf das Problem der Bestimmung einer Nullstelle einer Funktion zurückführen. Dazu betrachten wir die Differenzfunktion $h = f - g$, die durch $h(x) = x^2 - e^x$ gegeben ist. h ist nach den Ausführungen von Abschnitt 9.4 stetig, weiterhin gilt $h(-1) \approx 0.6322$ und $h(0) = -1$. Damit können wir den Algorithmus der Regula falsi auf h im Intervall $[-1.0]$ anwenden. ●

Ein weiteres systematisches Verfahren zur Festlegung der Folge der enger werdenden Intervalle ist die Methode der Intervallhalbierung. Der Algorithmus lautet wie folgt:

**Algorithmus**: Intervallhalbierung

*Ausgangslage:* f ist stetig, $a < b$ mit $f(a)f(b) < 0$

*Schritt 1:* Bestimme $c = a + (b-a)/2 = (b+a)/2$ d.h. ermittle den Mittelpunkt des Intervalls $[a,b]$

*Schritt 2:* Berechne $f(c)$. Ist $f(c) = 0$, so wurde mit c eine Nullstelle gefunden; der Algorithmus endet.

*Schritt 3:* Ist $f(c)f(a) < 0$ so setze c gleich b, im anderen Fall setze c gleich a.

*Schritt 5:* Ist $b - a$ kleiner als eine vorgegebene Größe $\delta$, so endet der Algorithmus mit der Antwort: die Nullstelle liegt zwischen a und b, im anderen Fall beginne man wieder mit Schritt 1.

Auch hier gibt es verschiedene andere Abbruchkriterien. Ein oft angewandtes besteht darin, die Zahl der Durchläufe für den Algorithmus vorzugeben.

**Beispiel 22:**

Die Verteilungsfunktion der Exponentialverteilung lautet $F(x) = 1 - e^{-x}$ (der Parameter $\lambda$ wurde als 1 angenommen). Gesucht ist der Wert $x^*$, der höchstens mit einer Wahrscheinlichkeit 0.1 unterschritten wird. Wir suchen also ein $x^*$ so, daß $F(x^*) = 0.1$ ist.

Zur Lösung betrachten wir die durch $h(x) = F(x) - 0.1 = 0.9 - e^{-x}$ definierte Funktion. Es gilt $h(0) = -0.1$ und $h(1) = 0.532$. Damit startet der Intervallhalbierungs-Algorithmus mit dem Intervall $[0,1]$ und erhält den Teilpunkt 0.5. Da $h(0.5) > 0$ ist, ergibt sich das neue Intervall $[0,0.5]$ und der neue Halbierungspunkt 0.25.

Die nächsten Schritte bringen $[0,0.25]$ mit $c = 0.125$, $[0,0.125]$ mit $c = 0.0625$, $[0.0625, 0.125]$ (da $h(0.0625) < 0$ ist) mit $c = 0.09375$ usw. ●

**Bemerkung:**

Wie die Beispiele zeigen, finden die beiden Algorithmen die Nullstelle in der Regel nicht im 1. oder 2. Durchgang. Man kann fragen: Finden sie die Nullstelle überhaupt? Wie schnell finden sie die Nullstelle?

Auf die 1. Frage lautet die (beruhigende) Antwort: ja. Beide Algorithmen führen zu einer systematischen Verkleinerung des Ausgangsintervalls. Die vorausgesetzte Stetigkeit der Funktion zusammen mit dem Auswahlmechanismus der Intervalleckpunkte sichern uns, daß die Nullstelle immer in allen betrachteten Intervallen enthalten ist.

Die 2. Frage ist die nach der sogenannten *Konvergenzgeschwindigkeit* der vorgeschlagenen Verfahren. Wieviele Durchläufe benötigt man, bis man die Nullstelle gefunden hat oder aber die Länge des sie enthaltenen Intervalls unter eine vorgegebene Schranke gedrückt hat. Das exakte Auffinden der Nullstelle ist bei beiden Algorithmen ein „Glückstreffer". Wichtiger ist die Frage, nach wievielen Durchgängen die Länge des Intervall $[a,b]$ kleiner als eine vorgegebene Schranke $\epsilon$ geworden ist. Bei beiden Algorithmen stellen wir fest, daß nach jedem Durchgang die Länge des „neuen" Intervalls echt kleiner als die Länge des „alten" Intervalls ist. Mehr können wir ohne Kenntnis des Anfangsintervalls und der Funktion $f$ nicht sagen. Bei dem Intervallhalbierungsverfahren können wir dagegen feststellen, daß die Länge des Intervalls $[a,b]$ nach dem n-ten Durchgang nur noch $1/(2^n)$ der Länge des Ausgangsintervalls ist. Damit läßt sich dann auch die Zahl der Durchgänge angeben, die notwendig zur Erreichung einer Intervallbreite kleiner als $\epsilon$ sind.

Sei $\ell = b - a$ die Länge des Ausgangsintervalls, dann soll gelten

$$\frac{\ell}{2^n} < \epsilon$$

und daraus folgt

$$2^n > \frac{\ell}{\epsilon}$$

oder $$n > \log_2 \frac{\ell}{\epsilon}.$$

Wir werden im Kapitel 11 in dem sogenannten Newton-Verfahren eine weitere Methode zur Bestimmung von Nullstellen vorstellen. Zwar zeigt dieses Verfahren oft ein besseres Konvergenzverfahren (d.h. die Nullstelle wird schneller enger eingekreist) als die hier vorgestellten Verfahren, dafür sind jene aber universeller einsetzbar, weil sie lediglich die Stetigkeit der Funktion $f$ voraussetzen während zur Anwendbarkeit des Newton-Verfahrens von $f$ noch weitere Bedingungen erfüllt sein müssen.

## 9.6 Aufgaben

1. Gegeben sei die Funktion $f: \mathbb{R} \to \mathbb{R}$ mit $f(x) = \operatorname{sgn} x$ (lies: signum x)

$$\operatorname{sgn} x = \begin{cases} -1 & \text{für } x < 0 \\ 0 & \text{für } x = 0 \\ 1 & \text{für } x > 0. \end{cases}$$

Hat die Funktion $f$ an den Stellen $x_0 = -1$, $x_1 = 0$, $x_2 = 2$ einen Grenzwert bzw. einen rechtsseitigen oder linksseitigen Grenzwert? An welchen Stellen ist $f$ unstetig?

2. Prüfen Sie folgende Funktion $f$ an den Stellen $x_0 = 0$, $x_1 = 1$ auf Stetigkeit:

$$f: \mathbb{R} \to \mathbb{R} \text{ mit } f(x) = \begin{cases} x & \text{für } x \leq 0 \\ x^2 & \text{für } 0 < x \leq 1 \\ 1-x & \text{für } x > 1 \end{cases}$$

Ist $f$ in $x_0 = 0$ bzw. $x_1 = 1$ rechts- oder linksseitig stetig?

3. Zeige, daß die Funktion

$$f: \mathbb{R}^2 \to \mathbb{R} \text{ mit } f(x_1, x_2) = \begin{cases} \dfrac{x_1^2 - x_2^2}{x_1^2 + x_2^2} & \text{für } (x_1, x_2) \neq (0,0) \\ 0 & \text{für } (x_1, x_2) = (0,0) \end{cases}$$

im Punkt $(0,0)$ unstetig ist.

4. Zeige, daß die Funktion $f: \mathbb{R}^2 \to \mathbb{R}$ mit $f(x_1, x_2) = 2x_1^2 x_2 - x_1$ für alle $x_0 \in \mathbb{R}^2$ stetig ist.
5. Zeige mit Hilfe der $\epsilon$-$\delta$-Definition, daß $f: \mathbb{R} \to \mathbb{R}$ mit $f(x) = \frac{x}{2}$ für alle $x_0 \in \mathbb{R}$ stetig ist.
6. Zeige an einem selbst gewählten Beispiel, daß der Zwischenwertsatz (siehe 9.3) nicht gelten muß, wenn f nicht stetig auf $[a,b]$ ist.
7. Führe den in Beispiel 14 angedeuteten Beweis für die Stetigkeit von f mit $f(x) = x^2 \sin(ax + e^{-bx}) - \sqrt{|x|} \cdot \log(\sin^2 x)$ explizit aus.
8. Bestimme eine Nullstelle für das Polynom $P(x) = x^3 + x - 1$.

   Die Nullstelle sollte wenigstens auf 2 Stellen genau sein, d.h. die Intervallgrenzen a und b müssen beim Abbruch des Algorithmus zur Nullstellenbestimmung in den ersten 2 Stellen übereinstimmen.
9. Beweise den Satz 8 dieses Kapitels.
10. Beweise den Satz 9 dieses Kapitels.

# 10. Differenzierbare Funktionen

Stetige Funktionen haben einige bemerkenswerte Eigenschaften, wie wir im letzten Kapitel sahen. Wir wollen nun die stetigen Funktionen weiter einschränken auf die für die Anwendung wichtige Klasse der differenzierbaren Funktionen. Zur Einführung in die Problemstellung betrachten wir zunächst in einer kurz gefaßten Darstellung Funktionen einer Variablen, um uns dann im folgenden wieder allgemein Funktionen von mehreren Variablen zuzuwenden.

## 10.1 Differenzierbare Funktionen einer Variablen

Die Stetigkeit einer Funktion besagt im wesentlichen, daß sich die Funktionswerte nicht sprunghaft ändern. Es läßt sich aber auf Grund der Stetigkeit noch nicht feststellen, wie groß die jeweilige relative Änderung der Funktion ist, d.h. wie stark die Funktionswerte zu- oder abnehmen, wenn sich die x-Werte ändern. Ein Maß für diese Änderung ist der sogenannte „Differenzenquotient“:

**Definition 1**: Gegeben sei $f\colon \mathbb{R} \to \mathbb{R}$; dann heißt die für alle $x \in \mathbb{R}$ mit $x \neq x_0$ definierte Funktion

$$\frac{f(x) - f(x_0)}{x - x_0}$$

der *Differenzenquotient* von $f$ in $x_0$.

Graphische Veranschaulichung:

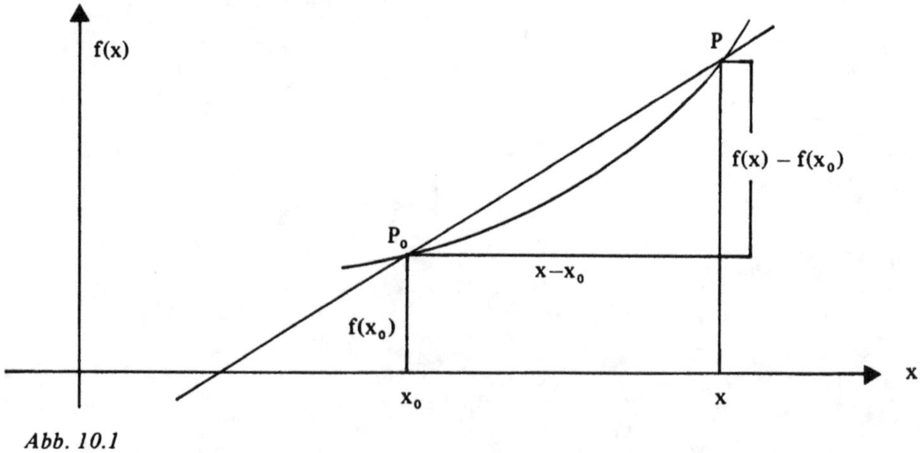


*Abb. 10.1*

Der Differenzenquotient gibt also die Steigung der Geraden durch die Punkte $P_0 = (x_0, f(x_0))$ und $P = (x, f(x))$ an.

Wir können nun die Frage nach der Existenz des Grenzwertes des Differenzenquotienten bei Annäherung von $x$ an die Stelle $x_0$ stellen. Geometrisch bedeutet dies die Frage nach der Existenz der Tangente im Punkt $P_0$ an die durch die Funktion $f$ gegebene Kurve, wenn der Punkt $P$ auf der Kurve gegen den festen Punkt $P_0$ wandert.

**Definition 2**: Eine Funktion $f$ heißt an der Stelle $x_0$ *differenzierbar*, wenn der Differenzenquotient von $f$ in $x_0$ für $x$ gegen $x_0$ einen Grenzwert besitzt, d.h. wenn gilt:

$$\lim_{x \to x_0} \frac{f(x) - f(x_0)}{x - x_0} = A.$$

Statt $A$ schreibt man auch $f'(x_0)$ und nennt $f'(x_0)$ den Differentialquotienten oder die Ableitung von $f$ an der Stelle $x_0$.

**Beispiel 1**:

$f(x) = x^2, x_0$ beliebig;

$$\lim_{x \to x_0} \frac{f(x) - f(x_0)}{x - x_0} = \lim_{x \to x_0} \frac{x^2 - x_0^2}{x - x_0} = \lim_{x \to x_0} (x + x_0) = 2x_0. \bullet$$

Es läßt sich nun leicht zeigen, daß eine an der Stelle $x_0$ differenzierbare Funktion $f$ auch stetig in $x_0$ ist, denn es gilt:

**Satz 1**: Ist $f$ differenzierbar in $x_0$, so ist $f$ stetig in $x_0$.

Beweis: $\lim\limits_{x \to x_0} (f(x) - f(x_0)) = \lim\limits_{x \to x_0} (x - x_0) \dfrac{f(x) - f(x_0)}{x - x_0} = \lim\limits_{x \to x_0} (x - x_0) \cdot f'(x_0) = 0$

und damit $\lim\limits_{x \to x_0} f(x) = f(x_0)$. $\bullet$

Darauf werden wir später im Zusammenhang mit der noch zu erklärenden Differenzierbarkeit von Funktionen mehrerer Variabler zurückkommen. Daß umgekehrt aus der Stetigkeit noch nicht die Differenzierbarkeit folgt, zeigt das

**Beispiel 2**:

$f(x) = |x|$ für $x_0 = 0$;

$f$ ist stetig in $x_0 = 0$, denn es gilt:

$$\lim_{x \to 0^+} |x| = \lim_{x \to 0^-} |x| = 0 = f(0);$$

aber $f$ ist nicht differenzierbar in $x_0 = 0$, denn

$$\lim_{x \to 0^+} \frac{|x| - 0}{x - 0} = 1 \text{ und } \lim_{x \to 0^-} \frac{|x| - 0}{x - 0} = -1. \bullet$$

In der folgenden Tabelle sind die Ableitungen einiger *elementarer* Funktionen zusammengestellt. Ihre Herleitungen (über den Limes des Differenzenquotienten) sind jedoch nicht generell so trivial wie für das obige Beispiel $f(x) = x^2$.

| Funktion f | Ableitung f' |
|---|---|
| $x^t,\ t \in \mathbb{R}$ | $tx^{t-1}$ |
| $e^x$ | $e^x$ |
| $a^x$ | $a^x \ln a$ |
| $\ln x,\ x > 0$ | $\frac{1}{x}$ |
| ${}^a\log x,\ 0 < a \neq 1$ | $\frac{1}{x \ln a}$ |
| $\sin x$ | $\cos x$ |
| $\cos x$ | $-\sin x$ |
| $\tan x$ | $\frac{1}{\cos^2 x}$ |
| $\cot x$ | $\frac{-1}{\sin^2 x}$ |
| $\arcsin x$ | $\frac{1}{\sqrt{1-x^2}}$ |
| $\arccos x$ | $-\frac{1}{\sqrt{1-x^2}}$ |
| $\arctan x$ | $\frac{1}{1+x^2}$ |
| $\text{arc}\cot x$ | $-\frac{1}{1+x^2}$ |

Tabelle 10.1

Im folgenden seien ohne Beweis einige Ableitungsregeln angeführt.

**Satz 2**: Sind $f$ und $g$ in $x_0$ differenzierbar, dann sind auch $f \pm g$, $f \cdot g$ und für $g(x_0) \neq 0$ auch $\frac{f}{g}$ an der Stelle $x_0$ differenzierbar, und es gilt:

(1) $(f(x_0) \pm g(x_0))' = f'(x_0) \pm g'(x_0)$ *(Summenregel)*

(2) $(f(x_0) \cdot g(x_0))' = f'(x_0) \cdot g(x_0) + f(x_0) \cdot g'(x_0)$ *(Produktregel)*

(3) $\left(\frac{f(x_0)}{g(x_0)}\right)' = \frac{f'(x_0)g(x_0) - f(x_0) \cdot g'(x_0)}{(g(x_0))^2}$ *(Quotientenregel)*

Ist f differenzierbar in $x_0$ und g differenzierbar in $f(x_0)$, dann ist auch die zusammengesetzte Funktion $h(x) = g(f(x))$ in $x_0$ differenzierbar, und es gilt:

(4) $(g(f(x_0))' = g'(f(x_0)) \cdot f'(x_0)$. *(Kettenregel)*

**Beispiel 3:**
$h(x) = \sin x^2$; es sei $f(x) = x^2$ und $g(x) = \sin x$. Dann gilt

$$h'(x_0) = (g(f(x_0))' = (\cos x_0^2) \cdot 2x_0 = 2x_0 \cos x_0^2. \bullet$$

**Definition 3:** Eine Funktion f heißt (schlechthin) differenzierbar, wenn f in jedem Punkt $x_0 \in D_f$* differenzierbar ist.

Die Ableitung $f'$ stellt demnach wieder eine Funktion dar. Wir können daher nach der Ableitung von $f'$ an der Stelle $x_0$ fragen. Existiert diese Ableitung, so wird sie die zweite Ableitung von f genannt und mit $f''(x_0)$ bezeichnet. Allgemein sagen wir:

**Definition 4:** Die Funktion f hat eine n-te Ableitung an der Stelle $x_0$, wenn $\lim\limits_{x \to x_0} \dfrac{f^{(n-1)}(x) - f^{(n-1)}(x_0)}{x - x_0}$ existiert. Dabei bedeutet $f^{(n-1)}$ die (n–1)-te Ableitung von f. Für den obigen Limes schreiben wir dann $f^{(n)}(x_0)$.

**Beispiel 4:**

$f: \mathbb{R} \to \mathbb{R}$ mit $f(x) = x^4 - 5x^2 + 4$

$f'(x) = 4x^3 - 10x$

$f''(x) = 12x^2 - 10$

$f'''(x) = 24x$

$f^{(4)}(x) = 24$ und

$f^{(n)}(x) = 0$ für alle $n \geqslant 5$. •

Für eine differenzierbare Funktion einer Variablen wollen wir noch eine wichtige Eigenschaft herleiten, die durch den sogenannten „Mittelwertsatz" gekennzeichnet ist. Dieser läßt sich auch auf Funktionen mehrerer Variabler übertragen, in der entsprechenden Form findet er aber im Rahmen dieses Buches keine Anwendung.

* Für den Definitionsbereich von f schreiben wir im folgenden zwecks besserer Kennzeichnung $D_f$ statt X, siehe 7.1.

Zur Vorbereitung auf den Mittelwertsatz dient der folgende **Satz von Rolle**:

> **Satz 3**: Sei $f(x)$ in $[a,b]$ differenzierbar, und es gelte $f(a) = f(b) = 0$. Dann gibt es mindestens einen Wert $c$ mit $a < c < b$, so daß $f'(c) = 0$ ist.

Beweis:

1. Ist $f(x) = 0$ für alle $x \in [a,b]$, dann gilt $f'(x) = 0$ für alle $x \in [a,b]$.
2. Sei also $f(x) \neq 0$. Nach Satz 6 in 9.3 nimmt $f$ in $[a,b]$ ein absolutes Maximum und Minimum an. Dann muß $f$ das absolute Maximum oder das absolute Minimum im Innern des Intervalls annehmen, denn lägen beide Extremwerte auf dem Rande des Intervalls, dann ergäbe sich wegen $f(a) = f(b) = 0$, daß auch $f(x) = 0$ ist, was der Voraussetzung widerspricht.

Wir können nun o.B.d.A. annehmen, daß $f$ im Innern des Intervalls ein absolutes Maximum annimmt (der Beweis für ein absolutes Minimum verläuft analog).

$f$ nimmt also in einem Punkt $c$ mit $a < c < b$ sein Maximum an. Wir zeigen nun, daß für diesen Punkt $c$ gilt: $f'(c) = 0$.

Es ist $f(c) \geqslant f(x)$ für alle $x \in [a,b]$ und damit

$$\frac{f(x) - f(c)}{x - c} = \begin{cases} \leqslant 0 & \text{für } x > c \\ \geqslant 0 & \text{für } x < c\,. \end{cases}$$

Nach Voraussetzung existiert aber der Grenzwert des Differenzenquotienten; er kann also nur gleich Null sein. Wir haben damit $f'(c) = 0$. ●

Graphische Veranschaulichung:

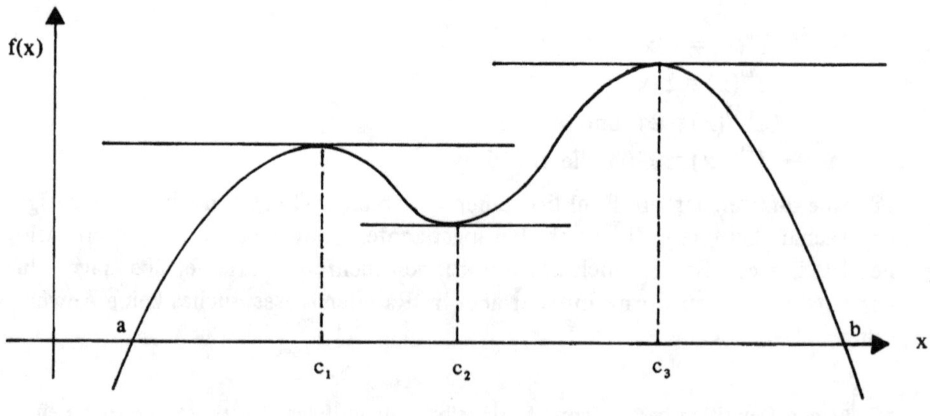


*Abb. 10.2*

**Bemerkung:**
Geometrisch bedeutet dieser Satz, daß die Kurve in c eine Tangente parallel zur x-Achse hat.

In dem vorliegenden Beispiel erfüllen die Punkte $c_1, c_2, c_3$ die Folgerungen des Satzes von Rolle.

**Satz 4: (Mittelwertsatz der Differentialrechnung)**: Sei f(x) in [a,b] differenzierbar, dann gibt es mindestens ein c mit $a < c < b$, so daß $\frac{f(b) - f(a)}{b - a} = f'(c)$ ist.

Beweis: Wir setzen: $h(x) = \frac{f(b) - f(a)}{b - a}(x-a) - f(x) + f(a)$; h ist differenzierbar in [a,b], und es gilt: $h(a) = h(b) = 0$. Die Voraussetzungen des Satzes von Rolle sind damit erfüllt. Es existiert also ein $c \in (a,b)$ mit

$$h'(c) = \frac{f(b) - f(a)}{b - a} - f'(c) = 0, \text{ d.h. } f'(c) = \frac{f(b) - f(a)}{b - a}. \bullet$$

**Bemerkung:**
Geometrisch bedeutet die Aussage dieses Satzes, daß es eine Stelle c zwischen a und b gibt, in dem die Tangente an die Kurve parallel zur Geraden durch (a,f(a)) und (b,f(b)) verläuft.

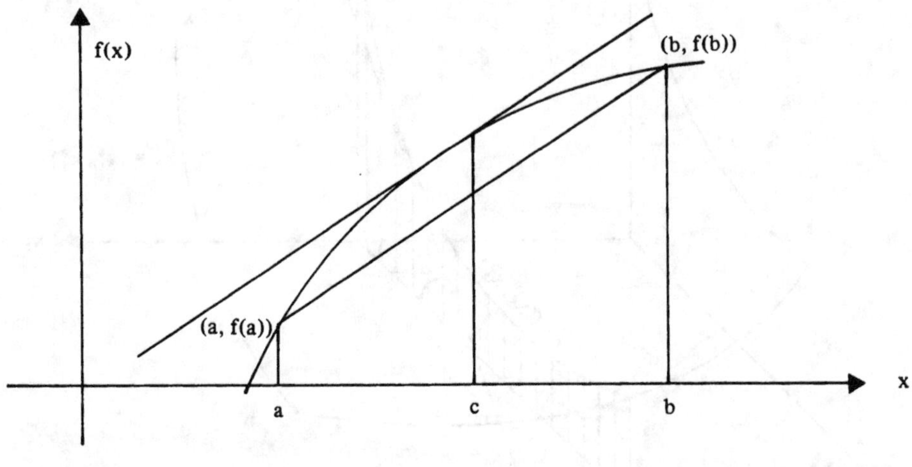


*Abb. 10.3*

## 10.2 Partielle Differentiation von Funktionen mehrerer Variabler

Wir haben die Ableitung einer Funktion $f: \mathbb{R} \to \mathbb{R}$ an der Stelle $x_0$ definiert durch:

$$f'(x_0) = \lim_{x \to x_0} \frac{f(x) - f(x_0)}{x - x_0} \quad \text{oder} \quad f'(x_0) = \lim_{h \to 0} \frac{f(x_0+h) - f(x_0)}{h},$$

wenn wir für $x = x_0 + h$ setzen; vorausgesetzt, daß der betreffende Limes existiert. Diese Begriffsbildung können wir nun nicht auf Funktionen vom Typ $f(\mathbf{x})$ übertragen, da dann der Differenzenquotient im Nenner den Vektor $\mathbf{x} - \mathbf{x}_0$ enthielte und die Division durch einen Vektor nicht erklärt ist.

Als eine Verallgemeinerung des eindimensionalen Falles werden wir jedoch für Funktionen von $n$ Variablen das Konzept der „Ableitungen“ in Richtung der $n$ Koordinatenachsen erstellen. Diese Richtungen sind durch die folgenden $n$ Einheitsvektoren festgelegt:

$$\mathbf{e}_1 = (1,0,\ldots,0), \ \mathbf{e}_2 = (0,1,0,\ldots,0) \ldots \mathbf{e}_n = (0,\ldots,0,1).$$

**Definition 5**: Eine Funktion $f: \mathbb{R}^n \to \mathbb{R}$ heißt im Punkt $\mathbf{x}_0 \in \mathbb{R}^n$ *partiell* nach der i-ten Komponenten (Variablen) $x_i$ differenzierbar, wenn der folgende Grenzwert existiert:

$$\lim_{t \to 0} \frac{f(\mathbf{x}_0 + t\mathbf{e}_i) - f(\mathbf{x}_0)}{t}$$

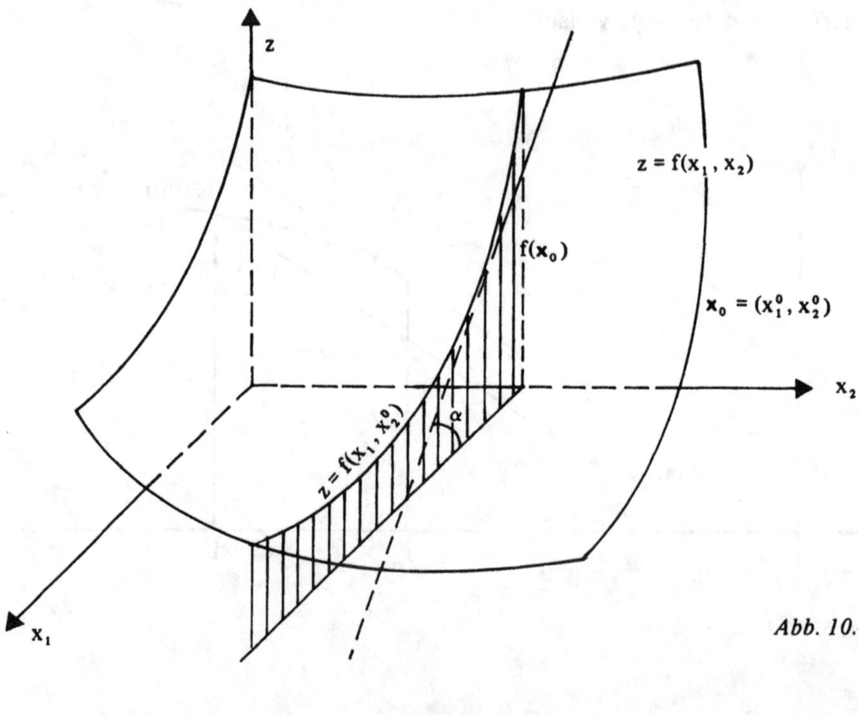


*Abb. 10.4*

Für diesen Grenzwert sind die Schreibweisen $f_i(\mathbf{x}_0)$ oder $\frac{\partial f(\mathbf{x}_0)}{\partial x_i}$ üblich. Er wird auch als i-te partielle Ableitung von f bzeichnet.

Geometrisch bedeutet die partielle Ableitung nach $x_1$ (analog dann für alle $x_i$) den Tangens des Winkels $\alpha$, den die Tangente im Punkt $\mathbf{x}_0$ an die Schnittkurve $z = f(x_1, x_2^0)$ mit einer Parallelen zur $x_1$-Achse bildet. Die partielle Ableitung nach $x_1$ gibt uns also die Steigung der Fläche mit der Gleichung: $z = f(x_1, x_2)$ in der Richtung der $x_1$-Achse an.

**Beispiel 5:**
Es sei $f: \mathbb{R}^2 \to \mathbb{R}$ mit $f(x_1, x_2) = x_1^2 + x_1 \cdot x_2$. Dann gilt für einen beliebigen Punkt $\mathbf{x} = (x_1, x_2)$ und für beliebiges $t \neq 0$:

$$\frac{f(\mathbf{x}+t\mathbf{e}_1) - f(\mathbf{x})}{t} = \frac{f((x_1, x_2) + (t,0)) - f(x_1, x_2)}{t}$$

$$= \frac{f(x_1+t, x_2) - f(x_1, x_2)}{t}$$

$$= \frac{(x_1+t)^2 + (x_1+t) \cdot x_2 - (x_1^2 + x_1 x_2)}{t} = \frac{2x_1 t + t^2 + x_2 t}{t}$$

$$= 2x_1 + t + x_2 \text{ und damit } f_1(\mathbf{x}) = \lim_{t \to 0} (2x_1 + t + x_2) = 2x_1 + x_2.$$

Damit ergibt sich z.B. für den Punkt $\mathbf{x}_0 = (0,2): f_1(\mathbf{x}_0) = 1$; d.h. der Anstieg der Fläche im Punkt $\mathbf{x}_0 = (0,2)$ in Richtung der $x_1$-Achse ist gleich 2.

Ganz analog erhalten wir: $f_2(\mathbf{x}) = x_1$. ●

Rechentechnisch läßt sich die partielle Ableitung auf die gewöhnliche Differentiation nach einer Variablen zurückführen. Differenzieren wir die Funktion $f(\mathbf{x}) = f(x_1, \ldots, x_n)$ partiell nach $x_i, i = 1, \ldots, n$, so behandeln wir die Variablen $x_1, \ldots, x_{i-1}, x_{i+1}, \ldots, x_n$ wie Konstanten.

Ist die Funktion f für alle $\mathbf{x} \in D_f$ partiell nach $x_i$ differenzierbar, so sagen wir: f ist partiell nach $x_i$ differenzierbar.

**Bemerkung:**

$\frac{\partial f}{\partial x}$ ist ein neues Funktionszeichen, so wie der Buchstabe f als ein Symbol für eine Funktion steht.

$\frac{\partial f(x_1, x_2)}{\partial x_1}$ heißt, daß wir die partielle Ableitung von $f(x_1, x_2)$ nach $x_1$ zu bilden haben, wobei $x_1$ und $x_2$ Variable sind; $\frac{\partial f}{\partial x_1}(x_1^0, x_2^0)$ heißt, daß wir in dieser partiellen Ableitung nachträglich $x_1 = x_1^0$ und $x_2 = x_2^0$ zu setzen haben.

Machen wir es umgekehrt, d.h. setzen wir zuerst $x_1 = x_1^0$ und $x_2 = x_2^0$, so ist $f(x_1^0, x_2^0)$ eine Konstante und ihre partiellen Ableitungen nach $x_1$ und $x_2$ wären Null.

Im Falle einer Variablen folgt aus der Differenzierbarkeit einer Funktion ihre Stetigkeit (Satz 1).

Existieren für eine Funktion $f: \mathbb{R}^n \to \mathbb{R}$ im Punkt $\mathbf{x}_0$ alle partiellen Ableitungen, so folgt daraus aber noch keineswegs die Stetigkeit der Funktion $f$ in $\mathbf{x}_0$, wie das folgende Beispiel zeigt:

**Beispiel 6**:

$$f(x_1, x_2) = \begin{cases} \dfrac{2x_1x_2}{x_1^2 + x_2^2} & \text{für } (x_1, x_2) \neq (0,0) \\ 0 & \text{für } (x_1, x_2) = (0,0) \end{cases}$$

Es ergibt sich:

a)
$$\frac{\partial f}{\partial x_1} = \frac{2x_2(x_2^2 - x_1^2)}{(x_1^2 + x_2^2)^2} \quad \text{für } (x_1, x_2) \neq (0,0)$$

$$\frac{\partial f}{\partial x_1} = 0 \quad \text{für } (x_1, x_2) = (0,0)$$

b)
$$\frac{\partial f}{\partial x_2} = \frac{2x_1(x_1^2 - x_2^2)}{(x_1^2 + x_2^2)^2} \quad \text{für } (x_1, x_2) \neq (0,0)$$

$$\frac{\partial f}{\partial x_2} = 0 \quad \text{für } (x_1, x_2) = (0,0);$$

die Funktion $f$ ist aber im Punkt $(0,0)$ unstetig (Beispiel 5, Kap. 9). ●

Die Forderung nach der Existenz aller partiellen Ableitungen einer Funktion bedeutet also noch keine starke Einschränkung. Setzen wir aber zusätzlich für die Funktion $f$ die Stetigkeit der partiellen Ableitungen im Punkt $\mathbf{x}_0$ voraus, so läßt sich zeigen, daß $f$ in $\mathbf{x}_0$ stetig ist. Um die Sprechweise zu vereinfachen, bringen wir folgende Definition:

> **Definition 6**: Existieren für eine Funktion $f: \mathbb{R}^n \to \mathbb{R}\,(n > 1)$ alle partiellen Ableitungen und sind diese stetig, dann heißt $f$ in $\mathbf{x}_0$ *differenzierbar**. Ist $f$ für alle $\mathbf{x} \in \mathbb{R}^n$ differenzierbar, dann heißt $f$ eine (schlechthin) differenzierbare Funktion.

* Wir weisen darauf hin, daß der Begriff der Differenzierbarkeit von Funktionen mehrerer Variabler hier enger gefaßt ist als in der herkömmlichen Literatur. Für unsere Belange reicht aber die obige Begriffsbildung aus.

**Beispiel 7:**

$$f(x_1, x_2) = x_1^2 + x_1 x_2^2 + 4.$$

Die partiellen Ableitungen existieren

$$\frac{\partial f(\mathbf{x})}{\partial x_1} = 2x_1 + x_2^2; \quad \frac{\partial f(\mathbf{x})}{\partial x_2} = 2x_1 x_2;$$

offensichtlich sind $f_1(\mathbf{x})$ und $f_2(\mathbf{x})$ überall stetig, d.h. f ist (schlechthin) differenzierbar. ●

## 10.3 Das Differential einer Funktion

**Definition 7**: Sei $f: \mathbb{R}^n \to \mathbb{R}$ in $\mathbf{x}_0$ differenzierbar, dann heißt $df(\mathbf{x}_0, \mathbf{h}) = \sum_{i=1}^{n} f_i(\mathbf{x}_0) \cdot h_i$, $h_i \in \mathbb{R}$ das *Differential* von f in $\mathbf{x}_0$, wobei $\mathbf{h} = (h_1, \ldots, h_n)$ ist.

Es ist zu beachten, daß das Differential bei festem $\mathbf{x}_0$ eine lineare Funktion in $\mathbf{h}$ ist.

Ist f für alle $\mathbf{x} \in \mathbb{R}^n$ differenzierbar, dann wird das Differential $df(\mathbf{x}, \mathbf{h})$ zu einer Funktion der 2n Variablen $x_1, \ldots, x_n, h_1, \ldots, h_n$.

Das Differential einer differenzierbaren Funktion $f: \mathbb{R} \to \mathbb{R}$ hat die Form:

$$df(x_0, h) = f_1(x_0) \cdot h = f'(x_0) \cdot h.$$

In der Regel wird die Stelle $x_0$ nicht explizit bezeichnet. Wir schreiben dann nur kurz:

$$df(x) = f'(x) \cdot h.$$

Betrachten wir die spezielle Funktion $g: \mathbb{R} \to \mathbb{R}$ mit $g(x) = x$, so erhalten wir: $dg(x) = dx = 1 \cdot \bar{h}$. Für $h = \bar{h}$ können wir in: $df(x) = f'(x) \cdot h$ die Größe h durch dx ersetzen und erhalten $df(x) = f'(x) \cdot dx$ oder

$$\frac{df(x)}{dx} = f'(x).$$

Das führt zur Bezeichnung der Ableitung als Differentialquotient. Im folgenden sei nun die Bedeutung des Differentials für Funktionen einer Variablen herausgestellt.

Es ist:

$$f'(x_0) = \lim_{h \to 0} \frac{f(x_0+h) - f(x_0)}{h}.$$

Das wiederum ist nach Definition des Grenzwertes gleichbedeutend damit, daß die Differenz

$$\frac{f(x_0+h) - f(x_0)}{h} - f'(x_0) = P(h)$$

dem Betrag nach beliebig klein wird, wenn $h$ gegen $0$ strebt, d.h. es gilt

$$\lim_{h \to 0} P(h) = 0.$$

Durch Umformung erhalten wir:

$$f(x_0+h) - f(x_0) = f'(x_0)h + h \cdot P(h).$$

Setzen wir $f(x_0) + f'(x_0) \cdot h = \ell(x_0+h)$, so ist die Funktion $\ell$ linear in $h$, und es gilt $f(x_0+h) - \ell(x_0+h) = h \cdot P(h)$.

Wenn wir also $f$ durch die lineare Funktion $\ell$ in einer Umgebung von $x_0$ ersetzen, dann gibt $h \cdot P(h)$ den Fehler an, der dabei gemacht wird, während das Differential $f'(x_0)h$ ein Maß für die Änderung der Werte bei dieser linearen Approximation ist. Dieser Approximation der Funktion $f(x_0+h)$ durch die angegebene lineare Funktion $\ell(x_0+h)$ entspricht geometrisch die Ersetzung der Kurve durch ihre Tangente $t$ im Punkt $P_0(x_0, f(x_0))$.

Graphische Darstellung

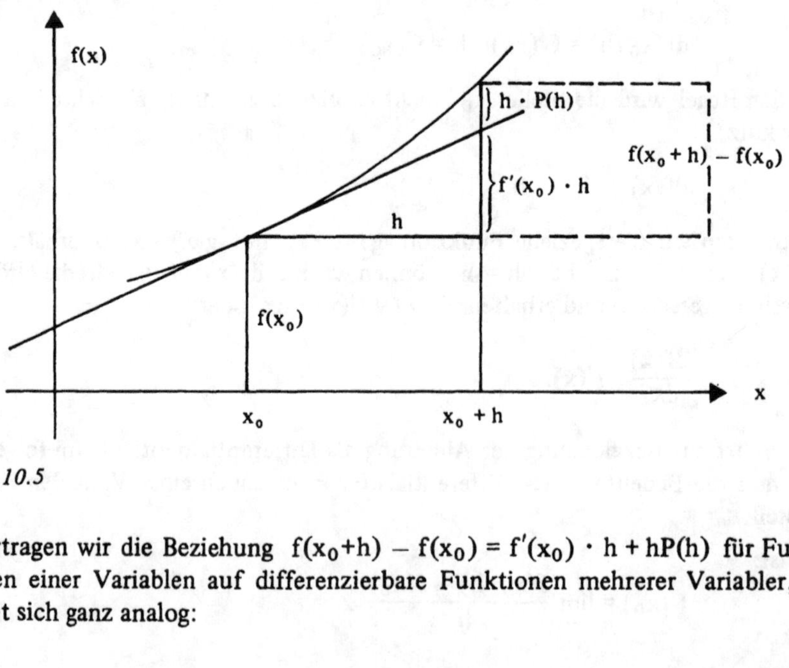


*Abb. 10.5*

Übertragen wir die Beziehung $f(x_0+h) - f(x_0) = f'(x_0) \cdot h + hP(h)$ für Funktionen einer Variablen auf differenzierbare Funktionen mehrerer Variabler, so ergibt sich ganz analog:

$$f(\mathbf{x}_0+\mathbf{h}) - f(\mathbf{x}_0) = \sum_{i=1}^{n} f_i(\mathbf{x}_0) \cdot h_i + P(\mathbf{h}) \text{ mit:}$$

$$\lim_{\|\mathbf{h}\|\to 0} \frac{P(\mathbf{h})}{\|\mathbf{h}\|} = 0, \text{ wobei } \mathbf{h} = (h_1, \ldots, h_n) \text{ ist; d.h. die Differenz}$$

$f(\mathbf{x}_0+\mathbf{h}) - f(\mathbf{x}_0)$ kann in einer hinreichend kleinen Umgebung von $\mathbf{x}_0$ durch die lineare Funktion

$$df(\mathbf{x}_0, \mathbf{h}) = \sum_{i=1}^{n} f_i(\mathbf{x}_0) \cdot h_i$$

beliebig gut approximiert werden, wenn nur der Abstand $\|\mathbf{h}\|$ entsprechend klein gewählt ist. Ersetzen wir noch die $h_i$ analog zum eindimensionalen Fall durch $dx_i$ (Seite 135), so können wir das Differential $df(\mathbf{x}_0, \mathbf{h})$ in den meistens angewandten Formen schreiben:

$$\sum_{i=1}^{n} f_i(\mathbf{x}_0)\,dx_i \quad \text{oder} \quad \sum_{i=1}^{n} \frac{\partial f(\mathbf{x}_0)}{\partial x_i}\,dx_i.$$

Wenn keine Verwechslung zu befürchten ist, werden wir im folgenden für die lineare Funktion $df(\mathbf{x}_0, \mathbf{h})$ nur kurz $df(\mathbf{x}_0)$ schreiben.

In Kap. 7 und 8 haben wir konvexe Mengen bzw. konvexe (konkave) Funktionen kennengelernt. Zum Nachweis der Konvexität von Funktionen eignet sich das folgende Kriterium unter Verwendung des Differentials:

> **Satz 5**: Es sei $f: \mathbb{R}^n \to \mathbb{R}$ eine differenzierbare Funktion auf einer konvexen Menge M. Dann ist f auf M dann und nur dann konvex, wenn gilt: $f(\mathbf{x}) \geqslant f(\mathbf{x}_0) + df(\mathbf{x}_0, \mathbf{x}-\mathbf{x}_0)$ für alle $\mathbf{x}, \mathbf{x}_0 \in M$. f ist dann und nur dann strikt konvex, wenn gilt:
> $f(\mathbf{x}) > f(\mathbf{x}_0) + df(\mathbf{x}_0, \mathbf{x}-\mathbf{x}_0)$ für alle $\mathbf{x}, \mathbf{x}_0 \in M$ mit $\mathbf{x} \neq \mathbf{x}_0$.

Beispiel für eine (strikt) konvexe Funktion $f: \mathbb{R} \to \mathbb{R}$

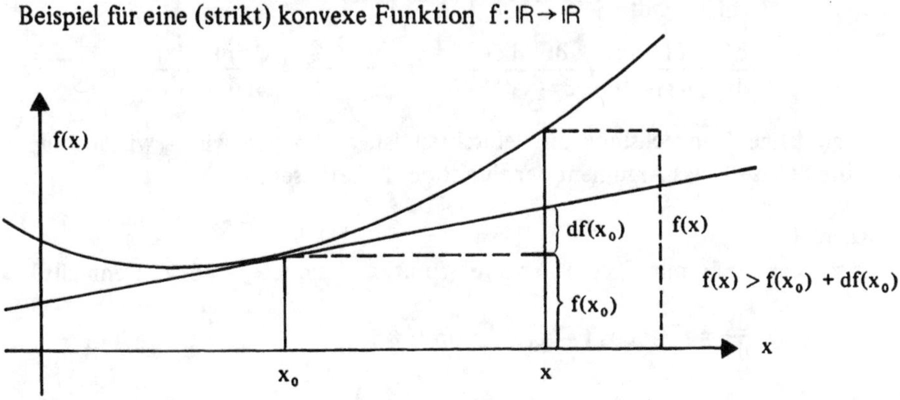


*Abb. 10.6*

Die Zeichnung verdeutlicht, daß also der Graph einer konvexen Funktion f stets „oberhalb“ aller Tangenten in jedem Punkt $(x_0, f(x_0))$ verläuft.

Für konkave (strikt konkave) Funktionen läßt sich ganz analog ein notwendiges und hinreichendes Kriterium formulieren, wenn wir nur in obigem Satz das „$>$“ Zeichen durch das „$<$“ ersetzen.

## 10.4 Kettenregel

Analog dem eindimensionalen Fall formulieren wir noch die Kettenregel für Funktionen mehrerer Variabler.

Gegeben ist die Funktion $f(x_1, x_2, \ldots, x_n)$, und jede der Variablen $x_1, x_2, \ldots, x_n$ sei ihrerseits eine Funktion einer Veränderlichen t mit $a \leqslant t \leqslant b$, also*

$$x_1 = \varphi^{(1)}(t), x_2 = \varphi^{(2)}(t), \ldots, x_n = \varphi^{(n)}(t).$$

Weiterhin möge für alle t mit $a \leqslant t \leqslant b$ gelten:

$$(x_1, x_2, \ldots, x_n) \in D_f.$$

Wir erhalten die mittelbare (zusammengesetzte) Funktion:

$$f(\varphi^{(1)}(t), \varphi^{(2)}(t), \ldots, \varphi^{(n)}(t)).$$

Dann lautet die Kettenregel:

Hat die Funktion f stetige partielle Ableitungen $\frac{\partial f(t)}{\partial x_i}$, $i=1, \ldots, n$ und existieren die Ableitungen

$$\frac{dx_i}{dt} = \frac{d\varphi^{(i)}(t)}{dt}, i=1, \ldots, n, \text{ so gilt:}$$

$$\frac{df}{dt} = \frac{\partial f}{\partial x_1}\frac{dx_1}{dt} + \frac{\partial f}{\partial x_2}\frac{dx_2}{dt} + \ldots + \frac{\partial f}{\partial x_n}\frac{dx_n}{dt} = \sum_{i=1}^{n} \frac{\partial f}{\partial x_i}\frac{dx_i}{dt}.$$

Wenn keine Verwechslung zu befürchten ist, so können wir – wie in obiger Schreibweise – das Argument der Funktion f fortlassen.

**Beispiel 8:**

Es sei $f: \mathbb{R}^2 \to \mathbb{R}$ mit $f(x_1, x_2) = x_1 e^{x_2}$ mit $x_1 = \sin t, x_2 = \cos t$. Dann gilt:

$$\frac{df}{dt} = e^{x_2} \cdot \cos t - x_1 e^{x_2} \cdot \sin t. \bullet$$

* Man beachte, daß $\varphi^{(i)}(t)$ hier nicht die i-te Abteilung von $\varphi$ nach t bedeutet.

Sind nun die Variablen $x_1, x_2, \ldots, x_n$ nicht von einer Veränderlichen t, sondern von m Variablen $t_1, t_2, \ldots, t_m$ abhängig, d.h.

$$\begin{aligned} x_1 &= \varphi^{(1)}(t_1, t_2, \ldots, t_m) \\ x_2 &= \varphi^{(2)}(t_1, t_2, \ldots, t_m) \\ &\vdots \\ x_n &= \varphi^{(n)}(t_1, t_2, \ldots, t_m) \end{aligned}$$

und sind wie für den Fall einer Variablen t entsprechende Voraussetzungen erfüllt, dann gilt:

$$\frac{\partial f}{\partial t_j} = \frac{\partial f}{\partial x_1}\frac{\partial x_1}{\partial t_j} + \frac{\partial f}{\partial x_2}\frac{\partial x_2}{\partial t_j} + \ldots + \frac{\partial f}{\partial x_n}\frac{\partial x_n}{\partial t_j} = \sum_{i=1}^{n} \frac{\partial f}{\partial x_i}\frac{\partial x_i}{\partial t_j}, j = 1, \ldots, m.$$

**Beispiel 9:**
Sei $f: \mathbb{R}^2 \to \mathbb{R}$ mit $f(x_1, x_2) = x_1^2 + x_2^2$ und

$$\begin{aligned} x_1 &= \varphi^{(1)}(r, \alpha) = r \cdot \cos \alpha \\ x_2 &= \varphi^{(2)}(r, \alpha) = r \cdot \sin \alpha. \end{aligned}$$

Dann gilt:

$$\frac{\partial f}{\partial r} = \frac{\partial f}{\partial x_1}\frac{\partial x_1}{\partial r} + \frac{\partial f}{\partial x_2}\frac{\partial x_2}{\partial r} = 2x_1 \cos \alpha + 2x_2 \sin \alpha =$$
$$= 2r \cos^2 \alpha + 2r \sin^2 \alpha = 2r$$

und

$$\frac{\partial f}{\partial \alpha} = \frac{\partial f}{\partial x_1}\frac{\partial x_1}{\partial \alpha} + \frac{\partial f}{\partial x_2}\frac{\partial x_2}{\partial \alpha} = 2x_1(-r \sin \alpha) + 2x_2(r \cos \alpha) =$$
$$= -2r^2 \cos \alpha \cdot \sin \alpha + 2r^2 \cos \alpha \cdot \sin \alpha = 0. \bullet$$

## 10.5 Partielle Ableitungen höherer Ordnung

Die Funktionen $f_1(\mathbf{x}), f_2(\mathbf{x}), \ldots, f_n(\mathbf{x})$ heißen auch partielle Ableitungen erster Ordnung.
Ist nun die Funktion $f_i$ nach der j-ten Variablen $x_j$ partiell differenzierbar, so nennen wir diese Ableitung eine partielle Ableitung 2. Ordnung. Sie wird geschrieben:

$$f_{ij}(\mathbf{x}) \text{ oder } \frac{\partial^2 f(\mathbf{x})}{\partial x_i \partial x_j}.$$

**Beispiel 10:**
$f: \mathbb{R}^3 \to \mathbb{R}$ mit:

$$f(x_1, x_2, x_3) = x_1^2 + x_1 x_3^2 + x_2^2 x_3^4$$

$$f_1(\mathbf{x}) = \frac{\partial f(\mathbf{x})}{\partial x_1} = 2x_1 + x_3^2, \qquad f_{13}(\mathbf{x}) = \frac{\partial^2 f(\mathbf{x})}{\partial x_1 \partial x_3} = 2x_3 . \bullet$$

Analog definieren wir die partiellen Ableitungen k-ter Ordnung, k=3,4, . . .
Die partiellen Ableitungen höherer Ordnung nach verschiedenen Variablen, z.B.*

$$\frac{\partial^2 f}{\partial x_1 \partial x_3}, \frac{\partial^3 f}{\partial x_1 \partial x_2 \partial x_3}, \frac{\partial^4 f}{\partial x_1 \partial x_2 \partial x_3^2}$$

werden als gemischte partielle Ableitungen bezeichnet.
Die Reihenfolge der partiellen Differentiation ist dabei zu beachten.
Die gemischten Ableitungen

$$\frac{\partial^2 f}{\partial x_i \partial x_j} \text{ und } \frac{\partial^2 f}{\partial x_j \partial x_i},$$

die nach denselben Variablen, aber in verschiedener Reihenfolge gebildet werden, müssen nämlich nicht unbedingt übereinstimmen, wie das folgende Beispiel zeigt:

**Beispiel 11:**
Die Funktion $f: \mathbb{R}^2 \to \mathbb{R}$ mit

$$f(x_1, x_2) = \begin{cases} x_1 x_2 \cdot \dfrac{x_1^2 - x_2^2}{x_1^2 + x_2^2} & \text{für } (x_1, x_2) \neq (0,0) \\ 0 & \text{für } (x_1, x_2) = (0,0) \end{cases}$$

hat partielle Ableitungen 2. Ordnung, und es gilt für alle $(x_1, x_2)$:

$$\frac{\partial f}{\partial x_1}(0, x_2) = -x_2 \text{ und } \frac{\partial f}{\partial x_2}(x_1, 0) = x_1$$

und damit:

$$\frac{\partial^2 f}{\partial x_1 \partial x_2}(0,0) = -1 \neq \frac{\partial^2 f}{\partial x_2 \partial x_1}(0,0) = 1. \bullet$$

* Für $\partial x_i \partial x_i$ schreibt man auch $\partial x_i^2$.

Es gilt aber:

> **Satz 6**: Existieren alle Ableitungen k-ter Ordnung für eine Funktion f und sind diese stetig, dann kommt es nicht auf die Reihenfolge an, in der diese partiellen Ableitungen gebildet werden.

**Beispiel 12**:
$f: \mathbb{R}^3 \to \mathbb{R}$ mit:

$$f(x_1, x_2, x_3) = x_1^2 + x_1 x_3^2 + x_2^2 x_3^4.$$

Alle partiellen Ableitungen zweiter Ordnung existieren und sind stetig. Es gilt:

$$\frac{\partial^2 f}{\partial x_1 \partial x_3} = \frac{\partial^2 f}{\partial x_3 \partial x_1} = 2x_3. \bullet$$

Im Beispiel 11 können also die partiellen Ableitungen zweiter Ordnung im Punkt $\mathbf{x}_0 = (0,0)$ nicht stetig sein!

Abschließend führen wir noch die Matrix $\mathbf{M}$ der partiellen Ableitungen zweiter Ordnung einer Funktion f im Punkt $\mathbf{x}_0$ ein.

$$\mathbf{M} = \begin{pmatrix} f_{11}(\mathbf{x}_0) \ldots f_{1n}(\mathbf{x}0 \\ \\ f_{n1}(\mathbf{x}_0) \ldots f_{nn}(\mathbf{x}_0) \end{pmatrix}$$

Diese Matrix heißt *Hessesche* Matrix und bekommt eine besondere Bedeutung im Zusammenhang mit der Bestimmung von Extremwerten von Funktionen. Setzen wir voraus, daß obige partielle Ableitungen stetig sind, so gilt nach Satz 6:

$$f_{ij}(\mathbf{x}_0) = f_{ji}(\mathbf{x}_0) \quad \text{für alle } i, j = 1, \ldots, n,$$

d.h. die Hessesche Matrix ist symmetrisch.

## 10.6 Aufgaben

1. Bestimme (über den Limes des Differenzenquotienten) die Ableitungen folgender Funktionen an den angegebenen Stellen:
   (a) $f: \mathbb{R} \to \mathbb{R}$ mit $f(x) = x$ für beliebiges $x_0$
   (b) $f: \mathbb{R}^+ \to \mathbb{R}$ mit $f(x) = \sqrt{x}$ in $x_0 = 1$
   (c) $f: \mathbb{R} \to \mathbb{R}$ mit $f(x) = x^3$ in $x_0 = 0$.

2. Prüfe, ob die folgende Funktion an den Stellen $x_0 = 0, x_1 = 1$ und $x_2 = 2$ stetig bzw. differenzierbar ist:

$$f: \mathbb{R} \to \mathbb{R} \text{ mit } f(x) = \begin{cases} x^3 & \text{für } x \leqslant 0 \\ x^2 & \text{für } 0 < x \geqslant 1 \\ 2 & \text{für } 1 < x \leqslant 2 \\ x & \text{für } 2 < x \end{cases}$$

Graphische Veranschaulichung!

3. Leite folgende Funktionen formal zweimal ab (siehe Zusammenstellung der Ableitungsregeln in 10.1):
(a) $f(x) = 3x^4 - \sqrt{x} + 7 \qquad x > 0$
(b) $f(x) = x^2 \ln x - 4\,e^{2x} + x \qquad x > 0$
(c) $f(x) = \dfrac{\sin x + x}{\cos x} \qquad \cos x \neq 0$
(d) $f(x) = \ln x^2 + \sin x^3 + (x^3+1)^2, \quad x \neq 0$

4. Zeige, daß die Funktion $f: \mathbb{R} \to \mathbb{R}$ mit $f(x) = x\,|x|$ in $x_0 = 0$ *einmal* aber *nicht zweimal* differenzierbar ist!

5. In welchen Intervallen liegen die Nullstellen der Ableitung von $f: \mathbb{R} \to \mathbb{R}$ mit $f(x) = (x+1)(x-1)(x-4)(x-6)$?
Beantworte diese Frage *ohne* Berechnung von $f'(x)$.
(*Hinweis:* Satz von Rolle!)

6. Zeige:
(a) Ist $f$ in $[a,b]$ differenzierbar und gilt dort $f'(x) = 0$ für alle $x \in [a,b]$, dann ist $f(x) = \text{const.}$
(b) Sei $f$ differenzierbar in $[a,b]$. Dann ist $f$ genau dann monoton wachsend (fallend), wenn $f'(x) \geqslant 0$ $(f'(x) \leqslant 0)$ ist für alle $x \in [a,b]$.

7. Gegeben sei $f: \mathbb{R}^3 \to \mathbb{R}$ mit

$$f(x_1, x_2, x_3) = x_2 \sin^2 x_1 - e^{x_2 x_3} + x_1 \cos^2 x_3 .$$

(a) Bestimme das Differential in $\mathbf{x}_0 = (1,0,-1)$.
(b) Überprüfe $f_{ij} = f_{ji}$ für $1 \leqslant i,j \leqslant 3$.
(c) Zeige: $f_{ijk} = 0$, wenn $i,j,k$ verschieden sind.

8. Es sei $\mathbf{M}_b$ die Menge aller beschränkten, $\mathbf{M}_m$ die aller monotonen, $\mathbf{M}_s$ die aller stetigen und $\mathbf{M}_d$ die aller differenzierbaren Funktionen auf $[a,b]$. Prüfe folgende Aussagen:
(a) $\mathbf{M}_b \subseteq \mathbf{M}_m$
(b) $\mathbf{M}_d \subset \mathbf{M}_s$
(c) $\mathbf{M}_d \supseteq \mathbf{M}_b$
(d) $\mathbf{M}_b \supset \mathbf{M}_s$

9. Bestimme über den Limes des Differenzenquotienten die partielle Ableitung $f_2$ von $f: \mathbb{R}^2 \to \mathbb{R}$ mit $f(x_1, x_2) = x_1 x_2^2 + 1$.

10. Gegeben sei $f: \mathbb{R}^3 \to \mathbb{R}$ mit

$$f(x_1, x_2, x_3) = e^{-x_1}(\sin x_2 + \cos x_3).$$

Zeige: $f_{22} + f_{33} = f_1$.

# 11. Anwendungen der Differentialrechnung

In diesem Kapitel sollen einige Anwendungen der bisher dargestellten Theorie der Differenzierbarkeit reeller Funktionen gebracht werden. Dabei kommt dem Abschnitt über Extrema von Funktionen eine besondere Bedeutung zu.

## 11.1 Regel von l'Hospital für Funktionen einer Variablen

In Abschnitt 9.1 haben wir uns mit dem Grenzwert von Funktionen beschäftigt: A heißt Grenzwert der Funktion f bei Annäherung $x \to x_0$, wenn für alle gegen $x_0$ konvergierenden Folgen $x_n$ gilt:

$$\lim_{n\to\infty} f(x_n) = A \quad \text{oder in äquivalenter Schreibweise:}$$
$$\lim_{x\to x_0} f(x) = A.$$

Dieses Konzept des Grenzwertes einer Funktion haben wir dann in Abschnitt 9.4 im Zusammenhang mit der Stetigkeit von Funktionen auf Produkt, Quotient, Summe und Differenz von Funktionen übertragen.

Betrachten wir nun zwei Funktionen f und g. Bei der Bestimmung von $\lim\limits_{x\to x_0}\frac{f(x)}{g(x)}$, $\lim\limits_{x\to x_0}(f(x)\cdot g(x))$ oder $\lim\limits_{x\to x_0}(f(x)-g(x))$ können zunächst unbestimmte Ausdrücke der Form $\frac{0}{0}, \frac{\infty}{\infty}, 0\cdot\infty, \infty-\infty$ usw. auftreten, wenn man das Verhalten von f und g getrennt für $x\to x_0$ untersucht. Bevor wir mit dem nachstehenden Satz eine Regel angeben, wie wir über die Ableitungen von f und g solche unbestimmten Ausdrücke „auswerten" können, betrachten wir zur Veranschaulichung folgende vier Beispiele:

**Beispiel 1:**

$$f(x) = \sin x,\ g(x) = x,\ x_0 = 0$$
$$\lim_{x\to x_0}\frac{f(x)}{g(x)} = \lim_{x\to 0}\frac{\sin x}{x} = \frac{0}{0} = ?\ \bullet$$

**Beispiel 2:**

$$f(x) = \ln x,\ g(x) = x^n,\ x_0 = \infty\quad (x>0)$$
$$\lim_{x\to x_0}\frac{f(x)}{g(x)} = \lim_{x\to\infty}\frac{\ln x}{x^n} = \frac{\infty}{\infty} = ?\ \bullet$$

**Beispiel 3:**

$$f(x) = x^n,\ g(x) = -\ln x,\ x_0 = 0 \quad (x>0)$$

$$\lim_{x\to x_0} (f(x) \cdot g(x)) = \lim_{x\to 0} x^n(-\ln x) = 0 \cdot \infty = ?\ \bullet$$

**Beispiel 4:**

$$f(x) = \frac{1}{\sin x},\ g(x) = \frac{1}{x},\ x_0 = 0$$

$$\lim_{x\to x_0} (f(x) - g(x)) = \lim_{x\to 0} \left(\frac{1}{\sin x} - \frac{1}{x}\right) = \infty - \infty = ?\ \bullet$$

Wie wir noch sehen werden, können wir uns auf die Behandlung der Fälle $\frac{0}{0}$ bzw. $\frac{\infty}{\infty}$ beschränken.

**Satz 1:** Es sei $x_0 \in \mathbb{R} \cup \{-\infty, \infty\}$. Aus

(i) $\lim\limits_{x\to x_0} f(x) = \lim\limits_{x\to x_0} g(x) = 0$ oder
$\lim\limits_{x\to x_0} f(x) = \lim\limits_{x\to x_0} g(x) = \infty$

(ii) $g'(x) \neq 0$ für alle $x \neq x_0$ aus einer Umgebung von $x_0$

(iii) $\lim\limits_{x\to x_0} \frac{f'(x)}{g'(x)} = a,\ a \in \mathbb{R} \cup \{-\infty, \infty\}$ folgt:

$$\lim_{x\to x_0} \frac{f(x)}{g(x)} = a.$$

Auf den Beweis dieses Satzes, der als Regel von l'Hospital bezeichnet wird, wollen wir verzichten. Wir könnten also den Grenzwert von $\frac{f(x)}{g(x)}$ über den Grenzwert des Quotienten der Ableitungen von $f$ und $g$ (getrenntes Differenzieren!) bestimmen, was sich oftmals als recht einfach erweist.

**Beispiel 1:**

$$f(x) = \sin x,\ g(x) = x,\ f'(x) = \cos x,\ g'(x) = 1, \text{ d.h.}$$

$$\lim_{x\to 0} \frac{\sin x}{x} = \lim_{x\to 0} \frac{\cos x}{1} = 1.\ \bullet$$

**Beispiel 2:**

Für $x > 0$:

$$\lim_{x\to\infty} \frac{\ln x}{x^n} = \lim_{x\to\infty} \frac{\frac{1}{x}}{nx^{n-1}} = \lim_{x\to\infty} \frac{1}{nx^n} = 0.\ \bullet$$

Unbestimmte Ausdrücke der Form $0 \cdot \infty, \infty - \infty$ wie in den Beispielen 3 bzw. 4 können durch geeignete Umformungen auf die Form $\frac{0}{0}$ oder $\frac{\infty}{\infty}$ gebracht werden und damit über Satz 1 ausgewertet werden:

Es sei $\lim\limits_{x \to x_0} f(x) = 0, \lim\limits_{x \to x_0} g(x) = \infty$.

Dann ist: $f(x) \cdot g(x) = \dfrac{f(x)}{\frac{1}{g(x)}} = \dfrac{g(x)}{\frac{1}{f(x)}}$.

Der erste dieser Quotienten ist für $x \to x_0$ ein unbestimmter Ausdruck der Form $\frac{0}{0}$, der zweite von der Form $\frac{\infty}{\infty}$.

**Beispiel 3:**

$$f(x) = x^n,\ g(x) = -\ln x,\ f(x) \cdot g(x) = \frac{g(x)}{\frac{1}{f(x)}} = \frac{-\ln x}{x^{-n}} \quad (x>0),$$

d.h. $$\lim_{x \to 0} x^n(-\ln x) = \lim_{x \to 0} \frac{-\ln x}{x^{-n}} = \lim_{x \to 0} \frac{-\frac{1}{x}}{-nx^{-n-1}}$$

$$= \lim_{x \to 0} \frac{x^n}{n} = 0. \bullet$$

Es seien $\lim\limits_{x \to x_0} f(x) = \infty,\ \lim\limits_{x \to x_0} g(x) = \infty$.

Dann ist: $$f(x) - g(x) = \frac{1}{\frac{1}{f(x)}} - \frac{1}{\frac{1}{g(x)}} = \frac{\frac{1}{g(x)} - \frac{1}{f(x)}}{\frac{1}{f(x)} \cdot \frac{1}{g(x)}}.$$

Für $x \to x_0$ ist also $f(x) - g(x)$ ein Ausdruck der Form $\frac{0}{0}$.

**Beispiel 4:**

$$f(x) = \frac{1}{\sin x},\ g(x) = \frac{1}{x},\ f(x) - g(x) = \frac{x - \sin x}{x \cdot \sin x}, \text{ d.h.}$$

$$\lim_{x \to 0} \left(\frac{1}{\sin x} - \frac{1}{x}\right) = \lim_{x \to 0} \frac{x - \sin x}{x \cdot \sin x} = \lim_{x \to 0} \frac{1 - \cos x}{\sin x + x \cos x}.$$

Für $x \to 0$ ist auch dieser Ausdruck noch von der Form $\frac{0}{0}$. Nochmalige Anwendung von Satz 1 (d.h. Bildung der zweiten Ableitungen von $f$ und $g$) führt zu:

$$\lim_{x\to 0} \frac{1-\cos x}{\sin x + x\cos x} = \lim_{x\to 0} \frac{\sin x}{2\cos x - x\sin x} = 0,$$

$$\text{d.h.} \lim_{x\to 0}\left(\frac{1}{\sin x} - \frac{1}{x}\right) = 0 \,.\bullet$$

Das obige Beispiel verdeutlicht, daß $\frac{f'(x)}{g'(x)}$ für $x\to x_0$ noch ein unbestimmter Ausdruck der Form $\frac{0}{0}, \frac{\infty}{\infty}$ usw. sein kann. Dann führt häufig eine wiederholte Anwendung der Regel von l'Hospital, d.h. die Betrachtung der Ableitungen höherer Ordnung von $f$ und $g$ zum Ziel.

**Beispiel 5:**

$$\lim_{x\to 0} \frac{2x + e^{-x} - e^{x}}{\sin x - x} = ?$$

| | | | |
|---|---|---|---|
| $f(x) = 2x + e^{-x} - e^{x}$, | $f(0) = 0$, | $g(x) = \sin x - x$, | $g(x) = 0$ |
| $f'(x) = 2 - e^{-x} - e^{x}$, | $f'(0) = 0$, | $g'(x) = \cos x - 1$, | $g'(0) = 0$ |
| $f''(x) = e^{-x} - e^{x}$, | $f''(x) = 0$, | $g''(x) = \sin x$, | $g''(0) = 0$ |
| $f'''(x) = -e^{-x} - e^{x}$, | $f'''(0) = -2$, | $g'''(x) = -\cos x$, | $g'''(0) = -1$ |

$$\text{d.h.} \quad \lim_{x\to 0} \frac{2x + e^{-x} - e^{-x}}{\sin x - x} = \lim_{x\to 0} \frac{-e^{-x} - e^{-x}}{-\cos x} = \frac{-2}{-1} = 2 \,.\bullet$$

Wir wollen noch auf unbestimmte Ausdrücke der Form $1^{\infty}, 0^{0}, \infty^{0}$ eingehen. Es sei $h(x) = (f(x))^{g(x)}$ und damit:

$$\ln h(x) = g(x) \ln f(x) \,.$$

Für die obigen 3 Fälle stellt der Grenzwert von $\ln h(x)$ einen unbestimmten Ausdruck der bereits untersuchten Form $0 \cdot \infty$ dar. Kann nun nach Satz 1 (u.U. durch wiederholte Anwendung) der Grenzwert von $\ln h(x)$ bestimmt werden und sei dieser gleich $k$, so gilt: $\lim_{x\to x_0} h(x) = e^{k}$.

**Beispiel 6:**

$f(x) = \frac{1}{x}$, $g(x) = x$, $h(x) = \left(\frac{1}{x}\right)^{x}$, $\lim_{x\to 0}\left(\frac{1}{x}\right)^{x}$ ist ein unbestimmter Ausdruck der Form $\infty^{0}$ $(x>0)$.

Dann ist:

$\ln h(x) = x \ln \frac{1}{x} = x(-\ln x)$ und $\lim_{x\to 0} \ln h(x) = 0$ (siehe Beispiel 3).

Es folgt:

$$\lim_{x\to 0}\left(\frac{1}{x}\right)^x = e^0 = 1 . \bullet$$

Abschließend seien noch zwei Bemerkungen zu Satz 1 gemacht:

1. Ist $\lim\limits_{x\to 0} f(x) = \lim\limits_{x\to 0} g(x) = 0$ oder gleich $\infty$, so muß nicht unbedingt $\lim\limits_{x\to 0}\dfrac{f(x)}{g(x)}$ existieren. Wesentlich ist die *zusätzliche* Voraussetzung, daß $\lim\limits_{x\to 0}\dfrac{f'(x)}{g'(x)}$ existiert.

**Beispiel 7:**

$$f(x) = \frac{\sin x}{x} \quad g(x) = \frac{1}{x}, \text{ d.h.}$$

$$\lim_{x\to\infty}\frac{\sin x}{x} = \lim_{x\to\infty}\frac{1}{x} = 0, \text{ aber}$$

$$\lim_{x\to\infty}\frac{\frac{\sin x}{x}}{\frac{1}{x}} = \lim_{x\to\infty} \sin x \text{ existiert nicht.}$$

Der Leser überprüfe, daß auch $\lim\limits_{x\to\infty}\dfrac{f'(x)}{g'(x)}$ nicht existiert. ●

2. Die Voraussetzung, daß $\lim\limits_{x\to x_0}\dfrac{f'(x)}{g'(x)}$ existiert, ist eine *hinreichende* aber keine *notwendige* Bedingung für die Existenz von $\lim\limits_{x\to x_0}\dfrac{f(x)}{g(x)}$, d.h. aus der Existenz von $\lim\limits_{x\to x_0}\dfrac{f(x)}{g(x)}$ folgt nicht generell die von $\lim\limits_{x\to x_0}\dfrac{f'(x)}{g'(x)}$.

**Beispiel 8:**

$f(x) = x + \cos x,\ g(x) = x,\ f'(x) = 1 - \sin x,\ g'(x) = 1$, d.h.

$\lim\limits_{x\to\infty}\dfrac{x+\cos x}{x} = \lim\limits_{x\to\infty}\left(1 + \dfrac{\cos x}{x}\right) = 1$, aber $\lim\limits_{x\to\infty}\dfrac{1-\sin x}{1}$ existiert nicht. ●

## 11.2 Approximation von Funktionen (Taylorreihen)

### 11.2.1 Vorbemerkung

Die Taylorentwicklung reeller Funktionen hat den Zweck, eine reelle Funktion in Form einer unendlichen Reihe zu schreiben, deren Partialsummen ganze rationale Funktionen darstellen. Diese ganzen rationalen Funktionen können bei

Konvergenz der Taylorreihe als Approximationen (Annäherungen) der gegebenen Funktion benutzt werden, was in der Praxis sehr häufig geschieht.

Ehe wir mit der analytischen (formelmäßigen) Darstellung der Taylorentwicklung beginnen, wollen wir uns eine anschauliche Vorstellung davon machen.

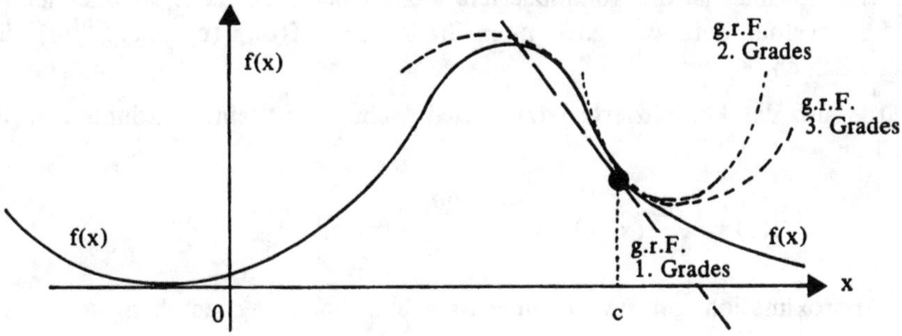


*Abb. 11.1*

In der Abb. ist der Graph der Funktion $f(x)$ durch die durchgezogene Linie dargestellt. Zur Approximation von $f(x)$ an der Stelle $x = c$ wurden eine lineare, eine quadratische und eine kubische ganze rationale Funktion (g.r.F.) verwendet. Ihre Graphen sind eine Gerade, eine Parabel und eine kubische Parabel. Wie man sieht, nimmt die „Güte" der Approximation mit steigendem Grad der g.r.F. zu. Alle benutzten g.r.F. stimmen an der Stelle $x = c$ mit $f(x)$ überein, unterscheiden sich aber für $x \neq c$ davon. Die g.r.F. dritten Grades liefert in der Abb. wohl die beste Approximation, denn ihre Funktionswerte stimmen in einem relativ großen Intervall um $x = c$ mit $f(x)$ am besten überein.

Wegen der einfachen numerischen Bestimmung von Funktionswerten bei g.r.F. ist man in der Praxis sehr an einer Approximation komplizierter Funktionen durch g.r.F. interessiert. Diesen Aspekt der Taylorreihen, der allerdings ihre Bedeutung nicht allein ausmacht, werden wir besonders verfolgen.

### 11.2.2 Der Satz von Taylor

Der folgende Satz von Taylor stellt einen wichtigen Schritt zu dem in 11.2.1 geschilderten Ziel dar, eine Funktion zu approximieren.

> **Satz 2**: Ist $f(x)$ in $D_f = [a,b]$ mindestens $(n+1)$ mal differenzierbar und $c \in D_f$, dann gibt es immer ein passendes $\theta \in (0,1)$, so daß folgende Gleichung gilt:

$$(1)\quad f(x) = f(c) + \frac{f'(c)}{1!}(x-c) + \frac{f''(c)}{2!}(x-c)^2 + \ldots + \frac{f^{(n)}(c)}{n!}(x-c)^n + \frac{f^{(n+1)}[c+\theta(x-c)]}{(n+1)!}(x-c)^{n+1}.$$

Lassen wir zunächst das kompliziertere letzte Glied außer acht, so erkennen wir auf der rechten Seite eine g.r.F. n-ten Grades, denn $f(c), f'(c), \ldots, f^{(n)}(c)$ sind reelle Zahlen.

Würde also das komplizierte letzte Glied „sehr klein" sein, so könnte man die g.r.F.

$$f(c) + \frac{f'(c)}{1!}(x-c) + \ldots + \frac{f^{(n)}(c)}{n!}(x-c)^n$$

als Approximation von $f(x)$ in einer Umgebung von $x = c$ ansehen.

**Beispiel 9:**

$$f(x) = \sin x$$

Hier ist $D_f = \mathbb{R}$, und $f(x)$ hat Ableitungen beliebiger Ordnung. Die Voraussetzungen des Taylorschen Satzes sind also erfüllt. Wählen wir speziell $c = 0$, dann ergibt sich

$$\sin x = x - \frac{x^3}{3!} + \frac{x^5}{5!} - \frac{x^7}{7!} - \frac{\sin(\theta x)}{8!}x^8 \quad \text{für } n = 7.$$

Diese Gleichung folgt aus (1) wegen

$$f(0) = f''(0) = f^{(4)}(0) = f^{(6)}(0) = 0 \text{ und}$$
$$f'(0) = 1, f'''(0) = -1, f^{(5)}(0) = 1, f^{(7)}(0) = -1.$$

Der Leser überschlage die Größenordnung des letzten Summanden für $x = \frac{\pi}{2}$, wobei $0 < \theta < 1$ zu beachten ist. ●

**Beispiel 10:**

$$f(x) = e^x$$

$D_f = \mathbb{R}$, und $f(x)$ besitzt Ableitungen beliebiger Ordnung. Für $c = 0$ gilt nach dem Taylorschen Satz mit $n = 4$:

$$e^x = 1 + \frac{x^1}{1!} + \frac{x^2}{2!} + \frac{x^3}{3!} + \frac{x^4}{4!} + \frac{e^{\theta x}}{5!}x^5.$$

Wie groß ist $\frac{e^{\theta x}}{5!} x^5$ ungefähr bei $x = 1$ (benutze $e \approx 2{,}7$)? Wie groß ist die Summe ohne dieses Glied? •

**Beispiel 11:**

$$f(x) = x^3 + 4x^2 + 3x - 2$$

$D_f = \mathbb{R}$, und $f(x)$ besitzt Ableitungen beliebiger Ordnung, allerdings sind diese für $n \geqslant 4$ sämtlich gleich Null. Wählt man also $n = 4$, so verschwindet das Restglied identisch (d.h. für alle Werte von $x$), und man erhält für $c = 0$ die triviale Gleichung

$$x^3 + 4x^2 + 3x - 2 = x^3 + 4x^2 + 3x - 2 \,. \bullet$$

### 11.2.3 Taylorreihe und Restglied

Man kann Formel (1) auch in der Form

$$(2) \qquad f(x) = \sum_{i=0}^{n} \frac{f^{(i)}(c)}{i!}(x-c)^i + \frac{f^{(n+1)}[c+\theta\cdot(x-c)]}{(n+1)!}(x-c)^{n+1}$$

oder

$$(3) \qquad f(x) - \sum_{i=0}^{n} \frac{f^{(i)}(c)}{i!}(x-c)^i = \frac{f^{(n+1)}[c+\theta(x-c)]}{(n+1)!}(x-c)^{n+1}$$

schreiben. Die links stehende Differenz gibt an, wie groß der Unterschied zwischen dem „wahren" Funktionswert $f(x)$ und dem „approximativen" ist, wenn für die Approximation die g.r.F. n-ten Grades

$$\sum_{i=0}^{n} \frac{f^{(i)}(c)}{i!}(x-c)^i$$

benutzt wird. Diese in (3) links stehende Differenz heißt Restglied. Es wird mit $R_n(x)$ bezeichnet:

$$(4) \qquad R_n(x) = f(x) - \sum_{i=0}^{n} \frac{f^{(i)}(c)}{i!}(x-c)^i.$$

In (3) ist bereits eine geschlossene Darstellung für das Restglied gegeben, die zur Berechnung von $R_n(x)$ dienen kann. Diese Form des Restglieds stammt von Lagrange:

$$(5) \qquad R_n(x) = \frac{f^{(n+1)}[c+\theta\cdot(x-c)]}{(n+1)!}(x-c)^{n+1};\ \theta \in (0,1).$$

Man beachte, daß im Satz von Taylor nur die Existenz eines passenden $\theta \in (0,1)$ gesichert ist. $\theta$ ist aber von $x$ und $n$ abhängig und auch bei bekannten $x$ und $n$ nur sehr schwer zu bestimmen. Insofern liefert (5) keine feste Zahl für das Restglied, sondern gestattet nur, den Wertebereich von $R_n(x)$ abzuschätzen, was aber allgemein ausreichend ist. Die Bedeutung des Restgliedes liegt einzig darin, daß es eine Abschätzung des „Fehlers" bzw. der Ungenauigkeit bei der im Anschluß an (3) geschilderten Approximation liefert. Sowohl in der Theorie als auch in der Rechenpraxis sind nur solche Fälle von Interesse, bei denen das Restglied mit $n \to \infty$ gegen Null konvergiert, d.h. Fälle, in denen gilt:

$$(6) \qquad \lim_{n\to\infty} R_n(x) = 0.$$

Diese Gleichung bedeutet, daß man den „Approximationsfehler" kleiner als jede positive Zahl machen kann, wenn man den Grad der zur Approximation benutzen g.r.F. genügend erhöht.

Besitzt die Funktion $f(x)$ Ableitungen beliebiger Ordnung, so geht die endliche Summe aus (3) bzw. (4) für $n \to \infty$ in die unendliche Reihe

$$(7) \qquad \sum_{i=0}^{\infty} \frac{f^{(i)}(c)}{i!}(x-c)^i$$

über. Diese Reihe heißt Taylorreihe von $f(x)$ an der Stelle $x = c$. Wir schreiben dafür das Symbol

$$(8) \qquad T_f(x) = \sum_{i=0}^{\infty} \frac{f^{(i)}(c)}{i!}(x-c)^i \; .$$

### 11.2.4 Eigenschaften der Taylorreihe $T_f(x)$

Am Schluß der Betrachtungen von 11.2.3 sind wir bei der Motivierung von (7) bzw. (8) (Übergang zur unendlichen Reihe) stillschweigend von der Gleichung

$$(6) \qquad \lim_{n\to\infty} R_n(x) = 0$$

ausgegangen. Das ist jedoch nur ein Spezialfall (allerdings der praktisch wichtigste). Man kann sich die Taylorreihe

$$T_f(x) = \sum_{i=0}^{\infty} \frac{f^{(i)}(c)}{i!}(x-c)^i$$

aber auch rein formal hinschreiben (sofern $f(x)$ Ableitungen beliebiger Ordnung besitzt), ohne überhaupt an das Restglied $R_n(x)$ zu denken. Es ergeben sich dann folgende Fragen:

1. Ist $T_f(x)$ konvergent?
2. Gilt im Falle der Konvergenz von $T_f$ auch $T_f(x) = f(x)$?

Für die Praxis sind insbesondere solche Fälle von Interesse, bei denen Frage 2. (und damit auch Frage 1., warum?) bejaht wird.

Am Beispiel der Funktion

$$f(x) = \begin{cases} e^{-\frac{1}{x^2}} & \text{für } x \neq 0 \\ 0 & \text{für } x = 0 \end{cases}$$

sieht man, daß zwar $T_f(x)$ konvergieren kann, aber dennoch $T_f(x) \neq f(x)$ gilt; denn $T_f(x)$ besteht für $c = 0$ nur aus Nullen und kann daher für $x \neq 0$ die Funktion $f(x)$ niemals darstellen. Die erste Frage ist also bei diesem Beispiel zu bejahen, die zweite zu verneinen. Wir lassen solche pathologischen Fälle außer Betracht und gehen nur noch Frage 2 nach.

### 11.2.5 Bedingungen für $T_f(x) = f(x)$

Aus

(4) $$R_n(x) = f(x) - \sum_{i=0}^{n} \frac{f^{(i)}(c)}{i!}(x-c)^i$$

sieht man sofort, daß die Äquivalenz

(9) $$T_f(x) = f(x) \Leftrightarrow \lim_{n\to\infty} R_n(x) = 0$$

erfüllt ist. Man braucht nur $\lim\limits_{n\to\infty}$ auf (4) anzuwenden und erhält

(10) $$\lim_{n\to\infty} R_n(x) = \lim_{n\to\infty}\left[f(x) - \sum_{i=0}^{n} \frac{f^{(i)}(c)}{i!}(x-c)^i\right] = f(x) - T_f(x),$$

aus der sich (9) unmittelbar ablesen läßt.

Also brauchen wir nur $\lim\limits_{n\to\infty} R_n(x) = 0$ nachzuweisen, um $T_f(x) = f(x)$ zu garantieren. Aus (9) folgt ebenso $T_f(x) \neq f(x)$ für $\lim\limits_{n\to\infty} R_n(x) \neq 0$.

In der Praxis kann man sich die Feststellung der Gleichung $\lim\limits_{n\to\infty} R_n(x) = 0$ häufig durch Anwendung des folgenden Satzes erleichtern.

> **Satz 3:** Genügt $f(x)$ den Bedingungen des Taylorschen Satzes und existiert eine positive Zahl $K$ derart, daß für alle $n \geqslant N$ und alle $x \in U_\delta(c)$ gilt* $|f^{(n+1)}(x)| \leqslant K$, dann gilt $\lim\limits_{n\to\infty} R_n(x) = 0$ und somit $T_f(x) = f(x)$ für alle $x \in U_\delta(c)$.

* Man sagt auch: $f(x)$ hat gleichmäßig beschränkte Ableitungen.

Beweis: Benutzen wir das Restglied in der Darstellung von Lagrange, dann gilt:

$$|R_n(x)| = \left|\frac{f^{(n+1)}[c+\theta(x-c)]}{(n+1)!}(x-c)^{n+1}\right| \leqslant K \left|\frac{(x-c)^{n+1}}{(n+1)!}\right| < \epsilon$$

für genügend großes $n$, denn

$$\frac{(x-c)^{n+1}}{(n+1)!}$$

ist das allgemeine Glied einer für alle $x \in \mathbb{R}$ konvergierenden unendlichen Reihe, deren Glieder notwendig eine Nullfolge bilden; also kann man für genügend großes $n$ stets

$$\left|\frac{(x-c)^{n+1}}{(n+1)!}\right| < \frac{\epsilon}{K}$$

erreichen, woraus die obige Ungleichung folgt. ●

Man beachte, daß Satz 3 nur hinreichend für $\lim R_n(x) = 0$ bzw. $T_f(x) = f(x)$ ist. Sind also die Bedingungen von Satz 3 nicht erfüllt, so darf man nicht auf $\lim R_n(x) \neq 0$ bzw. $T_f(x) \neq f(x)$ schließen.

Es gibt also Fälle, in denen man $\lim R_n(x) = 0$ direkt. d.h. ohne Satz 3 nachweisen muß. In vielen Fällen funktioniert jedoch Satz 3. Die bisher beschriebenen Zusammenhänge lassen sich übersichtlich in dem folgenden aussagenlogischen Diagramm zusammenfassen.

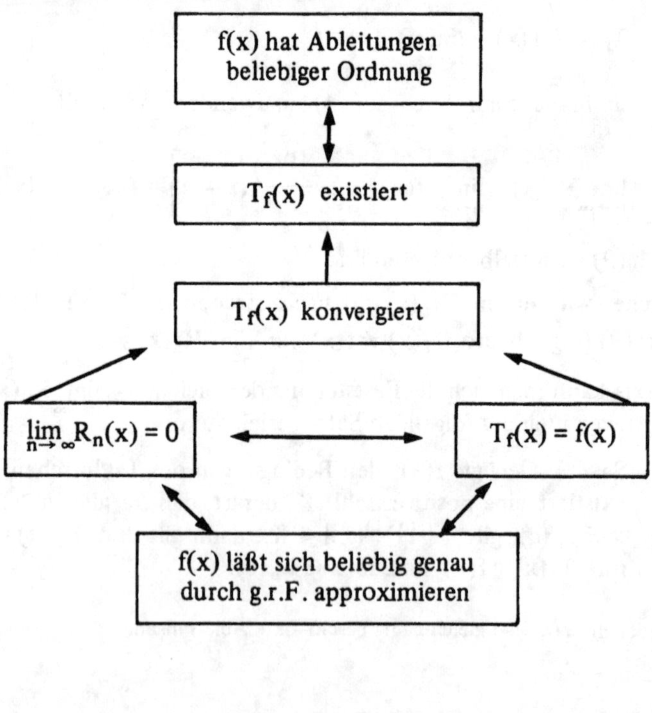


*Abb. 11.2*

Der Leser begründe die Implikationen des Diagramms und zeige insbesondere, warum die drei Implikationen nicht durch Äquivalenzen ($\Leftrightarrow$) ersetzt werden können.

**Beispiel 12:**
Es ist zu prüfen, ob sich die Funktion $f(x) = \sin x$ für alle $x \in \mathbb{R}$ beliebig genau durch eine g.r.F. approximieren läßt.

Lösung: Aus Abb. 2 folgt, daß geprüft werden muß, ob $\lim\limits_{n\to\infty} R_n(x) = 0$ gilt. Der direkte Nachweis dieser Gleichung verläuft folgendermaßen:

a) Setzen wir in

$$R_n(x) = \frac{f^{(n+1)}[c+\theta(x-c)]}{(n+1)!}(x-c)^{n+1} \qquad \text{zur Vereinfachung}$$

$c = 0$, so folgt für $f(x) = \sin x$

$$R_n(x) = \begin{cases} \pm \dfrac{\cos(\theta x)}{(n+1)!} \cdot x^{n+1} & \text{für } n \text{ gerade} \\[2ex] \pm \dfrac{\sin(\theta x)}{(n+1)!} \cdot x^{n+1} & \text{für } n \text{ ungerade.} \end{cases}$$

Wegen $|\cos\alpha| \leqslant 1$ und $|\sin\alpha| \leqslant 1$ folgt für genügend großes n

$$|R_n(x)| \leqslant \left|\frac{x^{n+1}}{(n+1)!}\right| < \epsilon\,,$$

da $\dfrac{x^{n+1}}{(n+1)!}$ Summanden der für alle $x \in \mathbb{R}$ konvergenten Reihe $\Sigma \dfrac{x^i}{i!}$ sind und deshalb selbst eine Nullfolge bilden, was durch $|R_n(x)| < \epsilon$ gerade ausgedrückt wird.

b) Man kann den direkten Nachweis von $\lim\limits_{n\to\infty} R_n(x) = 0$ umgehen, weil in diesem Falle Satz 3 anwendbar ist.

f(x) erfült die Voraussetzung des Satzes von Taylor und hat für alle $x \in \mathbb{R}$ gleichmäßig beschränkte Ableitungen, denn die Ableitungen von $f(x) = \sin x$ sind nur $\pm \sin x$ bzw. $\pm \cos x$, für die aber $|\cos x| \leqslant 1$ und $|\sin x| \leqslant 1$ gilt; $f(x) = \sin x$ läßt sich also durch eine g.r.F. beliebig genau approximieren. (Beide Herleitungen gelten natürlich ebenso für $c \neq 0$).

Man kann also die approximative Gleichheit

$$\sin x \approx x - \frac{x^3}{3!} + \frac{x^5}{5!} - \frac{x^7}{7!} + - \ldots$$

zur Berechnung von Werten für $\sin x$ benutzen. Man berechne $\sin 0.2$ auf gleiche Weise und schätze den Fehler ab. (Die Anzahl der zur Berechnung herangezogenen Glieder hängt von der vorgegebenen Approximationsgenauigkeit ab). ●

### 11.2.6 Taylorreihen für ausgewählte Funktionen

Ohne Beweis und ohne die Angabe des jeweiligen Restgliedes $R_n(x)$, für das stets $\lim\limits_{n\to\infty} R_n(x) = 0$ gilt, stellen wir im folgenden die Taylorreihen für einige weitere wichtige Funktionen zusammen.

$$\cos x = 1 - \frac{x^2}{2!} + \frac{x^4}{4!} - + \ldots + (-1)^n \frac{x^{2n}}{(2n)!} - + \ldots$$

$$e^x = 1 + \frac{x}{1!} + \frac{x^2}{2!} + \ldots + \frac{x^n}{n!} + \ldots$$

$$\ln(1+x) = x - \frac{x^2}{2} + \frac{x^3}{3} - + \ldots + (-1)^n \frac{x^{n+1}}{n+1} - + \ldots \quad (x > -1)$$

$$\arctan x = x - \frac{x^3}{3} + \frac{x^5}{5} - + \ldots + (-1)^n \frac{x^{2n+1}}{2n+1} - + \ldots$$

### 11.2.7 Taylorentwicklung reeller Funktionen mit n Variablen

Nach der Behandlung des eindimensionalen Falles können wir uns hier kurz fassen. Es sind lediglich einige schreibtechnische Änderungen notwendig, um die Taylorsche Formel einfach schreiben zu können.

**Satz 4** (von Taylor): Für die Funktion $f$ mögen in einer $U_\delta(\mathbf{c})$ mit $\mathbf{c} \in D_f \subseteq \mathbb{R}^n$ alle partiellen Ableitungen $(k+1)$-ter Ordnung existieren und dort stetig sein.

Wenn alle Punkte* $\mathbf{c} + t\mathbf{x}$ mit $0 \leqslant t \leqslant 1$ zu $D_f$ gehören, dann gibt es eine reelle Zahl $\theta$ mit $0 < \theta < 1$, so daß gilt:

$$f(\mathbf{x}) = f(\mathbf{c}) + \sum_{i=1}^{n} f_i(\mathbf{c})(x_i - c_i) + \frac{1}{2!} \sum_{i_1, i_2 = 1}^{n} f_{i_1 i_2}(\mathbf{c})(x_{i_1} - c_{i_1})(x_{i_2} - c_{i_2}) + \ldots$$

$$+ \frac{1}{k!} \sum_{i_1, \ldots, i_k = 1}^{n} f_{i_1 \ldots i_k}(\mathbf{c})(x_{i_1} - c_{i_1})(x_{i_2} - c_{i_2}) \ldots (x_{i_k} - c_{i_k}) + R_k(\mathbf{x})$$

mit dem Restglied

$$R_k(\mathbf{x}) = \frac{1}{(k+1)!} \sum_{i_1, \ldots, i_{k+1} = 1}^{n} f_{i_1, \ldots, i_{k+1}}[\mathbf{c} + \theta(\mathbf{x} - \mathbf{c})] \prod_{j=1}^{k+1} (x_{i_j} - c_{i_j}).$$

* $\mathbf{x}' = (x_1, x_2, \ldots, x_n)$, $\mathbf{c}' = (c_1, c_2, \ldots, c_n)$

Für genügend kleines $R_k(\mathbf{x})$ kann die Summe als Approximation der Funktion in einer Umgebung von $\mathbf{c}$ angesehen werden.

**Beispiel 13:**

Sei $f: R^2 \to R$ definiert durch $f(\mathbf{x}) = x_1^2 x_2$ und $\mathbf{c} = \begin{pmatrix} 1 \\ -1 \end{pmatrix}$. Zur Anwendung des Satzes von Taylor berechnen wir die partiellen Ableitungen

$$\begin{array}{lll} f_1(\mathbf{x}) = 2x_1x_2 & f_{11}(\mathbf{x}) = 2x_2 & f_{112}(\mathbf{x}) = f_{121}(\mathbf{x}) = f_{211}(\mathbf{x}) = 2 \\ f_2(\mathbf{x}) = x_1^2 & f_{12}(\mathbf{x}) = 2x_1 . & \end{array}$$

Sämtliche anderen partiellen Ableitungen sind gleich Null. Daher ergibt sich $R_3(\mathbf{x}) = 0$, und die Taylorformel liefert

$$\begin{aligned} f(\mathbf{x}) = \; & f\begin{pmatrix} 1 \\ -1 \end{pmatrix} + f_1\begin{pmatrix} 1 \\ -1 \end{pmatrix} \cdot (x_1-1) + f_2\begin{pmatrix} 1 \\ -1 \end{pmatrix} \cdot (x_2+1) + \\ & + \frac{1}{2!}\left[f_{11}\begin{pmatrix} 1 \\ -1 \end{pmatrix}(x_1-1)^2 + 2f_{12}\begin{pmatrix} 1 \\ -1 \end{pmatrix}(x_1-1)(x_2+1)\right] + \\ & + \frac{1}{3!}\left[3f_{112}\begin{pmatrix} 1 \\ -1 \end{pmatrix}(x_1-1)^2(x_2+1)\right]. \end{aligned}$$

Setzt man die Werte $f\begin{pmatrix} 1 \\ -1 \end{pmatrix}$ und die partiellen Ableitungen in diese Form ein, so erhält man

$$\begin{aligned} f(\mathbf{x}) = x_1^2 x_2 = -1 - 2(x_1-1) + (x_2+1) - (x_1-1)^2 + \\ + 2(x_1-1)(x_2+1) + (x_1-1)^2(x_2+1). \end{aligned}$$

Man bestätigt das Ergebnis leicht durch „Ausrechnen“ der rechten Seite. ●

Es sei nun $f$ eine Funktion, deren sämtliche partiellen Ableitungen beliebiger Ordnung in einer $U_\delta(\mathbf{c})$ existieren und dort stetig sind.

Gilt außerdem:

$$\lim_{k \to \infty} R_k(\mathbf{x}) = 0$$

für alle $\mathbf{x} \in U_\delta(\mathbf{c})$, dann schreiben wir an Stelle der Formel aus dem Satz von Taylor auch die unendliche Taylorreihe

$$\begin{aligned} f(\mathbf{x}) = f(\mathbf{c}) + \sum_{i=1}^{n} f_i(\mathbf{c})(x_i - c_i) + \frac{1}{2!} \sum_{i_1, i_2 = 1}^{n} f_{i_1 i_2}(\mathbf{c})(x_{i_1} - c_{i_1})(x_{i_2} - c_{i_2}) + \\ + \ldots + \frac{1}{k!} \sum_{i_1, \ldots, i_k = 1}^{n} f_{i_1, \ldots, i_k}(\mathbf{c})(x_{i_1} - c_{i_1}) \ldots (x_{i_k} - c_{i_k}) + \ldots \end{aligned}$$

Analog zum eindimensionalen Fall beweisen wir ein einfaches hinreichendes Kriterium für die Gültigkeit von $\lim_{k\to\infty} R_k(\mathbf{x}) = 0$ (d.h. $f(\mathbf{x}) = T_f(\mathbf{x})$).

**Satz 5**: Es sei $K \subseteq D_f$ eine konvexe Menge, $\mathbf{c} \in K$ und $T_f(\mathbf{x})$ existiere für alle $\mathbf{x} \in K$. Dann gilt $\lim_{k\to\infty} R_k(\mathbf{x}) = 0$ für alle $\mathbf{x} \in K$, wenn ein $M > 0$ existiert, so daß für alle $\mathbf{x} \in K$ und $k = 1,2,3,\ldots$ gilt:

$$(11) \qquad |f_{i_1,\ldots,i_{k+1}}(\mathbf{x})| \leqslant M^{k+1} \quad (1 \leqslant i_1, \ldots, i_{k+1} \leqslant n).$$

Beweis: Da K konvex ist, gilt (11) auch für alle

$$\mathbf{y} = \mathbf{c} + \theta(\mathbf{x} - \mathbf{c}) = \mathbf{c} + \theta\mathbf{h}, 0 < \theta < 1.^{*}$$

Wegen $|h_i| \leqslant ||\mathbf{h}||$ folgt für $R_k(\mathbf{x})$

$$|R_k(\mathbf{x})| \leqslant \frac{n^{k+1} M^{k+1} ||\mathbf{h}||^{k+1}}{(k+1)!} = \frac{C^{k+1}}{(k+1)!}$$

mit $C = n M \cdot ||\mathbf{h}||$.

Da $\lim_{k\to\infty} \frac{C^{k+1}}{(k+1)!} = 0$ ist, gilt: $\lim_{k\to\infty} R_k(\mathbf{x}) = 0$. ●

## 11.3 Extrema reeller Funktionen

Viele ökonomische Probleme laufen auf die Bestimmung von Extremwerten reeller Funktionen hinaus (Minimierung von Kostenfunktionen, die von mehreren Variablen abhängen, Maximierung von Umsatzfunktionen u.ä.).

In der Regel sind dabei Nebenbedingungen zu berücksichtigen, wie z.B. maximal verfügbare Faktorenmengen, zeitliche Beschränkung auf eine gewisse Stundenzahl pro Tag usw.

Sind die Funktionen und die Nebenbedingungen in den Variablen linear, so sprechen wir bei der Bestimmung der Extremwerte von einem linearen Programm.

### 11.3.1 Extrema ohne Nebenbedingungen

**Definition 1**: Gegeben sie die Funktion $f: \mathbb{R}^n \to \mathbb{R}$. Existiert eine $U_\delta(\mathbf{x}_0)$ derart, daß für alle $\mathbf{x} \in U_\delta(\mathbf{x}_0)$ gilt: $f(\mathbf{x}_0) \geqslant f(\mathbf{x})$ bzw. $f(\mathbf{x}_0) \leqslant f(\mathbf{x})$, dann hat f in $\mathbf{x}_0$ ein relatives Maximum bzw. rela-

* $\mathbf{h}' = (h_1, \ldots, h_n) = (x_1 - c_1, \ldots, x_n - c_n)$

tives Minimum. Gilt $f(\mathbf{x}_0) \geqslant f(\mathbf{x})$ bzw. $f(\mathbf{x}_0) \leqslant f(\mathbf{x})$ für alle $\mathbf{x} \in D_f$, dann hat f in $\mathbf{x}_0$ ein absolutes Maximum bzw. absolutes Minimum.

Für Maximum und Minimum verwenden wir den Begriff Extremum.

**Beispiel 14**:

Sei $f: \mathbb{R} \to \mathbb{R}$ mit $f(x) = -\frac{1}{4}x^4 + \frac{1}{3}x^3 + x^2$.

Die Funktion f hat an den Stellen $x_1 = -1$ und $x_2 = 2$ ein relatives Maximum und in $x_3 = 0$ ein relatives Minimum, denn es gilt:

$$f(-1) \geqslant f(x) \text{ für alle } x \epsilon (-2,0)$$
$$f(2) \geqslant f(x) \text{ für alle } x \epsilon (1,3)$$
$$f(0) \leqslant f(x) \text{ für alle } x \epsilon (-1,1)$$

Graphische Darstellung:

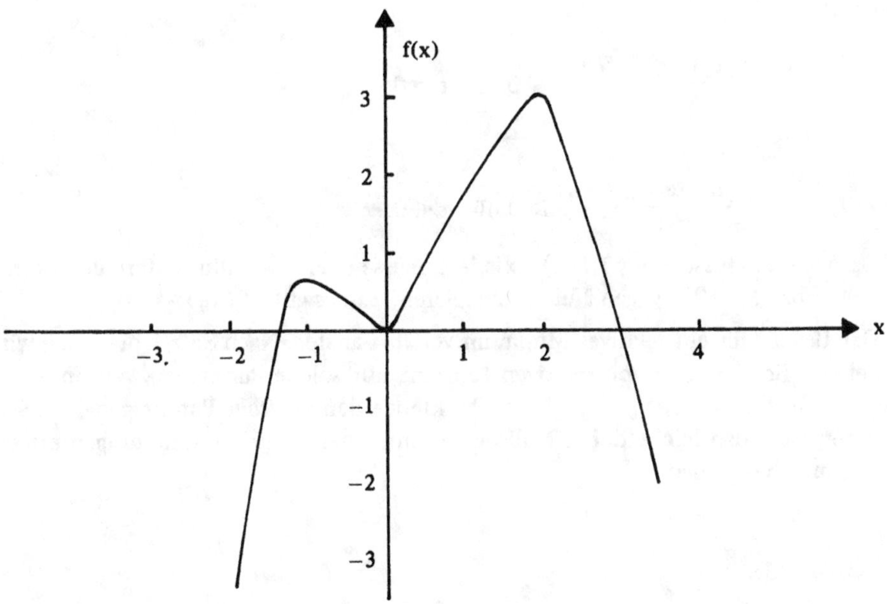


*Abb. 11.3*

Andererseits gilt z.B. $f(1) > f(-1)$, d.h. f hat an der Stelle $x_1 = -1$ kein absolutes Maximum, wohl aber in $x_0 = 2$, denn es ist: $f(2) \geqslant f(x)$ für alle x.

Die Funktion f hat aber im ganzen Definitionsbereich kein absolutes Minimum. •

Der Leser zeige an Hand des Beispiels $f: \mathbb{R} \to \mathbb{R}$ mit $f(x) = \sin x - \frac{1}{2}\sqrt{2}\,x$, daß f ein relatives Minimum haben kann, das größer ist als das relative Maximum in einem geeignet gewählten Intervall.

Wie lassen sich nun die möglichen relativen Extrema einer Funktion finden?

Ganz analog der von der Schule her bekannten notwendigen Bedingung $f'(x_0) = 0$ für die Existenz eines Extremwertes der Funktion $f: \mathbb{R} \to \mathbb{R}$ im Punkt $x_0$ gilt das folgende notwendige Kriterium für die Existenz von Extremwerten bei Funktionen mehrerer Variabler.

> **Satz 6**: Für die Funktion $f: \mathbb{R}^n \to \mathbb{R}$ mögen alle partiellen Ableitungen $f_i$ im Punkt $\mathbf{x}_0$ existieren. Hat dann f in $\mathbf{x}_0$ ein relatives Extremum, so folgt $f_i(\mathbf{x}_0) = 0$ für alle $i = 1, \ldots, n$.

Beweis: f habe in $\mathbf{x}_0$ ein relatives Maximum. Dann gilt definitionsgemäß $f(\mathbf{x}) - f(\mathbf{x}_0) \leqslant 0$ für alle $\mathbf{x} \in U_\delta(\mathbf{x}_0)$. Insbesondere läßt sich ein $t > 0$ bzw. $t < 0$ angeben mit

$$\frac{f(\mathbf{x}_0 + t\mathbf{e}_i) - f(\mathbf{x}_0)}{t} \leqslant 0 \quad \text{für } t > 0$$

und

$$\frac{f(\mathbf{x}_0 + t\mathbf{e}_i) - f(\mathbf{x}_0)}{t} \geqslant 0 \quad \text{für } t < 0.$$

Da nach Voraussetzung $f_i(\mathbf{x}_0)$ existiert, müssen beide Ausdrücke für alle Folgen $t \to 0^+$ bzw. $t \to 0^-$ gegen Null konvergieren, d.h. es gilt: $f_i(\mathbf{x}_0) = 0$. ●

Der Beweis für ein relatives Minimum verläuft analog. Nach Satz 1 brauchen wir bei der Bestimmung von relativen Extrema nur solche Punkte $\mathbf{x}_0$ zu untersuchen, für die gilt $f_i(\mathbf{x}_0) = 0$. Diese Punkte werden *kritische* Punkte genannt. Sie lassen sich also leicht durch Nullsetzen sämtlicher partieller Ableitungen erster Ordnung berechnen.

**Beispiel 15**:

$f: \mathbb{R}^2 \to \mathbb{R}$ mit

$f(x_1, x_2) = x_1^3 + x_2^3 - 3x_1 - 12x_2 + 20$

$f_1(\mathbf{x}) = 3x_1^2 - 3 = 0$ ergibt $x_1 = 1$ oder $x_1 = -1$

$f_2(\mathbf{x}) = 3x_2^2 - 12 = 0$ ergibt $x_2 = 2$ oder $x_2 = -2$.

Kritische Punkte sind also:

$(1,2); (1,-2); (-1,2); (-1,-2)$. ●

Ob diese kritischen Punkte tatsächlich relative Extrema sind, werden wir mit Hilfe eines noch folgenden Kriteriums feststellen können. Daß eine Funktion f nicht in jedem kritischen Punkt ein relatives Extremum hat, zeigt das folgende

**Beispiel 16:**
Es sei $f: \mathbb{R} \to \mathbb{R}$ mit $f(x) = x^3$. Es ist $f'(0) = 0$, d.h. $x_0 = 0$ ist ein kritischer Punkt; f hat aber in $x_0 = 0$ kein relatives Extremum, was der Graph veranschaulicht:

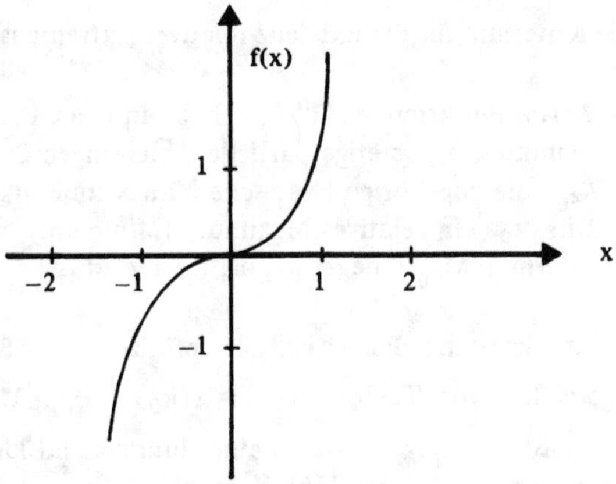


*Abb. 11.4*

Um nun entscheiden zu können, ob in einem kritischen Punkt ein relatives Extremum vorliegt oder nicht, verwenden wir den Satz von Taylor, der für Funktionen mehrerer Variabler in 11.2.7 aufgeführt ist.

(Bemerkung: Dem Vektor $\mathbf{x} - \mathbf{c}$ entspricht nun der Vektor $\mathbf{h} = (h_1, \ldots, h_n)$, so daß $(x_i - c_i)$ durch $h_i$ bzw. $(x_{i_k} - c_{i_k})$ durch $h_{i_k}$ ersetzt werden.)

Für $k = 1$ lautet dann der Satz von Taylor:

$$f(\mathbf{x}) = f(\mathbf{x}_0) + \sum_{i=1}^{n} f_i(\mathbf{x}_0) h_i + \frac{1}{2!} \sum_{i_1, i_2 = 1}^{n} f_{i_1 i_2}(\mathbf{x}_0 + \theta \mathbf{h}) h_{i_1} h_{i_2},$$

wobei der letzte Summand das Restglied $R_2$ mit $0 < \theta < 1$ darstellt. Setzen wir $\mathbf{x}_0 + \theta\mathbf{h} = \bar{\mathbf{x}}$, so ist:

$$\sum_{i_1, i_2 = 1}^{n} f_{i_1 i_2}(\mathbf{x}_0 + \theta \mathbf{h}) h_{i_1} h_{i_2} = \sum_{j=1}^{n} \sum_{i=1}^{n} f_{ij}(\bar{\mathbf{x}}) h_i h_j.$$

Fassen wir noch die $f_{ij}$ als Elemente der Hesseschen Matrix $\mathbf{M}_{\bar{\mathbf{x}}}$ von f im Punkt $\bar{\mathbf{x}}$ auf, so erhalten wir für

$$\sum_{j=1}^{n}\sum_{i=1}^{n} f_{ij}(\bar{x})h_i h_j \text{ die quadratische Form } \mathbf{h}'\mathbf{M}_{\bar{\mathbf{x}}}\mathbf{h}(\mathbf{h} \neq \mathbf{0}).$$

Davon kann sich der Leser durch Ausrechnung überzeugen.

(Zur quadratischen Form siehe 7.1)

Somit läßt sich der Satz von Taylor schreiben:

$$f(\mathbf{x}) = f(\mathbf{x}_0) + \sum_{i=1}^{n} f_i(\mathbf{x}_0) \cdot h_i + \frac{1}{2!}\mathbf{h}'\mathbf{M}_{\bar{\mathbf{x}}}\mathbf{h}.$$

Das hinreichende Kriterium für die Existenz relativer Extrema lautet nun:

**Satz 7**: Die Funktion $f: \mathbb{R}^n \to \mathbb{R}$ habe in einer Umgebung des kritischen Punktes $\mathbf{x}_0$ stetige partielle Ableitungen 2. Ordnung, und es sei $\mathbf{M}_{\mathbf{x}_0}$ die zugehörige Hessesche Matrix im Punkt $\mathbf{x}_0$. Dann gilt: f hat in $\mathbf{x}_0$ ein relatives Maximum (Minimum), wenn die quadratische Form $\mathbf{h}'\mathbf{M}_{\mathbf{x}_0}\mathbf{h}$ negativ (positiv) definit ist.

Beweis: Da $\mathbf{x}_0$ ein kritischer Punkt ist, gilt definitionsgemäß $f_i(\mathbf{x}_0) = 0$ und damit nach obigem Satz von Taylor: $f(\mathbf{x}) = f(\mathbf{x}_0) + \frac{1}{2!}\mathbf{h}'\mathbf{M}_{\bar{\mathbf{x}}}\mathbf{h}$. Ist $\mathbf{h}'\mathbf{M}_{\mathbf{x}_0}\mathbf{h}$ negativ definit, so läßt sich zeigen, daß in einer hinreichend kleinen Umgebung $U_\delta(\mathbf{x}_0)$ auch die quadratische Form $\mathbf{h}'\mathbf{M}_{\bar{\mathbf{x}}}\mathbf{h}$ negativ definit ist. Dann folgt:

$$f(\mathbf{x}) < f(\mathbf{x}_0) \text{ für alle } \mathbf{x} \in U_\delta(\mathbf{x}_0);$$

f hat also in $\mathbf{x}_0$ ein relatives Maximum. Der Beweis für ein relatives Minimum verläuft analog. ●

Ist die quadratische Form $\mathbf{h}'\mathbf{M}_{\mathbf{x}_0}\mathbf{h}$ positiv oder negativ semidefinit, so kann nicht allgemein eine Aussage über die Existenz relativer Extrema gemacht werden; ist dagegen die angegebene quadratische Form indefinit, so liegen keine relativen Extrema vor.

Der Nachweis, ob eine quadratische Form negativ oder positiv (semi)-definit ist, kann recht einfach über den Begriff der „Hauptabschnittsdeterminante" geführt werden.

**Definition 2**: Sei

$$\mathbf{A} = \begin{pmatrix} a_{11} & \cdots & a_{1n} \\ \vdots & & \vdots \\ a_{n1} & \cdots & a_{nn} \end{pmatrix}, \text{ dann bezeichnet man}$$

$$g_i = \begin{vmatrix} a_{11} & \cdots & a_{1i} \\ \vdots & & \vdots \\ a_{i1} & \cdots & a_{ii} \end{vmatrix} \quad \text{als Hauptabschnittsdeterminanten}$$

von $\mathbf{A}, i=1,\ldots,n.$

Nun gilt:

**Satz 8**: Eine reelle symmetrische, quadratische Form mit der Matrix $\mathbf{A}$ ist

a) genau dann positiv definit, wenn $\bigwedge_i g_i > 0$,

b) genau dann positiv-semidefinit, wenn $\bigwedge_i g_i \geqslant 0$ und mindestens ein $j$ existiert mit $g_j = 0$

c) genau dann negativ definit, wenn $g_1 < 0, g_2 > 0, g_3 < 0, \ldots$

d) genau dann negativ-semidefinit, wenn $\bigwedge_i g_{2i-1} \leqslant 0$ und $\bigwedge_i g_{2i} \geqslant 0$ und mindestens ein $j$ existiert mit

$g_{2j-1} = 0$ oder $g_{2j} = 0$

e) indefinit, wenn keine der Bedingungen a) – d) erfüllt ist.

Für Funktionen $f\colon \mathbb{R}^2 \to \mathbb{R}$ notieren wir noch als Spezialfall von Satz 8 die

**Folgerung**:

Die Funktion $f\colon \mathbb{R}^2 \to \mathbb{R}$ habe in einer Umgebung $U_\delta(\mathbf{x}_0)$ des kritischen Punktes $\mathbf{x}_0$ stetige partielle Ableitungen 2. Ordnung, dann gilt:

$f$ hat in $\mathbf{x}_0$ ein relatives Maximum, wenn

$$f_{11}(\mathbf{x}_0) \cdot f_{22}(\mathbf{x}_0) - f_{12}^2(\mathbf{x}_0) > 0 \text{ und } f_{11}(\mathbf{x}_0) < 0,$$

$f$ hat in $\mathbf{x}_0$ ein relatives Minimum, wenn

$$f_{11}(\mathbf{x}_0) \cdot f_{22}(\mathbf{x}_0) - f_{12}^2(\mathbf{x}_0) > 0 \text{ und } f_{11}(\mathbf{x}_0) > 0,$$

$f$ hat in $\mathbf{x}_0$ kein relatives Extremum, wenn

$$f_{11}(\mathbf{x}_0) \cdot f_{22}(\mathbf{x}_0) - f_{12}^2(\mathbf{x}_0) < 0.$$

**Anmerkung**:

Da $f$ in $\mathbf{x}_0$ stetige partielle Ableitungen 2. Ordnung hat, gilt nach Satz 5 in 10.5:

$$f_{ij}(\mathbf{x}_0) = f_{ji}(\mathbf{x}_0), \text{ d.h. } \mathbf{M} \text{ ist symmetrisch.}$$

**Beispiel 17**:

Mit Hilfe des angegebenen Kriteriums können wir nun feststellen, welche der kritischen Punkte der Funktion $f\colon \mathbb{R}^2 \to \mathbb{R}$ mit $f(x_1, x_2) = x_1^3 + x_2^3 - 3x_1 - 12x_2 + 20$ relative Extrema liefern und welche nicht. (Beispiel 15)

Kritische Punkte sind:

$$(1,2); (1,-2); (-1,2); (-1,-2).$$

Die Matrix $\mathbf{M}$ der partiellen Ableitungen 2. Ordnung hat die Form:

$$\mathbf{M} = \begin{pmatrix} 6x_1 & 0 \\ 0 & 6x_2 \end{pmatrix}, \quad \text{und für den Punkt } (1,2)$$

– geschrieben $\mathbf{M}_{(1,2)}$ – ergibt sich $\mathbf{M}_{(1,2)} = \begin{pmatrix} 6 & 0 \\ 0 & 12 \end{pmatrix}$. Es ist $g_1 = 6, g_2 = 72$, d.h. f hat im Punkt $(1,2)$ ein relatives Minimum.

$$\mathbf{M}_{(-1,-2)} = \begin{pmatrix} -6 & 0 \\ 0 & -12 \end{pmatrix}.$$ Es ist $g_1 = -6, g_2 = 72$, d.h. f hat im

Punkt $(-1,-2)$ ein relatives Maximum.

$$\mathbf{M}_{(1,-2)} = \begin{pmatrix} 6 & 0 \\ 0 & -12 \end{pmatrix} \qquad g_1 = 6, g_2 = -72 \text{ und}$$

$$\mathbf{M}_{(-1,2)} = \begin{pmatrix} -6 & 0 \\ 0 & 12 \end{pmatrix} \qquad g_1 = -6, g_2 = -72$$

Die quadratischen Formen

$$\mathbf{h}'\mathbf{M}_{(1,-2)}\mathbf{h} \text{ und } \mathbf{h}'\mathbf{M}_{(-1,2)}\mathbf{h}$$

sind also indefinit, d.h. f hat in den Punkten $(1,-2)$ und $(-1,2)$ kein relatives Extremum. ●

**Beispiel 18:**
$f: \mathbb{R}^3 \to \mathbb{R}$ mit

$$\begin{aligned} f(x_1, x_2, x_3) &= x_1^2 + x_2^2 + x_3^2 - x_1x_2 - x_1x_3 - x_2x_3 \\ f_1(\mathbf{x}) &= 2x_1 - x_2 - x_3 = 0 \\ f_2(\mathbf{x}) &= 2x_2 - x_1 - x_3 = 0 \\ f_3(\mathbf{x}) &= 2x_3 - x_1 - x_2 = 0. \end{aligned}$$

Alle Punkte $\mathbf{x}$ der Form $\mathbf{x} = (a,a,a)$, $a \in \mathbb{R}$, sind Lösungen dieses LHS und damit kritische Punkte.

Es ist $$\mathbf{M} = \begin{pmatrix} 2 & -1 & -1 \\ -1 & 2 & -1 \\ -1 & -1 & 2 \end{pmatrix}$$ und damit

$g_1 = 2$, $g_2 = 3$ und $g_3 = 0$, d.h. die quadratische Form $\mathbf{h}'\mathbf{M}\mathbf{h}$ ist positiv semidefinit. Mit Hilfe unseres Kriteriums läßt sich also nicht entscheiden, ob die betrachtete Funktion f relative Extrema hat. •

Zum Schluß dieses Abschnittes seien noch zwei wichtige Sätze angeführt:

> **Satz 9**: Es sei $f: \mathbb{R}^n \to \mathbb{R}$ differenzierbar und konvex auf der offenen konvexen Menge $A \subseteq \mathbb{R}^n$, und $\mathbf{x}_0 \in A$ sei ein kritischer Punkt, dann hat f im Punkt $\mathbf{x}_0$ ein absolutes Minimum.

Beweis: Weil f konvex ist auf A, gilt nach Satz 4 in 10.3:

$$f(\mathbf{x}) \geqslant f(\mathbf{x}_0) + df(\mathbf{x}_0, \mathbf{x}-\mathbf{x}_0) \quad \text{für alle } \mathbf{x}, \mathbf{x}_0 \in A.$$

Da $\mathbf{x}_0$ kritischer Punkt ist, gilt $f_i(\mathbf{x}_0) = 0$ und damit $df(\mathbf{x}_0, \mathbf{x}-\mathbf{x}_0) = 0$ für alle $\mathbf{x}, \mathbf{x}_0 \in A$. •

Analog hat eine differenzierbare konkave Funktion auf einer konvexen Menge A in einem kritischen Punkt $\mathbf{x}_0$ ein absolutes Maximum. Eine Folgerung von Satz 9 ist

> **Satz 10**: Eine strikt konvexe (konkave) differenzierbare Funktion auf einer konvexen Menge A besitzt höchstens einen kritischen Punkt in A.

Beweis: Sei f strikt konvex auf A und f habe zwei kritische Punkte $\mathbf{x}_0, \mathbf{x}_1 \in A$ mit $\mathbf{x}_0 \neq \mathbf{x}_1$.

Nach Satz 9 hat f in $x_0$ und $\mathbf{x}_1$ absolute Minima, d.h. $f(\mathbf{x}_0) = f(\mathbf{x}_1) \leqslant f(\mathbf{x})$ für alle $\mathbf{x} \in A$.

Weil f strikt konvex ist, gilt nach Satz 4 in 10.3: $f(\mathbf{x}_1) > f(\mathbf{x}_0) + df(\mathbf{x}_0, \mathbf{x}_1-\mathbf{x}_0)$. Wegen $df(\mathbf{x}_0, \mathbf{x}_1-\mathbf{x}_0) = 0$ folgt dann: $f(\mathbf{x}_1) > f(\mathbf{x}_0)$. Das ist ein Widerspruch zu $f(\mathbf{x}_0) = f(\mathbf{x}_1)$. •

Wir haben in der Einleitung zu diesem Paragraphen ein lineares Programm als Bestimmung von Extrema linearer Funktionen L aufgefaßt, die auf einem Kompaktum – gegeben durch bestimmte Nebenbedingungen für L – definiert sind. Wir sehen nun, daß lineare Programme nicht mit den hier entwickelten Methoden der Differentialrechnung behandelt werden können, denn ist L eine lineare Funktion mit $L(\mathbf{x}) = a_1x_1 + a_2x_2 + \ldots + a_nx_n$, wobei nicht alle $a_i = 0$ sind, so hat L keine kritischen Punkte, denn aus $L_i(\mathbf{x}) = a_i = 0 (i=1, \ldots, n)$ folgt $L(\mathbf{x}) = 0$ für alle $\mathbf{x} \in \mathbb{R}^n$.

Damit ist die notwendige Bedingung für die Existenz relativer Extrema nicht erfüllt. Da aber jede stetige Funktion auf einem Kompaktum ihr absolutes Maximum und Minimum annimmt (Satz 6 in 9.3) sind bei den (stetigen) linearen Funktionen die Extrema immer auf dem Rand des Kompaktums zu suchen, während bei den nicht-linearen Funktionen Extremwerte auf dem Rand und im Innern auftreten können.

### 11.3.2 Extrema mit Nebenbedingungen

**Definition 3**: Gegeben seien die Funktionen $f, \varphi^{(1)}, \varphi^{(2)}, \ldots, \varphi^{(k)}: \mathbb{R}^n \to \mathbb{R}$; f hat im Punkt $\mathbf{x}_0$ ein relatives Extremum unter den Nebenbedingungen: $\varphi^{(i)}(\mathbf{x}) = 0$, $1 \leq i \leq k$, wenn die Einschränkung von f auf die Menge $\{\mathbf{x} \in \mathbb{R}^n | \varphi^{(i)}(\mathbf{x}) = 0$ für $1 \leq i \leq k\}$ im Punkt $\mathbf{x}_0$ ein relatives Extremum hat.

**Beispiel 19**:
Welches Rechteck hat bei gegebenem Umfang U (Nebenbedingung) den größten Flächeninhalt?

(1) Es ist also für $f(\mathbf{x}) = f(x_1, x_2) = x_1 \cdot x_2$ das Maximum unter der Nebenbedingung

(2) $\varphi(\mathbf{x}) = \varphi(x_1, x_2) = 2(x_1 + x_2) - U = 0$

zu bestimmen.

Setzen wir den Wert $x_2 = \frac{U - 2x_1}{2}$ aus (2) in (1) ein, so erhalten wir:

$$(3) \qquad f\left(x_1, \frac{U-2x_1}{2}\right) = x_1 \frac{U - 2x_1}{2} = g(x_1).$$

Damit reduziert sich das Problem auf ein solches ohne Nebenbedingung, denn für (3) gelten keine Einschränkungen mehr (abgesehen von $x_1, x_2 \geq 0$). Wir erhalten aus $g'(x_1) = 0$ sofort $x_1^0 = x_2^0 = \frac{1}{4} U$. ●

Dieses Eliminationsverfahren kann sehr umständlich (wenn mehrere Nebenbedingungen gegeben sind) und u.U. elementar unlösbar sein. Für diese Zwecke wird in der Praxis häufig die sogenannte Multiplikatorregel von Lagrange angewendet, um relative Extrema unter Nebenbedingungen zu bestimmen.

Dazu führen wir zunächst den Begriff der Jacobischen Matrix ein:

**Definition 4**: Seien $h_i(t_1, \ldots, t_k)$, $i = 1, \ldots, m$, differenzierbare Funktionen, dann wird die (m,k)-Matrix

$$\mathbf{J} = \begin{pmatrix} \frac{\partial h_1}{\partial t_1} & \cdots & \frac{\partial h_1}{\partial t_k} \\ \vdots & & \\ \frac{\partial h_m}{\partial t_1} & \cdots & \frac{\partial h_m}{\partial t_k} \end{pmatrix}$$

Funktionalmatrix oder auch Jacobische Matrix genannt und häufig in der Form

$$\left(\frac{\partial h_i}{\partial t_j}\right)$$

geschrieben $(i=1,\ldots,m, j=1,\ldots,k)$.

Ist $\mathbf{J}$ quadratisch $(k=m)$, dann heißt $\dfrac{\partial(h_1,\ldots,h_m)}{\partial(t_1,\ldots,t_m)} = |\mathbf{J}|$ die Jacobische Determinante.

**Satz 11**: Die Funktionen $f, \varphi^{(1)}, \varphi^{(2)}, \ldots, \varphi^{(k)}: \mathbb{R}^n \to \mathbb{R}$ mit $k < n$ seien differenzierbar. Hat $f$ im Punkt $\mathbf{x}_0 \in \mathbb{R}^n$ ein relatives Extremum unter den Nebenbedingungen $\varphi^{(1)}(\mathbf{x}_0) = \varphi^{(2)}(\mathbf{x}_0) = \ldots = \varphi^{(k)}(\mathbf{x}_0) = 0$ und hat die Jacobische Matrix*

$$\mathbf{J} = \begin{pmatrix} \varphi_1{}^{(1)}(\mathbf{x}_0) & \varphi_1{}^{(2)}(\mathbf{x}_0) \ldots & \varphi_1{}^{(k)}(\mathbf{x}_0) \\ \varphi_2{}^{(1)}(\mathbf{x}_0) & \varphi_2{}^{(2)}(\mathbf{x}_0) \ldots & \varphi_2{}^{(k)}(\mathbf{x}_0) \\ \vdots & \vdots & \vdots \\ \varphi_n{}^{(1)}(\mathbf{x}_0) & \varphi_n{}^{(2)}(\mathbf{x}_0) \ldots & \varphi_n{}^{(k)}(\mathbf{x}_0) \end{pmatrix}$$

den Rang $k$ (d.h. sämtliche Spalten sind linear unabhängig), dann existieren genau $k$ eindeutig bestimmte reelle Zahlen $\lambda_1, \ldots, \lambda_k$ (die sogenannten Lagrange-Multiplikatoren), für die gilt:

$$(4)\quad f_j(\mathbf{x}_0) + \sum_{i=1}^{k} \lambda_i \varphi_j{}^{(i)}(\mathbf{x}_0) = 0 \quad (j=1,2,\ldots,n)$$

Wir verzichten auf den Beweis des Satzes.

Wir erwähnen aber noch folgendes: Die Forderung in Satz 11, daß die Matrix $\mathbf{J}$ den Rang $k$ hat, hat zur Folge, daß sich die Gleichungen $\varphi^{(1)}(\mathbf{x}) = \varphi^{(2)}(\mathbf{x}) = \ldots = \varphi^{(k)}(\mathbf{x}) = 0$ in einer entsprechenden Umgebung von $\mathbf{x}_0$ nach geeigneten $k$ Variablen $x_1, x_2, \ldots, x_k$ auflösen lassen, d.h. es gilt für $i=1,\ldots,k$;

$$x_i = h_i(x_{k+1}, \ldots, x_n).$$

Somit wäre auch das Eliminationsverfahren anwendbar.

Um eine übersichtliche Darstellung zu gewinnen, bilden wir die sogenannte Lagrange Funktion:

$$L(\mathbf{x}) = f(\mathbf{x}) + \lambda_1\varphi^{(1)}(\mathbf{x}) + \lambda_2\varphi^{(2)}(\mathbf{x}) + \ldots + \lambda_k\varphi^{(k)}(\mathbf{x}).$$

* Die unteren Indizes geben die partiellen Ableitungen an.

Nach dem gerade zitierten Satz brauchen wir zur Bestimmung von relativen Extrema unter Nebenbedingungen diese nur unter den Lösungen der $n$ Gleichungen

$$(5) \qquad \frac{\partial L(\mathbf{x}_0)}{\partial x_j} = f_j(\mathbf{x}_0) + \lambda_1 \varphi_j{}^{(1)}(\mathbf{x}_0) + \ldots + \lambda_k \varphi_j{}^{(k)}(\mathbf{x}_0) = 0, j=1, \ldots, n,$$

und der $k$ Gleichungen (den vorgegebenen Nebenbedingungen)

$$(6) \qquad \frac{\partial L(\mathbf{x}_0)}{\partial \lambda_i} = \varphi^{(i)}(\mathbf{x}_0) = 0,\ i=1, \ldots, k, \text{ zu suchen.}$$

Insgesamt ist also ein System von $n + k$ Gleichungen zu lösen.

Das ist meistens leichter, als mit Hilfe der k-Gleichungen $\varphi^{(i)}(\mathbf{x}_0) = 0$ zunächst k-Unbekannte zu eliminieren (siehe Beispiel 19 mit $k=1$), dann die partiellen Ableitungen der neuen Funktion von $n - k$ Variablen zu bilden und daraus schließlich $\mathbf{x}_0$ zu ermitteln.

Es ist aber nicht gesagt, daß eine Lösung $\mathbf{x}_0$ des obigen Gleichungssystems auch stets ein relatives Extremum liefert; Satz 11 gibt nur ein notwendiges Kriterium für die Existenz von relativen Extrema unter Nebenbedingungen an. Bei einer Reihe von Problemen ist aber z.B. die Existenz genau eines relativen Maximums bekannt, ohne daß wir es explizit kennen. In diesem Fall reicht Satz 11 hin. Zur Feststellung, ob $f$ in $\mathbf{x}_0$ ein relatives Extremum hat, eignet sich das folgende Kriterium:

**Satz 12**: Es bezeichne $\mathbf{K}_{\mathbf{x}_0}$ die Hessesche Matrix der Lagrange-Funktion $L$ im Punkt $\mathbf{x}_0$, wobei $\mathbf{x}_0$ Lösung der Gleichungen (5) und (6) ist, die auch eindeutig nach den $\lambda_i$ auflösbar sein sollen. Dann gilt: Die Funktion $f: \mathbb{R}^n \to \mathbb{R}$ hat unter den Nebenbedingungen $\varphi^{(i)}(\mathbf{x}_0) = 0$, $i=1, \ldots, k$, ein relatives Maximum (Minimum), wenn die quadratische Form $\mathbf{h}'\mathbf{K}_{\mathbf{x}_0}\mathbf{h}$ negativ (positiv) definit ist, mit der Einschränkung:

$$(7) \qquad \sum_{j=1}^{n} \varphi_j{}^{(1)}(\mathbf{x}_0) h_j = \sum_{j=1}^{n} \varphi_j{}^{(2)}(\mathbf{x}_0) h_j = \ldots = \sum_{j=1}^{n} \varphi_j{}^{(k)}(\mathbf{x}_0) h_j = 0$$

(wobei nicht alle $h_j = 0$ sind).

Auf den nicht einfachen Beweis verzichten wir.

**Beispiel 20:**

Gegeben sei $f: \mathbb{R}^4 \to \mathbb{R}$ mit

$$f(x_1, x_2, x_3, x_4) = x_1^2 + x_2^2 + x_3^2 + 2x_4^2$$

unter den Nebenbedingungen

$$\varphi^{(1)}(x_1, x_2, x_3, x_4) = x_1 + 2x_2 + 2x_3 - x_4 - 4 = 0$$
$$\varphi^{(2)}(x_1, x_2, x_3, x_4) = -x_1 + x_2 + x_3 + 3x_4 - 2 = 0\,.$$

Wir bilden die Lagrange-Funktion

$$L(\mathbf{x}) = f(\mathbf{x}) + \lambda_1\varphi^{(1)}(\mathbf{x}) + \lambda_2\varphi^{(2)}(\mathbf{x}), \text{ d.h.}$$
$$L(\mathbf{x}) = x_1^2 + x_2^2 + x_3^2 + 2x_4^2 + \lambda_1(x_1+2x_2+2x_3-x_4-4) + \lambda_2(-x_1+x_2+x_3+3x_4-2).$$

Die notwendigen Bedingungen für die Existenz eines relativen Extremums von $L$ liefert das Gleichungssystem für die $x_j, \lambda_i; j=1,2,3,4; i=1,2$.

$$\frac{\partial L(\mathbf{x})}{\partial x_1} = 2x_1 + \lambda_1 - \lambda_2 = 0$$

$$\frac{\partial L(\mathbf{x})}{\partial x_2} = 2x_2 + 2\lambda_1 + \lambda_2 = 0$$

$$\frac{\partial L(\mathbf{x})}{\partial x_3} = 2x_3 + 2\lambda_1 + \lambda_2 = 0$$

$$\frac{\partial L(\mathbf{x})}{\partial x_4} = 4x_4 - \lambda_1 + 3\lambda_2 = 0$$

$$\varphi^{(1)}(\mathbf{x}) = \frac{\partial L(\mathbf{x})}{\partial \lambda_1} = x_1 + 2x_2 + 2x_3 - x_4 - 4 = 0$$

$$\varphi^{(2)}(\mathbf{x}) = \frac{\partial L(\mathbf{x})}{\partial \lambda_2} = -x_1 + x_2 + x_3 + 3x_4 - 2 = 0\,.$$

Als Lösung dieses inhomogenen Gleichungssystems erhalten wir:

$$x_1 = \frac{14}{69},\ x_2 = \frac{67}{69},\ x_3 = \frac{67}{69},\ x_4 = \frac{6}{69},\ \lambda_1 = \frac{-54}{69},\ \lambda_2 = \frac{-26}{69}.$$

Zur Untersuchung, ob im Punkt

$$\mathbf{x}_0 = \left(\frac{14}{69}, \frac{67}{69}, \frac{67}{69}, \frac{6}{69}\right)$$

ein relatives Extremum unter den angegebenen Nebenbedingungen vorliegt, bilden wir die Hessesche Matrix $K_{\mathbf{x}_0}$ von $L$:

$$\mathbf{K}_{\mathbf{x}_0} = \begin{pmatrix} L_{11} & L_{12} & L_{13} & L_{14} \\ L_{21} & L_{22} & L_{23} & L_{24} \\ L_{31} & L_{32} & L_{33} & L_{34} \\ L_{41} & L_{42} & L_{43} & L_{44} \end{pmatrix} = \begin{pmatrix} 2 & 0 & 0 & 0 \\ 0 & 2 & 0 & 0 \\ 0 & 0 & 2 & 0 \\ 0 & 0 & 0 & 4 \end{pmatrix}$$

Die Elemente von $\mathbf{K}_{\mathbf{x}_0}$ ergeben sich unabhängig von $\mathbf{x}_0$; und $\mathbf{K}_{\mathbf{x}_0}$ ist (für alle $\mathbf{h}$) positiv definit, denn es gilt für die Hauptabschnittsdeterminanten von $\mathbf{K}_{\mathbf{x}_0}$: $g_1 = 2, g_2 = 4, g_3 = 8, g_4 = 32$.

Somit hat f im Punkt $\mathbf{x}_0$ ein relatives Minimum unter den angegebenen Nebenbedingungen*. ●

**Anmerkung:**

Zum Nachweis der (positiven oder negativen) Definitheit von $\mathbf{h}'\mathbf{K}_{\mathbf{x}_0}\mathbf{h}$ müssen nur solche $\mathbf{h}$ betrachtet werden, die Lösung von (7) sind.

Durch die Nebenbedingungen $\varphi^{(1)}(\mathbf{x}) = \ldots = \varphi^{k}(\mathbf{x}) = 0$ sind nämlich die $x_j$, $j=1, \ldots, n$, und damit auch die Differentiale $h_j = dx_j$ keine unabhängigen Variablen bzw. Differentiale mehr. Das Beispiel 20 zeigt, daß in vielen praktischen Fällen aber der Nachweis der (positiven bzw. negativen) Definitheit von $\mathbf{h}'\mathbf{K}_{\mathbf{x}_0}\mathbf{h}$ für *alle* $\mathbf{h}$ gelingt, so daß sich hier die Einschränkung (7) erübrigt.

## 11.4 Newton-Verfahren für Funktionen einer Variablen

Im Abschnitt 9.5 haben wir die „Regula falsi" zur Bestimmung von Nullstellen einer *stetigen* Funktion kennengelernt. Dieses iterative Verfahren beruht im geometrischen Sinne auf das (wiederholte) Ersetzen der Kurve durch eine *Sekante* und macht sich eine wichtige Eigenschaft stetiger Funktionen zunutze, die im Zwischenwertsatz ausgedrückt ist. In diesem Abschnitt stellen wir ein anderes iteratives Verfahren — das sogenannte Newton-Verfahren — zur Bestimmung von Nullstellen einer Funktion vor, das auf der *Differenzierbarkeit* der Funktion basiert und im geometrischen Sinne das (wiederholte) Ersetzen der Kurve durch eine *Tangente* beinhaltet. Dieses Verfahren beruht darauf, daß man von einer bekannten Annäherung an eine der Nullstellen ausgeht und diese dann wie bei der „Regula falsi" Schritt für Schritt verbessert. Wie eine solche erste Annäherung für die gesuchte Nullstelle gefunden werden kann, soll hier nicht weiter diskutiert werden; eine Möglichkeit ist die graphische Darstellung der Funktion (zeichnerisches Näherungsverfahren).

* Der Leser prüfe nach, daß bei Nebenbedingungen, die durch lineare Gleichungen gegeben sind (wie es in diesem Beispiel der Fall ist), die Hessesche Matrix von L im Punkt $\mathbf{x}_0$ mit der von f im Punkt $\mathbf{x}_0$ übereinstimmt.

In der folgenden Graphik ist das Sekantenverfahren (Regula falsi) dem Tangentenverfahren (Newton-Verfahren) gegenübergestellt; $x_1$ ist der Startwert als erste „grobe" Annäherung an die gesuchte Nullstelle $x_N$.

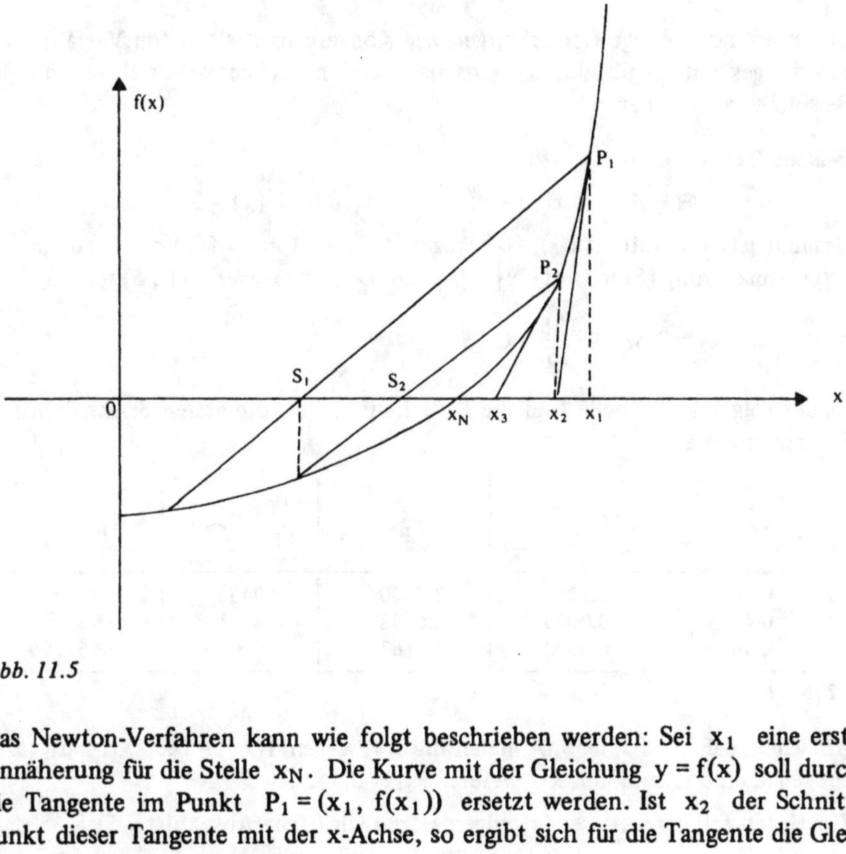


*Abb. 11.5*

Das Newton-Verfahren kann wie folgt beschrieben werden: Sei $x_1$ eine erste Annäherung für die Stelle $x_N$. Die Kurve mit der Gleichung $y = f(x)$ soll durch die Tangente im Punkt $P_1 = (x_1, f(x_1))$ ersetzt werden. Ist $x_2$ der Schnittpunkt dieser Tangente mit der x-Achse, so ergibt sich für die Tangente die Gleichung (Punktsteigungsformel):

$$\frac{f(x_1)}{x_1 - x_2} = f'(x_1) .$$

Als zweite Annäherung wählen wir jetzt $x_2$. Dieser Punkt ist festgelegt durch:

$$x_2 = x_1 - \frac{f(x_1)}{f'(x_1)} .$$

Wiederholen wir dieses Verfahren, so ergibt sich als dritte Annäherung

$$x_3 = x_2 - \frac{f(x_2)}{f'(x_2)}$$

und im allgemeinen für die (n+1)-te Annäherung:

$$x_{n+1} = x_n - \frac{f(x_n)}{f'(x_n)}.$$

Bevor wir noch einige Bemerkungen zur Konvergenz des Newton-Verfahrens gegen die gesuchte Nullstelle $x_N$ machen, wollen wir dieses Verfahren an einem Beispiel verdeutlichen:

**Beispiel 21:**

$$f: \mathbb{R} \to \mathbb{R} \text{ mit } f(x) = x^3 + 2x - 1, \text{ d.h. } f'(x) = 3x^2 + 2.$$

Gesucht ist $x_N$ mit $f(x_N) = 0$. Wegen $f(0) = -1$ und $f(1) = 2$ bietet sich als erste Annäherung (Startwert) $x_1 = 0.5$ an. Dann ist wegen $f'(0.5) = 2.75$

$$x_2 = 0.5 - \frac{0.125}{2.75} = 0.4545 .$$

In der folgenden Tabelle sind die Berechnungen für die ersten 3 Annäherungen zusammengestellt:

| n | $x_n$ | $f(x_n)$ | $f'(x_n)$ | $\frac{f(x_n)}{f'(x_n)}$ | $x_{n+1}$ |
|---|---|---|---|---|---|
| 1 | 0.500 | 0.125 | 2.7500 | 0.0455 | 0.4545 |
| 2 | 0.4545 | 0.0029 | 2.6198 | 0.0011 | 0.4534 |
| 3 | 0.4534 | 0.00001 | 2.6167 | 0.0000 | 0.453396 |

*Tab. 11.1*

Wir sehen, daß bereits die 3. Annäherung $x_3$ wegen $f(x_3) = 0.00001$ auf 4 Stellen genau eine Lösung für $x_N$ liefert: $x_N \approx 0.4534$.

Zur Untersuchung weiterer Lösungen setzen wir (siehe Abschnitt 3.5):

$$(x^3 + 2x - 1) : (x - 0.4534) = x^2 + 0.4534x + 2.205 = 0 .$$

Diese quadratische Gleichung hat keine reelle Lösung, d.h. $x_N \approx 0.4534$ ist die einzige Nullstelle von $f(x) = x^3 + 2x - 1$. ●

Die Konvergenz bzw. die Konvergenzgeschwindigkeit des Newton-Verfahrens hängt im wesentlichen vom Funktionstyp f und vom Startpunkt $x_1$ ab. Aus der obigen graphischen Darstellung in Abb. 5 entnehmen wir, daß das Verfahren mit immer größerer Genauigkeit sich der gesuchten Nullstelle $x_N$ nähern wird. Dies hat seinen Grund in der dort gewählten (konvexen) Form der Kurve. Wie folgende Graphik veranschaulicht, nähern wir uns bei der betrachteten Funktion bei „ungeschickter" Wahl des Anfangswertes $x_1$ keineswegs der gesuchten Lösung $x_N$.

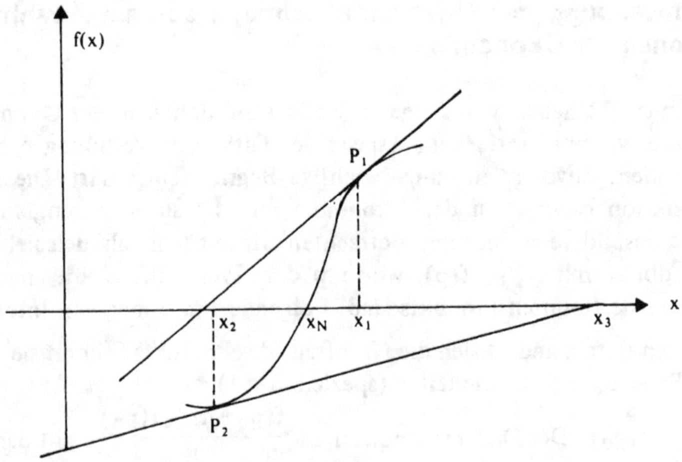


*Abb. 11.6*

Es läßt sich jedoch zeigen, daß unter gewissen Voraussetzungen an die Funktion f (u.a. Existenz einer *einzigen* Nullstelle $x_N$ in einem geeignet gewählten Intervall $[a,b]$) die Folge der Näherungswerte $x_n$ gegen $x_N$ konvergiert; $x_n$ ist in diesem Fall eine beschränkte und monotone Folge und hat somit einen Grenzwert g. Daß dann $g = x_N$ gilt, läßt sich unter Berücksichtigung der Stetigkeit von f und f' wie folgt zeigen:

$$\lim_{n\to\infty} x_{n+1} = \lim_{n\to\infty}\left(x_n - \frac{f(x_n)}{f'(x_n)}\right) \text{ mit } f'(x_n) \neq 0, \text{ d.h.}$$

$$g = g - \frac{\lim f(x_n)}{\lim f'(x_n)} \text{ und damit}$$

$$\frac{f(\lim x_n)}{f'(\lim x_n)} = \frac{f(g)}{f'(g)} = 0 \text{ mit } f'(g) \neq 0 \,.$$

Daraus folgt $f(g) = 0$, also $g = x_N$. Es ist klar, daß die Annäherung an die Stelle $x_N$ „von links“ oder „von rechts“ erfolgen kann; dies hängt natürlich von der (konvexen bzw. konkaven) Form der Kurve ab. Bei nicht zu grobem Anfangswert $x_1$ genügen in der Regel nur wenige Schritte, um eine große Genauigkeit zu erzielen (siehe Beispiel 21). Das gilt nicht in gleichem Maße für die Regula falsi. Der Leser möge dies am obigen Beispiel 21 überprüfen.

Abschließend sei gerade im Hinblick auf die erwähnte mögliche Divergenz des Newton-Verfahrens betont, daß in jedem Einzelfall gesondert zu prüfen ist, ob überhaupt bzw. mit welcher Genauigkeit eine Nullstelle bestimmt wurde.

## 11.5 Anwendung der Differentialrechnung auf ausgewählte Funktionen der Ökonomie

In Abschnitt 7.2 haben wir einige spezielle Funktionen in der Ökonomie vorgestellt, die wir nun unter dem Aspekt der Differentialrechnung näher untersuchen wollen. Zuvor seien einige wichtige Begriffe eingeführt. Die Ableitung einer Funktion gewinnt in der Ökonomie mit der sogenannten „Marginalanalyse“ eine besondere Bedeutung. Betrachten wir zunächst als Beispiel die Nachfragefunktion f mit $y = f(p)$, worin p der Preis und y die nachgefragte Menge eines bestimmten Produkts sind. Folgende Frage mag von Interesse sein:

Um welchen Betrag ändert sich die Nachfrage des Produkts (nimmt sie ab), wenn sich der Preis $p_0$ um h Einheiten (speziell $h = 1$) erhöht? Die Antwort lautet: $f(p_0+h) - f(p_0)$. Der Differenzenquotient $\frac{f(p_0+h) - f(p_0)}{h}$ gibt dann an, um wieviel sich die Nachfrage *im Durchschnitt* pro zusätzliche Preiseinheit ändert. Unter der Voraussetzung, daß f in $p_0$ differenzierbar ist, strebt der Differenzenquotient mit $h \to 0$ einem Grenzwert zu:

$$\lim_{h \to 0} \frac{f(p_0+h) - f(p_0)}{h} = f'(p_0).$$

Dieser Grenzwert $f'(p_0)$ wird als **marginale** oder **Grenznachfrage** bezeichnet. Er gibt (ungefähr) an, um wieviel sich die Nachfrage ändert (abnimmt), wenn sich der Preis $p_0$ um eine Einheit erhöht. Ganz analoge Überlegungen können wir bei anderen Funktionen in der Ökonomie anstellen, z.B. bei Produktionsfunktionen, Umsatzfunktionen u.a.. Ist allgemein x die unabhängige ökonomische Variable und y die abhängige, d.h. $y = f(x)$, so gibt unter der Voraussetzung der Differenzierbarkeit $f'(x_0)$ (ungefähr) an, um wieviel Einheiten sich y ändert, wenn sich $x_0$ um eine Einheit ändert. Diese Untersuchung wird als **Marginalanalyse** bezeichnet; für den Grenzwert $f'(x_0)$ sind entsprechende Begriffe wie **Grenzproduktivität, Grenzkosten** u.a. üblich. Auch für Funktionen f mit n Variablen $x_1, \ldots, x_n$ können wir unmittelbar eine Marginalanalyse hinsichtlich der Variablen $x_i$, $1 \leqslant i \leqslant n$, durchführen, indem wir die partielle Ableitung $\frac{\partial f}{\partial x_i}$ betrachten (d.h. die restlichen $n - 1$ Variablen als Konstante auffassen). Ein Beispiel dafür folgt weiter unten.

Statt der Frage: Um wieviel ändert sich $y = f(x)$ (Zu- oder Abnahme), wenn sich $x_0$ um *eine Einheit* erhöht (Antwort: $f'(x_0)$), hätten wir uns auch die Frage stellen können: Um wieviel Prozent ändert sich y, wenn sich x *um 1%* erhöht? Die Antwort auf diese Frage führt zu einem weiteren wichtigen ökonomischen Begriff, zu dem der Elastizität, den wir nun formal herleiten wollen.

Unter der *relativen* Änderung einer Funktion f im Punkte $x_0$, bezogen auf die relative Änderung von $x_0$, verstehen wir den Quotienten:

$$\frac{f(x_0+h)-f(x_0)}{f(x_0)} : \frac{h}{x_0} = \frac{f(x_0+h)-f(x_0)}{h} \cdot \frac{x_0}{f(x_0)}.$$

Ist f in $x_0$ differenzierbar, so folgt:

$$\lim_{h\to 0} \frac{f(x_0+h)-f(x_0)}{h} \cdot \frac{x_0}{f(x_0)} = x_0 \frac{f'(x_0)}{f(x_0)}.$$

Diesen Grenzwert nennen wir die **Elastizität** von f im Punkt $x_0$. Schreibweise:

$$\frac{E\,f(x_0)}{E\,x_0} = x_0 \frac{f'(x_0)}{f(x_0)} \quad \text{oder für variables } x:$$

$$\frac{E\,f(x)}{E\,x} = x \frac{f'(x)}{f(x)}.$$

Die Elastizität von f in $x_0$ gibt also (ungefähr) an, um wieviel *Prozent* sich y ändert, wenn sich x um 1% erhöht. Für das Beispiel der Nachfragefunktion bedeutet das: Um wieviel Prozent ändert sich die Nachfrage (nimmt sie ab), wenn sich der Preis des Produkts um 1% erhöht? Wegen ihrer *Unabhängigkeit von der Maßeinheit* ist die Elastizität einer Funktion für Vergleiche in ökonomischen Anwendungen oft mehr geeignet als die 1. Ableitung der Funktion.

Der Begriff der Elastizität läßt sich auch auf Funktionen f mit n Variablen $x_1, \ldots, x_n$ übertragen. Wir sprechen dann von *partieller* Elastizität bezüglich einer bestimmten Variablen $x_i$. Formal erfolgt diese Definition über die partielle Ableitung von f nach $x_i$, d.h. die restlichen $n - 1$ Variablen werden als Konstante aufgefaßt. Wir werden dafür noch ein numerisches Beispiel bringen.

Neben der Marginalanalyse von Funktionen in der Ökonomie und der Berechnung ihrer Elastizität kommt der Untersuchung solcher Funktionen auf Extrema mit und ohne Nebenbedingungen eine besondere Bedeutung zu. So mag es z.B. um die Berechnung der maximalen Nachfrage eines Produkts oder der minimalen Kosten seiner Herstellung mit und ohne Kapazitätsbeschränkungen gehen.

An den folgenden zwei ausgewählten Beispielen, die wir bereits in Abschnitt 7.2 kennengelernt haben, wollen wir nun die in diesem Abschnitt angeführten Begriffe und Probleme verdeutlichen bzw. untersuchen.

**Beispiel 22:**

Cobb-Douglas-Produktionsfunktion: $y = f(A,K) = aA^{\alpha}K^{\beta}$ mit $a,\alpha,\beta, > 0$, $\alpha + \beta = 1$, wobei y die Gesamtproduktion einer Volkswirtschaft und A, K die

Produktionsfaktoren Arbeit bzw. Kapitel bedeuten. Die Funktion f ist offensichtlich nach A und K partiell differenzierbar:

$$f_A = \frac{\partial f}{\partial A} = a\,\alpha\,A^{\alpha-1}K^{\beta},$$

$f_A$ heißt Grenzproduktivität bezüglich Faktor Arbeit.

$$f_K = \frac{\partial f}{\partial K} = a\,\beta\,A^{\alpha}K^{\beta-1},$$

$f_K$ heißt Grenzproduktivität bezüglich Faktor Kapital.

Wegen $a, \alpha, \beta > 0$ ist $f_A, f_K > 0$, d.h. die Funktion f ist bei *festem* K bzw. *festem* A monoton *wachsend* in A bzw. K. Die partielle Ableitung $f_A$ gibt also (ungefähr) an, um wieviel die Produktion y wächst, wenn bei festem K der Produktionsfaktor A um eine Einheit zunimmt, entsprechend für $f_K$.

Wie verhält sich nun die Grenzproduktivität bezüglich Faktor K (bzw. bezüglich Faktor A), wenn K gegen Null strebt oder K über alle Grenzen wächst?

Wegen $a, \alpha, \beta > 0, \alpha + \beta = 1$ ist $\beta - 1 < 0$. Somit gilt für festes A:

$$\lim_{K\to 0} f_K = \lim_{K\to 0} a\,\beta\,A^{\alpha}K^{\beta-1} = \infty$$

$$\lim_{K\to\infty} f_K = \lim_{K\to\infty} a\,\beta\,A^{\alpha}K^{\beta-1} = 0,$$

entsprechend für den Faktor A. Als partielle Elastizität erhalten wir:

(1) bezüglich $A(K = K_0$ fest):

$$\frac{E\,f(A,K_0)}{E\,A} = A\,\frac{f_A(A,K_0)}{f(A,K_0)} = A\,\frac{a\,\alpha\,A^{\alpha-1}K_0^{\beta}}{a\,A^{\alpha}\cdot K_0^{\beta}} = \alpha$$

= konstant für alle A.

(2) bezüglich $K(A = A_0$ fest):

$$\frac{E\,f(A_0,K)}{E\,K} = K\,\frac{f_K(A_0,K)}{f(A_0,K)} = K\,\frac{a\,\beta\,A^{\alpha}K^{\beta-1}}{a\,A^{\alpha}\cdot K^{\beta}} = \beta$$

= konstant für alle K.

Die Koeffizienten $\alpha$, $\beta$ in der Cobb-Douglas-Produktionsfunktion sind also gerade die (konstanten) partiellen Elastizitäten. Zur Interpretation von (2): Nimmt bei festem A das Kapital K um 1% zu, so wächst die Produktion y um $\beta$%, und zwar unabhängig vom betrachteten Kapitaleinsatz, entsprechend für (1). ●

Zum Schluß dieses Beispiels sei noch auf Aufgabe 11 verwiesen, die ein Extremwertproblem beinhalten, nämlich die Minimierung der Gesamtkosten einer Volkswirtschaft bei fest vorgegebener Produktion $y = a\,A^{\alpha} K^{\beta}$.

**Beispiel 23:**
Die Nachfrage y nach Produkt 1 sei von den Preisen $p_1$, $p_2$ der Produkte 1 und 2 abhängig: $y = f(p_1, p_2)$. Wir unterstellen eine lineare Nachfragefunktion f mit:

$$y = f(p_1, p_2) = \alpha + \beta p_1 + \gamma p_2, \alpha, \beta, \gamma \in \mathbb{R} .$$

Es ist:

$$\frac{\partial f}{\partial p_1} = \beta, \qquad \frac{\partial f}{\partial p_2} = \gamma ,$$

d.h. sowohl die Grenznachfrage bezüglich $p_1$ als auch bezüglich $p_2$ ist konstant. Ist $\beta < 0$, so ist die Nachfrage nach Produkt 1 bei *festem* Preis $p_2$ monoton fallend, entsprechend für $\gamma < 0$ bei festem $p_1$. Es sei hier vermerkt, daß mit wachsendem $p_1$ nicht unbedingt eine Abnahme der Nachfrage von Produkt 1 einhergeht, weil der (u.U. auch erhöhte) Preis $p_2$ die Nachfrage nach Produkt 1 mitbestimmt. Als partielle Elastizitäten erhalten wir

(1) bezüglich $p_1 (p_2 = p_{20}$ fest)

$$\frac{E\,f(p_1, p_{20})}{E\,p_1} = p_1 \frac{\beta}{\alpha + \beta p_1 + \gamma p_{20}}$$

(2) bezüglich $p_2 (p_1 = p_{10}$ fest)

$$\frac{E\,f(p_{10}, p_2)}{E\,p_2} = p_2 \frac{\gamma}{\alpha + \beta p_{10} + \gamma p_2} .$$

Betrachten wir speziell: $f(p_1, p_2) = 10 - p_1 + 2p_2$, d.h. $\alpha = 10, \beta = -1, \gamma = 2$ und $p_{20} = 1$, so ergibt sich für die partielle Elastizität bezüglich $p_1 = 2$ der Wert:

$$2 \cdot \frac{-1}{10-2+2} = -0.2 .$$

Wächst also für $p_{20} = 1$ der Preis $p_1 = 2$ des Produkts 1 um 1%, so nimmt die Nachfrage y des Produkts 1 um (ungefähr) 0,2% ab. Eine entsprechende Überlegung läßt sich für die partielle Elastizität bezüglich $p_2$ anstellen. Sie ist im allgemeinen positiv (warum?).

Für $\alpha = 0$ und $\gamma = 0$ bzw. $\alpha = 0$ und $\beta = 0$ haben beide partiellen Elastizitäten den Wert 1 (Interpretation!). ●

## 11.6 Aufgaben

1. Bestimme mit Hilfe der Regel von l'Hospital

   (a) $\lim\limits_{x \to 1} \dfrac{\ln x}{e^x - e}$

   (b) $\lim\limits_{x \to 1} \dfrac{\sqrt{2x - x^4} - \sqrt[3]{x}}{1 - \sqrt[4]{x}}$

   (c) $\lim\limits_{x \to \frac{\pi}{2}} \dfrac{\tan 3x}{\tan x}$

   (d) $\lim\limits_{x \to 0} \dfrac{\sin x}{x^3}$

   (e) $\lim\limits_{x \to \infty} \dfrac{\ln x}{x^c}$, $c \in \mathbb{R}^+$.

2. (a) Leite die in 11.2.6 angebenenen Taylorreihen für die 4 ausgewählten Funktionen her.
   (b) Bestimme über die entsprechenden Reihenentwicklungen bis $n = 4$: $\cos 1, e^{0.5}, \ln 2, \arctan 1$.

3. Gegeben sei die Funktion $f: \mathbb{R} \to \mathbb{R}$ mit $f(x) = 2x + 3x^2$. Bestimme die relativen und absoluten Extrema im Intervall $[-2, 1]$ (Zeichnung!).

4. Es sei $f: \mathbb{R} \to \mathbb{R}$ mit $f(x) = e^{ax^2 + bx + c}$, $a \neq 0$
   (a) Zeige: f hat genau ein relatives Extremum.
   (b) Wie müssen a, b, $c \in \mathbb{R}$ gewählt werden, damit dieses Extremum ein relatives Maximum oder ein relatives Minimum ist?

5. Untersuche folgende Funktionen auf relative Extrema:
   (a) $f: \mathbb{R}^2 \to \mathbb{R}$ mit $f(x_1, x_2) = x_1^3 - x_2^2 - 3x_1 + 10x_2 - 6$
   (b) $f: \mathbb{R}^2 \to \mathbb{R}$ mit $f(x_1, x_2) = x_1^3 + 3x_1x_2^2 - 3x_1^2 - 3x_2^2 + 4$
   (c) $f: \mathbb{R}^+ \times \mathbb{R}^+ \to \mathbb{R}$ mit $f(x_1, x_2) = x_1 \ln(x_1 + x_2) - x_2$.

6. Zeige am Beispiel $f(x) = x^4$, daß $f''(x_0) \neq 0$ keine notwendige Bedingung für die Existenz eines relativen Extremums in $x_0$ ist.

7. Die Zahl a soll so als *Summe* dreier Zahlen $x_1, x_2, x_3$ dargestellt werden, daß das *Produkt* $x_1 \cdot x_2 \cdot x_3$ ein Maximum ist. Wende
   (a) das Eliminationsverfahren und
   (b) den Lagrange-Ansatz an.

8. Bestimme die relativen Extrema folgender Funktionen unter den gegebenen Nebenbedingungen:
   (a) $f(x_1, x_2) = x_1^2 + x_2^2 + 9$ unter der Nebenbedingung $2 - x_1 - x_2 = 0$.
   (b) $f(x_1, x_2, x_3) = (x_1 - 1)^2 + (x_2 - 2)^2 + (x_3 - 3)^2$ unter der Nebenbedingung $x_1 - x_2 + x_3 = 2$.

9. Bestimme nach dem Newton-Verfahren die Nullstelle(n) von $f(x) = x^3 - 2x^2 - 4x - 7$.

10. Bestimme von folgender Nachfragefunktion (*Engel-Funktion*) die Grenznachfrage und ihre Elastizität:

$$y = f(x) = ax^b, a > 0 ,$$

worin x das Einkommen und y die nachgefragte Menge eines Produks bedeuten. Wann ist diese Funktion monoton wachsend?

11. Die Gesamtproduktion y einer Volkswirtschaft in der Cobb-Douglas-Funktion $y = a\, A^\alpha K^\beta$ (siehe 11.5) sei fest vorgegeben. Die Arbeit A werde gemessen in Mrd. Arbeitsstunden und das Produktionskapital K in Mrd. DM. Die Kosten pro Mrd. Arbeitsstunden betragen $k_1$ DM und die pro Mrd. DM Kapital $k_2$ DM. Die Gesamtkosten betragen dann $C = k_1 A + k_2 K$. Bestimme die minimalen Kosten! (*Hinweis*: Lagrange-Ansatz).

12. Ein Monopolist stelle zwei konkurrierende Produkte A und B her. Die Nachfrage nach Produkt A sei gegeben durch $y_A = 200 - 10p_A + 20p_B$ und die für B durch $y_B = 5p_A - 15p_B - 100$, worin $p_A$ und $p_B$ die Preise pro Einheit des Produkts A bzw. B bedeuten. Die Einheitsproduktionskosten seien von A gleich 5 und von B gleich 8. Welche Verkaufspreise soll der Monopolist festsetzen, um seinen Gewinn zu maximieren? (*Hinweis*: Gewinn = Umsatz-Kosten).

# 12. Integrierbare Funktionen

## 12.1 Einführung

Betrachten wir einmal das folgende praktische Problem. Gegeben sei ein Bestand (Wasser in einer Talsperre, Öl in einem Tank, Koks auf einer Halde), der sich im Verlauf der Zeit durch Zugänge Z(t) und Abgänge A(t) ändert, dann spielt für nähere Untersuchungen des Vorgangs der Bestandsänderung die sogenannte Zeitmengenfläche eine Rolle. Die Zeitmengenfläche ist die in der nachstehenden Graphik schraffierte Figur.

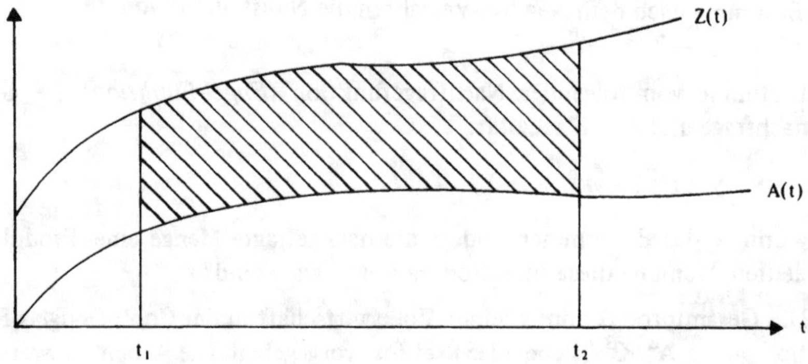


*Abb. 12.1:* Zeitmengenfläche

Offensichtlich erhält man die Zeitmengenfläche als Differenz der Flächen, die durch den Achsenabschnitt $(t_1, t_2)$, die Senkrechten in $t_1$ und $t_2$ und die Graphen von Z bzw. A festgelegt sind.

In der Wahrscheinlichkeitsrechnung stellt sich die Aufgabe, für eine Zufallsvariable X mit gegebener Dichte $\varphi$ die Wahrscheinlichkeit $P(X \leqslant x_o)$ zu berechnen. Die folgende Graphik zeigt, daß es sich auch hierbei um das Problem einer Flächenberechnung handelt. Die gesuchte Wahrscheinlichkeit wird gerade durch die schraffierte Fläche gegeben.

Die beiden Beispiele führten jeweils auf die Frage nach dem Flächeninhalt krummlinig begrenzter Flächen. Wenden wir uns nun einer weiteren (völlig anderen) Frage zu.

Die zweite Frage ist eine Umkehrung der im Kapitel 10 behandelten Differentiation einer Funktion f. Ist eine Funktion f in einem Intervall [a, b] differenzierbar, so können wir die Funktion f' – genannt Ableitung von f – nach den

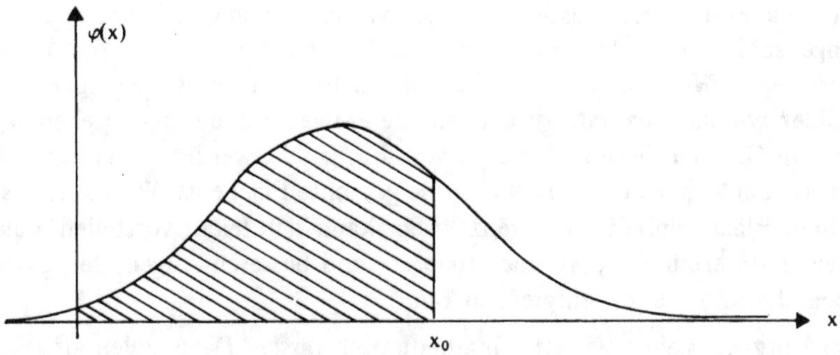


*Abb. 12.2:* **Graph einer Dichte und Wahrscheinlichkeit $P(X \leq x_0)$**

im Kapitel 10 eingeführten Methoden ermitteln. Gibt es nun umgekehrt zu einer Funktion f eine Funktion F, die auch in [a, b] definiert ist und für die gilt: $F' = f$ in [a, b]? Existiert eine solche Funktion F, so nennt man sie eine *Stammfunktion* von f. Im Abschnitt 12.4 werden wir auf den Begriff der Stammfunktion näher eingehen.

Im folgenden wollen wir Fragen klären, die auf den ersten Blick in gar keinem Zusammenhang miteinander stehen. Im Abschnitt 12.5 werden wir aber einen Satz kennenlernen, der uns zeigt, daß die Antworten auf die beiden Fragen zusammenhängen.

## 12.2 Das bestimmte Integral

Die im vorigen Abschnitt eingeführte Aufgabe der Flächenberechnung ließe sich approximativ wie folgt lösen. Denken wir uns den Graphen der Funktion auf Millimeterpapier gezeichnet. Dann können wir die gesuchte Fläche unter der Kurve

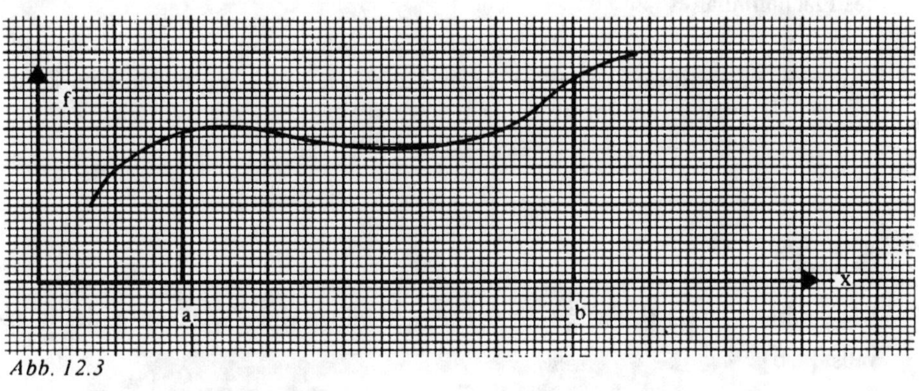


*Abb. 12.3*

dadurch näherungsweise bestimmen, daß wir alle vollen Quadrate mit 1 mm Seitenlänge zählen, die ganz zwischen dem Graphen von f über [a, b] und der x-Achse liegen. Wir erhalten einen Wert, der sicher kleiner als die gesuchte Fläche ist. Zählen wir alle Quadrate zusammen, die entweder in der beschriebenen Weise unter dem Graphen liegen oder aber von ihm geteilt werden, so erhalten wir einen Wert, der sicher etwas größer als die gesuchte Fläche ist. Wir haben also den gesuchten Flächeninhalt eingegrenzt. Man kann sich leicht vorstellen, daß man mit feiner unterteiltem „Millimeterpapier" und besseren Augen, den gesuchten Flächeninhalt noch enger eingrenzen kann.

Diesen Vorgang wollen wir jetzt mathematisch fassen. Dazu sollen als erstes die Eigenschaften der betrachteten Funktion f festgelegt werden. Die angeführten Beispiele und die verwandten Redewendungen wie: „Fläche unter der Kurve" zeigen, daß die dort betrachteten Funktionen nicht-negativ und beschränkt über [a, b] waren. Im folgenden werden wir von den betrachteten Funktionen nur verlangen: f ist beschränkt über [a, b].

Wir weiten damit die Frage nach dem Flächeninhalt aus, können aber durch die zusätzliche Forderung, daß f nicht-negativ ist, immer wieder zu ihr zurückkehren und die im weiteren Verlauf dieses Abschnittes gefundenen Ergebnisse auf dieses Problem übertragen.

Von den betrachteten Intervallen [a, b] wollen wir voraussetzen, daß sie beschränkt sind. Wenn also nicht ausdrücklich etwas anderes gesagt ist, gilt für die folgenden Ausführungen die

**Voraussetzung:**

1. [a, b] ist beschränkt
2. f ist beschränkt über [a,b]

Wir wenden uns nun der mathematischen Präzisierung unserer „Approximation des Flächeninhaltes" zu.

**Definition 1**: Die n + 1 Punkte $x_0, x_1, \ldots, x_n$ bilden eine Zerlegung **z** des Intervalls [a, b]. wenn gilt
$a = x_0 < x_1 < \ldots < x_{n-1} < x_n = b$ .

**Beispiel 1:**

Die Punkte $x_i = a + (b-a)\frac{i}{n}$, $i = 0, 1, \ldots, n$ bilden eine Zerlegung **z** des Intervalls [a, b] . ●

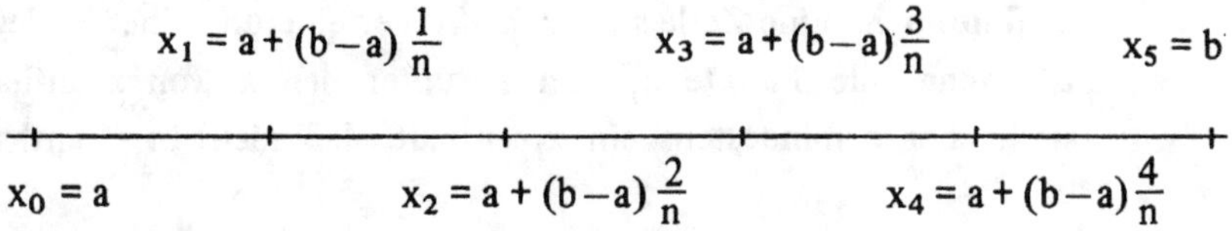


Abbildung 12.4: Zerlegung von $[a, b]$ nach Beispiel 1 für $n = 5$.

Sei $f$ in $[a, b]$ definiert. Betrachten wir eine Zerlegung $\mathbf{z}$ des Intervalls $[a, b]$. Mit $m_i$ sei die untere Grenze von $f(x)$ für $x \in [x_{i-1}, x_i]$ bezeichnet, mit $M_i$ die obere Grenze von $f(x)$ für das gleiche Teilintervall $[x_{i-1}, x_i]$.

**Definition 2**: Sei $f$ in $[a, b]$ erklärt, $\mathbf{z}$ Zerlegung von $[a, b]$, dann heißen die durch

$$U(\mathbf{z}) = \sum_{i=1}^{n} m_i(x_i - x_{i-1})$$

$$O(\mathbf{z}) = \sum_{i=1}^{n} M_i(x_i - x_{i-1})$$

erklärten reellen Zahlen Unter- bzw. Obersumme von $f$ bei der Zerlegung $\mathbf{z}$.

**Beispiel 2**:
Sei $f(x) = x$ in $[a, b]$ und die Zerlegung wie in Beispiel 1 gewählt. Für jedes Teilintervall $[x_{i-1}, x_i]$ hat $f$ die untere Grenze $m_i = x_{i-1}$ und die obere Grenze $M_i = x_i$. Die Teilintervalle haben die konstante Breite $x_i - x_{i-1} = \frac{b-a}{n}$. Damit ergibt sich

$$U(\mathbf{z}) = \frac{b-a}{n} \sum_{i=1}^{n} x_{i-1} = \frac{b-a}{n} \sum_{i=1}^{n} \left(a + (b-a)\frac{i-1}{n}\right)$$

$$O(\mathbf{z}) = \frac{b-a}{n} \sum_{i=1}^{n} x_i = \frac{b-a}{n} \sum_{i=1}^{n} \left(a + (b-a)\frac{i}{n}\right)$$

Nach einigen Umformungen erhalten wir

$$U(\mathbf{z}) = \frac{b^2}{2} - \frac{a^2}{2} - \frac{(b-a)^2}{2n}$$

$$O(\mathbf{z}) = \frac{b^2}{2} - \frac{a^2}{2} + \frac{(b-a)^2}{2n}. \bullet$$

**Definition 3**: Eine Zerlegung $\mathbf{z}$ heißt Verfeinerung einer Zerlegung $\mathbf{z}^\star$, wenn alle Punkte $x_i^\star$ von $\mathbf{z}^\star$ unter den $x_i$ von $\mathbf{z}$ enthalten sind, aber $\mathbf{z}$ mindestens ein $x_j$ enthält, daß nicht in $\mathbf{z}^\star$ enthalten ist.

**Beispiel 3**:

Betrachte $\mathbf{z}^\star : x_i^\star = a + (b-a)\frac{i}{n}$, $i = 0, \ldots, n$. Dann ist die Zerlegung $\mathbf{z} : x_j = a + (b-a)\frac{j}{2n}$, $j = 0, 1, \ldots, 2n$ eine Verfeinerung von $\mathbf{z}^\star$, denn für $j = 2m$, $m = 0, 1, \ldots, n$, findet man $x_j^\star = x_m$. ●

Für die jeweiligen Unter- und Obersummen gilt nun

**Satz 1**: Ist $\mathbf{z}$ eine Verfeinerung von $\mathbf{z}^\star$, dann ist $U(\mathbf{z}^\star) \leqslant U(\mathbf{z}) \leqslant O(\mathbf{z}) \leqslant O(\mathbf{z}^\star)$.

Beweis:

Da $\mathbf{z}$ Verfeinerung von $\mathbf{z}^\star$ ist, gibt es mindestens eine Teilintervall $[x_{i-1}^\star, x_i^\star]$, das durch einen Punkt $x_j$ von $\mathbf{z}$ geteilt wird, d.h. wir haben

$$(\star) \qquad x_{i-1}^\star = x_{j-1} < x_j < x_{j+1} = x_i^\star .$$

Mit $M_j$ sei die obere Grenze von $f$ in dem durch die Zerlegung $\mathbf{z}$ gebildeten Intervall $[x_{j-1}, x_j]$ bezeichnet, entsprechend steht $M_i^\star$ für die obere Grenze von $f$ in dem Intervall $[x_{i-1}^\star, x_i^\star]$, das durch $\mathbf{z}^\star$ gebildet wird. Für die untere Grenze von $f$ in den jeweiligen Intervallen schreiben wir $m_j$ bzw. $m_i^\star$.

Betrachten wir nun wieder die Beziehung ($\star$). Es gilt offenbar

$$M_j \leqslant M_i^\star, M_{j+1} \leqslant M_i^\star, m_i^\star \leqslant m_j, m_i^\star \leqslant m_{j+1} .$$

Damit haben wir

$$\begin{aligned} M_i^\star(x_i^\star - x_{i-1}^\star) &= M_i^\star(x_{j+1} - x_{j-1}) = M_i^\star(x_{j+1} - x_j) + M_i^\star(x_j - x_{j-1}) \\ &\geqslant M_{j+1}(x_{j+1} - x_j) + M_j(x_j - x_{j-1}) \end{aligned}$$

$$\begin{aligned} m_i^\star(x_i^\star - x_{i-1}^\star) &= m_i^\star(x_{j+1} - x_{j-1}) = m_i^\star(x_{j+1} - x_j) + m_i^\star(x_j - x_{j-1}) \\ &\leqslant m_{j+1}(x_{j+1} - x_j) + m_j(x_j - x_{j-1}). \end{aligned}$$

Ersetzt man die entsprechenden Terme in $U(z^\star)$ bzw. $O(z^\star)$ durch diese Abschätzungen, so ergibt sich wegen $m_j \leqslant M_j$ für alle j die behauptete Beziehung. ●

Die Verfeinerung einer Zerlegung ist die mathematische Präzisierung zu der von uns einleitend vorgestellten „Verfeinerung" des Millimeterpapiers.

**Definition 4**: Eine Folge $\{z_n\}$ heißt *ausgezeichnete* Zerlegungsfolge, wenn gilt

1. $z_n$ ist Verfeinerung von $z_m$ für $m < n$.
2. sind $x_i$ die Punkte der Zerlegung $z_n$ und ist

   $\delta_n = \max(x_i - x_{i-1})$, so ist $\lim\limits_{n \to \infty} \delta_n = 0$.

**Beispiel 4**:
Offensichtlich bildet für $n = 1, 2, 4, 8, \ldots$ die in Beispiel 1 eingeführte Zerlegung eine ausgezeichnete Zerlegungsfolge. Die maximale Länge der Teilintervalle $[x_{i-1}, x_i]$ beträgt $\frac{b-a}{n}$ und damit $\lim\limits_{n \to \infty} \frac{b-a}{n} = 0$. ●

Hat man eine ausgezeichnete Zerlegungsfolge $\{z_n\}$, so konvergieren auch die zugehörigen Folgen der Untersummen $\{U(z_n)\}$ und Obersummen $\{O(z_n)\}$, da es sich jeweils um monotone und beschränkte Folgen handelt.

Lassen wir nun die Einschränkung der Verfeinerung fallen.

**Definition 5**: Eine Zerlegungsfolge $\{z_n\}$ heißt beliebig fein werdend, wenn gilt

$$\lim_{n \to \infty} \delta_n = 0 .$$

Für solche Zerlegungsfolgen ist es nun nicht mehr unmittelbar klar, daß die zugehörigen Folgen der Untersummen bzw. Obersummen konvergieren. Dies liegt daran, daß eine solche Zerlegungsfolge nicht notwendig den Teil 1 aus Definition 4 erfüllt.
Es gilt aber auch der folgende Tatbestand:

**Satz 2**: Konvergiert für jede beliebig fein werdende Zerlegungfolge die zugehörige Folge der Untersummen, so stimmen alle diese Grenzwerte überein.

Der Satz macht keine Aussage über die Existenz der Grenzwerte von beliebig fein werdenden Zerlegungsfolgen. Wenn man aber weiß, daß die Grenzwerte dieser

Zerlegungsfolge – zu einem Intervall [a,b] gibt es mehr als eine beliebig fein werdende Zerlegungsfolge – dann kann man sicher sein, daß alle Grenzwerte übereinstimmen.

Es gilt ein analoger Satz für die Obersummen.

**Satz 2'**: Konvergiert für jede beliebig fein werdende Zerlegungsfolge die zugehörige Folge der Obersummen, so streben alle diese Folgen von Obersummen gegen denselben Grenzwert.

**Definition 6**: Der gemeinsame Grenzwert der Folgen der Untersummen heißt Unterintegral, der gemeinsame Grenzwert der Folgen der Obersummen heißt Oberintegral von f über [a, b].

Die Sätze 2 und 2' besagen nicht, daß Unterintegral und Oberintegral gleich sind.

**Definition 7**: Eine Funktion f heißt über [a, b] integrierbar, wenn das Unterintegral von f gleich dem Oberintegral von f ist. Der gemeinsame Wert wird bestimmtes Integral von f über [a, b] genannt. Man schreibt dafür

$$\int_a^b f(x)\,dx \,.$$

**Bemerkung:**
Zur Abgrenzung von anderen Konzepten der Integrierbarkeit in der Mathematik spricht man auch von „integrierbar im Riemannschen Sinn" und vom „bestimmten Riemann Integral". Die Konstanten a und b heißen untere bzw. obere Integrationsgrenzen, x heißt Integrationsvariable. Man kann für die Integrationsvariable auch jedes andere Symbol wählen. Es ist

$$\int_a^b f(x)dx = \int_a^b f(t)d(t) = \int_a^b f(y)dy \quad \text{usw.}$$

In der Definition 6 und den zugrundeliegenden Sätzen 2 und 2' hat man für konkrete Funktionen f ein nur wenig praktikables Instrument, die Integrierbarkeit nachzuweisen und den Wert des bestimmten Integrals zu ermitteln. Zwar hat Riemann ein Kriterium angegeben, mit dessen Hilfe dieser Nachweis leichter zu erbringen ist. Wir wollen hier darauf nicht näher eingehen, sondern nur ohne Beweis zwei Sätze angeben, die für eine große Klasse von Funktionen die Frage der Integrierbarkeit beantworten. Dazu sei noch einmal ausdrücklich daran erinnert, daß f als beschränkt vorausgesetzt wird.

**Satz 3**: Ist f in [a, b] monoton, so ist f über [a, b] integrierbar.

**Satz 4**: Ist f in [a, b] stetig, so ist f über [a, b] integrierbar.

Durch diese beiden Sätze ist für die meisten der in den Anwendungen auftretenden Funktionen die Integrierbarkeit gesichert.
Zum Abschluß dieses Abschnittes wollen wir den Zusammenhang der Begriffe: Differenzierbarkeit, Stetigkeit und Integrierbarkeit einer Funktion darstellen. Es gilt:

f ist differenzierbar in jedem Punkt $x \in [a, b]$

$\downarrow$

f ist stetig in jedem Punkt $x \in [a, b]$

$\downarrow$

f ist integrierbar über [a, b].

Man betrachte, daß die jeweilige Umkehrung nicht notwendig gilt. Die Stetigkeit ist also eine hinreichende aber keine notwendige Bedingung für die Integrierbarkeit einer Funktion.

Im Gegensatz zur Differenzierbarkeit und zur Stetigkeit einer Funktion f, die jeweils als Eigenschaften der Funktion in einem Punkt definiert sind, ist die Integrierbarkeit eine Eigenschaft einer Funktion, die über einem Intervall definiert ist.

## 12.3 Integrationsregeln und Integrationssätze

Die meisten Sätze dieses Abschnittes werden wir ohne Beweis angeben. Die Beweisführung würde mit den bisher zur Verfügung stehenden Mitteln relativ umständlich sein. Hätten wir schon hier den im Abschnitt 12.5 vorgestellten Hauptsatz der Differential- und Integralrechnung zur Verfügung, so wäre die Beweisführung einfacher.

**Satz 5**: Ist f sowohl über [a, c] als auch über [c, b] integrierbar, so ist f auch über [a, b] integrierbar, und es gilt

$$\int_a^b f(x)\,dx = \int_a^c f(x)\,dx + \int_c^b f(x)\,dx .$$

Beweis:
Wir wenden den Satz 5 aus Kapitel 8 auf die konvergenten Folgen der Ober- und Untersummen von f in [a, c] und [a, b] an. ●

**Satz 6**: Ist f über $[a, b]$ integrierbar und gilt $a \leqslant a_1 \leqslant b_1 \leqslant b$, dann ist f auch über $[a_1, b_1]$ integrierbar.

**Bemerkung:**
Aus der Integrierbarkeit über einem Intervall kann man auf die Integrierbarkeit über einem Teilintervall schließen. Aus der Integrierbarkeit von f über den Intervall $[a_1, b_1]$ mit $a \leqslant a_1 \leqslant b_1 \leqslant b$ kann man aber nicht auf die Integrierbarkeit über $[a, b]$ schließen. Dazu benötigt man – wie Satz 5 zeigt – noch die Kenntnis, daß f über $[a, a_1]$ und $[b_1, b]$ integrierbar ist.

**Satz 7**: Das Integral einer integrierbaren Funktion f über ein auf einen Punkt zusammengezogenes Intervall ist Null, d.h.

(i) $$\int_a^a f(x)dx = 0\,;$$

außerdem gilt

(ii) $$\int_a^c f(x)dx = -\int_c^a f(x)dx\,,$$

d.h. bei Vertauschung der Integrationsgrenzen ändert das Integral sein Vorzeichen.

Beweis:
Man wende Satz 5 auf die durch $a = b = c$ für (i) bzw. $a = b, c$ für (ii) festgelegten Intervalle an. ●

**Bemerkung:**
Die Aussage (ii) aus Satz 7 stellt eine Erweiterung unseres Integralbegriffs dar. Wir können uns jetzt lösen von der Vorstellung eines gegebenen Intervalls $[a, b]$ mit $a < b$ und statt dessen beliebige Integrationsgrenzen zulassen.

**Satz 8**: Ist f über $[a, b]$ integrierbar, so ist auch $|f|$ über $[a, b]$ integrierbar, und es gilt

$$\left|\int_a^b f(x)dx\right| \leqslant \left|\left\{\int_a^b |f(x)|\,dx\right\}\right|.$$

**Bemerkung:**
Der Absolutbetrag des rechtsstehenden Integrals muß betrachtet werden, um auch den Fall von Integrationsintervallen mit $b < a$ erfassen zu können.

**Satz 9**: Ist f integrierbar über $[a, b]$ und c eine beliebige reelle Konstante, dann ist auch cf integrierbar, und es gilt

$$\int_a^b cf(x)dx = c \int_a^b f(x)dx .$$

**Satz 10**: Sind f und g zwei über $[a, b]$ integrierbare Funktionen und gilt für alle $x \in [a, b]$, daß $f(x) \leqslant g(x)$ ist, so ist

$$\int_a^b f(x)dx \leqslant \int_a^b g(x)dx .$$

Die folgenden Ausführungen dienen zur Vorbereitung des Mittelwertsatzes der Integralrechnung. Sei g eine im Intervall $[a, b]$ nicht negative Funktion. f sei in $[a, b]$ beschränkt, m und M bezeichnen das Infimum bzw. Supremum von f in $[a, b]$. Für alle $x \in [a, b]$ gelten dann die Ungleichungen $mg(x) \leqslant f(x)g(x) \leqslant Mg(x)$. Sind die Funktionen $m \cdot g, f \cdot g$ und $M \cdot g$ integrierbar, dann können wir mit Satz 10 für die jeweiligen Integrale über $[a, b]$ die folgenden Ungleichungen aufstellen:

$$m \int_a^b g(x)dx \leqslant \int_a^b f(x)g(x)dx \leqslant M \int_a^b g(x)dx .$$

Es läßt sich also eine Zahl $\mu$ mit $m \leqslant \mu \leqslant M$ finden, so daß

$$(1) \qquad \mu \int_a^b g(x)dx = \int_a^b f(x)g(x)dx .$$

Betrachten wir insbesondere die durch $g(x) \equiv 1$ festgelegte Funktion g. Für diese Funktion ergibt jede Zerlegung von $[a, b]$ die Untersumme $b-a$ und auch die Obersumme $b-a$, d.h. g ist über $[a, b]$ integrierbar mit

$$\int_a^b 1 \cdot dx = b-a .$$

Für diese spezielle Funktion g ergibt sich aus (1)

$$\mu(b-a) = \int_a^b f(x)dx .$$

Ist f stetig in [a,b], dann nimmt f die Werte m und M an, und es existiert nach dem Zwischenwertsatz (Satz 4 aus Kapitel 9) mindestens ein $\xi \in [a,b]$ mit $f(\xi) = \mu$. Da stetige Funktionen integrierbar sind, haben wir damit den sogenannten Mittelwertsatz der Integralrechnung gefunden.

**Satz 11**: Ist f stetig in [a,b], dann gibt es mindestens ein $\xi \in [a,b]$ mit

$$\int_a^b f(x)dx = f(\xi)(b-a) .$$

**Bemerkung:**
Geometrisch interpretiert besagt der Mittelwertsatz, es gibt mindestens ein $\xi$, so daß das Rechteck über [a,b] mit der Höhe $\mu = f(\xi)$ denselben Flächeninhalt hat, wie die schraffierte Fläche. Der Punkt $\xi$ läßt sich allgemein nicht näher bestimmen. Der Satz 11 sagt nur aus, daß es mindestens einen solchen Punkt gibt.

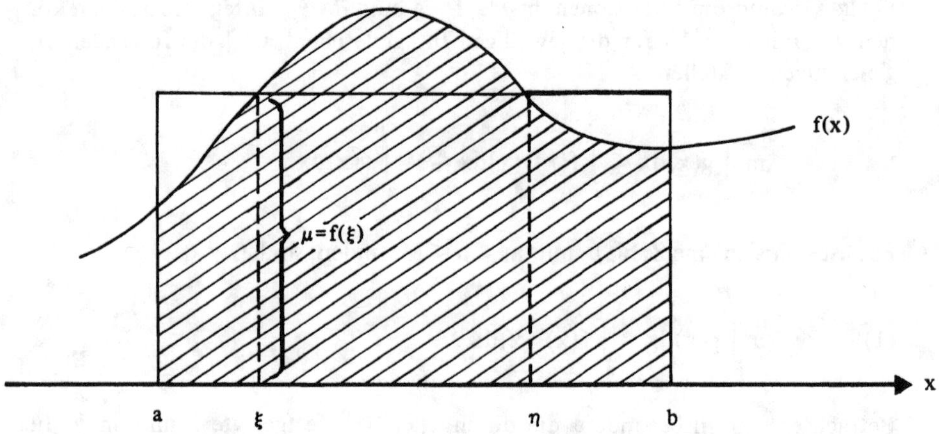


*Abb. 12.4:* Geometrische Interpretation des Mittelwertsatzes

In der obigen Zeichnung genügen sowohl $\xi$ als auch $\eta$ der Aussage des Mittelwertsatzes.

Der folgende Satz gibt an, wie man durch algebraische Operation mit integrierbaren Funktionen wieder zu integrierbaren Funktionen gelangt.

**Satz 12**: Sind f und g integrierbar über [a,b], so sind auch $f+g$, $f-g$, $f \cdot g$ über [a,b] integrierbar.

Gilt außerdem $g(x) \neq 0$ für alle $x \in [a,b]$, so ist auch f/g integrierbar.

**Bemerkung:**
Für f + g findet man

$$\int_a^b (f(x) + g(x))\,dx = \int_a^b f(x)\,dx + \int_a^b g(x)\,dx\,.$$

Das Integral über eine Summe ist also gleich der Summe der Integrale.

## 12.4 Stammfunktion – das unbestimmte Integral

In diesem Abschnitt wollen wir die zweite der im einführenden Abschnitt 12.1 aufgeworfenen Fragen untersuchen: Gibt es zu einer in [a, b] definierten Funktion f eine oder sogar mehrere Funktionen F, für die gilt $F' = f$?

Beginnen wir mit einer Definition.

> **Definition** 8: Eine in [a, b] differenzierbare Funktion F heißt Stammfunktion der in [a, b] definierten Funktion f, wenn für alle $x \in [a,b]$ gilt
>
> $F'(x) = f(x)\,.$

**Bemerkung:**
Statt Stammfunktion von f ist für F auch die Bezeichnung unbestimmtes Integral von f üblich.

Die oben aufgeworfene Frage kann in die folgenden Teilfragen zerlegt werden:

*1. Existiert zu einer Funktion f eine Funktion F mit $F' = f$?*

*2. Ist die Funktion F eindeutig festgelegt?*

*3. Wie findet man eine solche Funktion F?*

Im Anschluß an die erste Frage kann man noch die Frage stellen, ob die Funktion F sich in geschlossener Form darstellen läßt. Ist beispielsweise f durch $f(x) = x$ gegeben, so ist sicher die durch $F(x) = 0.5\,x^2$ festgelegte Funktion F eine Stammfunktion zu f, denn $F'(x) = x = f(x)$.

Dagegen hat die Funktion f mit $f(x) = e^{-x^2}$ zwar Stammfunktionen, aber keine läßt sich – wie im ersten Beispiel – durch einen geschlossenen Ausdruck darstellen.

Das Schwergewicht der folgenden Überlegungen richtet sich auf die Beantwortung der Frage 2. Die übrigen Fragen werden in den folgenden Abschnitten wieder aufgegriffen.

Der folgende Satz zeigt, daß man nicht von „der Stammfunktion von f" sprechen darf. Existiert überhaupt eine Stammfunktion von f, so gibt es beliebig viele Stammfunktionen.

> **Satz 13**: Mit F ist auch für beliebiges $c \in \mathbb{R}$ die Funktion $F + c$ Stammfunktion von f in $[a,b]$. Außerdem gibt es zu jeder anderen Stammfunktion $F_0$ von f ein $c_0$, so daß $F = F_0 + c_0$ ist.

**Bemerkung:**
Der Satz enthält zwei Aussagen. Zu einem, daß man mit einer Stammfunktion F auch gleich unendlich viele Stammfunktionen gefunden hat, denn $F + c$ und $c \in \mathbb{R}$ ist auch wieder Stammfunktion. Zum anderen zeigt dieser Satz aber auch, daß dies schon alle Stammfunktionen sind, da man – wie der zweite Teil des Satzes zeigt – jede andere Stammfunktion $F_0$ schreiben kann als $F_0 = F - c_0$.

Beweis:
Nach den Regeln der Differentialrechnung gilt:

$$(F+c)' = F' + c' = F' + 0 = f .$$

Damit ist der erste Teil des Satzes bewiesen. Um die zweite Aussage zu beweisen, betrachten wir die Differenzfunktion $F_0 - F$. Nach den Regeln der Differentialrechnung gilt

$$(F_0 - F)' = F_0' - F' = f - f = 0 .$$

Daraus folgt $F_0 - F = \text{const.}$, also $F_0 = F + \text{const.}$. ●

Die Teilfrage 3: „Wie findet man zu einer Funktion f die – wie wir jetzt wissen – Menge der Stammfunktionen $F + c$, $c \in \mathbb{R}$?" soll in diesem Abschnitt nicht vollständig beantwortet werden. Mit Hilfe der Ergebnisse des Kapitels über differenzierbare Funktionen können wir aber eine erste Antwort geben. Dort hatten wir die Ableitung einer ganzen Reihe von Funktionen kennengelernt. Mit Hilfe dieser Paare (Funktion, Ableitung) können wir jetzt sogenannte Integraltafeln aufstellen, indem wir die Paare gleichsam von der anderen Richtung betrachten, d.h. (Ableitung, Stammfunktion).

Umfangreichere Integraltafeln sind häufig Logarithmentafeln und ähnlichen Tabellensammlungen angefügt. Wir werden im Abschnitt 12.6 Regeln kennenlernen, die es uns gestatten, eventuell die Stammfunktion einer Funktion f aus bekannten Stammfunktionen aufzubauen.

| f(x) | F(x) + c | Bemerkungen |
|---|---|---|
| $x^{\alpha}$ | $\frac{x^{\alpha+1}}{\alpha+1} + c$ | $\alpha \neq -1, \alpha \in \mathbb{R}$ |
| $x^{-1}$ | $\ln \lvert x\rvert + c$ | $x \neq 0$ |
| $e^x$ | $e^x + c$ | |
| $a^x$ | $a^x/\ln a + c$ | $0 < a < 1$ oder $a > 1$ |
| $\sin x$ | $\cos x + c$ | |
| $\cos x$ | $-\sin x + c$ | |
| $\tan x$ | $(\cos^2 x)^{-1} + c$ | |
| $\cot x$ | $-(\sin^2 x)^{-1} + c$ | |

Tabelle 12.1: Stammfunktionen elementarer Funktionen

## 12.5 Der Hauptsatz der Differential- und Integralrechnung

Dieser Abschnitt wird zeigen, daß die Frage nach dem Flächeninhalt, die uns zum Begriff des bestimmten Integrals führte und die Frage nach den Stammfunktionen zusammenhängen. In gewisser Weise kann man sagen, daß man mit der Antwort auf die eine Frage auch schon immer die Antwort auf die andere gefunden hat.

Zur Vorbereitung des Hauptsatzes benötigen wir zwei Sätze:

**Satz 14**: Ist $f$ über $[a,b]$ integrierbar, dann ist die durch

$$F(x) = \int_c^x f(u)\,du$$

für festes $c \in [a,b]$ und alle $x \in [a,b]$ erklärte Funktion $F$ eine stetige Funktion in $[a,b]$.

Beweis:

Sei $x_0 \in [a,b]$ beliebig, aber fest. Dann gilt:

$$F(x) - F(x_0) = \int_c^x f(u)\,du - \int_c^{x_0} f(u)\,du = \int_{x_0}^x f(u)\,du.$$

Nun ist f beschränkt; sei M eine Schranke von f im Intervall [a, b], dann ist

$$\int_{x_0}^{x} f(u)du \leqslant M \int_{x_0}^{x} du$$

und damit $|F(x) - F(x_0)| \leqslant M|x - x_0|$. Damit sieht man, daß für jede Folge $x \to x_0$ auch $F(x) \to F(x_0)$ gilt. ●

Man sagt auch, das Integral sei eine stetige Funktion seiner oberen Grenze.

**Satz 15:** Ist f stetig in [a, b], dann ist für beliebiges $c \in [a, b]$ $F(x) = \int_c^x f(u)du$ differenzierbar für alle $x \in [a, b]$, und F ist eine Stammfunktion von f, d.h. $F'(x) = f(x)$ für alle $x \in [a, b]$.

Beweis:

Betrachte $F(x) - F(x_0) = \int_{x_0}^{x} f(u)du$. Nach Satz 11 gibt es ein $\xi \in [x_0, x]$ mit $F(x) - F(x_0) = f(\xi)(x - x_0)$ und damit $f(\xi) = \frac{F(x) - F(x_0)}{x - x_0}$.

Für $x \to x_0$ folgt aus der Stetigkeit von f, daß $f(\xi) \to f(x_0)$, d.h. aber, daß der Grenzwert $\lim_{x \to x_0} \frac{F(x) - F(x_0)}{x - x_0} = F'(x_0)$ existiert, und daß gilt $F'(x_0) = f(x_0)$. Da $x_0 \in [a, b]$ beliebig gewählt werden kann, ist F eine Stammfunktion von f. ●

Damit haben wir einen Weg gefunden, für stetige Funktionen eine Stammfunktion zu bestimmen. Nun können wir auch den sogenannten Hauptsatz der Differential- und Integralrechnung formulieren.

**Satz 16:** Ist f in [a, b] stetig, so gilt für jede Stammfunktion F

$$\int_a^b f(x)dx = F(b) - F(a).$$

Beweis:

Da f stetig ist, haben wir die spezielle Stammfunktion $F_0(x) = \int_a^x f(u)du$ und damit

$$F_0(b) - F_0(a) = \int_a^b f(u)du - \int_a^a f(u)du = \int_a^b f(u)du.$$

Ist F nun eine beliebige Stammfunktion von f, dann wissen wir nach Satz 13, daß $F = F_0 + c$ gilt und damit

$$F(b) - F(a) = F_0(b) + c - (F_0(a) + c) = F_0(b) - F_0(a) . \bullet$$

Kennt man also eine Stammfunktion F einer stetigen Funktion f, dann ist die Ermittlung des bestimmten Integrals von f zurückgeführt auf die Bestimmung der Differenz der Funktionswerte von F in den Endpunkten des Integrationsintervalls.

**Bemerkung:**
In Satz 15 wurde gezeigt, daß

$$\text{(i)} \quad \int_c^x f(u)\,du$$

eine Stammfunktion von f ist. Der Punkt c war dabei beliebig aus [a, b]. In Anlehnung an den Ausdruck (i) verwendet man daher für das unbestimmte Integral (Stammfunktion) die Bezeichnung

$$\text{(ii)} \quad \int f(u)\,du\,,$$

d.h. man hat in (ii) die explizite Angabe des beliebigen $c \in [a, b]$ und des x weggelassen. Häufig schreibt man auch $\int f(x)\,dx$.

## 12.6 Anwendung des Hauptsatzes der Differential- und Integralrechnung – Partielle Integration und Integration durch Substitution

Wie schon am Ende des vorigen Abschnittes ausgeführt wurde, ist es bei Kenntnis einer Stammfunktion F der Funktion f sehr einfach, den numerischen Wert des bestimmten Integrals zu ermitteln.

**Beispiel 5:**

Zu berechnen ist $\int_a^b x^{25}\,dx$ . Die Integraltafel aus 12.4 zeigt uns, daß durch

$F(x) = \frac{1}{26} x^{26}$ eine Stammfunktion gegeben ist. Mit Satz 16 ergibt sich dann

$$\int_a^b x^{25}\,dx = \frac{1}{26}(b^{26} - a^{26}) . \bullet$$

**Beispiel 6:**

Zu berechnen ist $\int_a^b e^x dx$. Analoges Vorgehen wie in Beispiel 5 liefert

$$\int_a^b e^x dx = e^b - e^a . \bullet$$

Mit Hilfe des Hauptsatzes lassen sich auch die Beweise der Sätze aus 12.3 einfacher führen. Dies sei exemplarisch im Beispiel 7 für den Satz 5 durchgeführt.

**Beispiel 7:**
Sei $f$ stetig und $F$ eine Stammfunktion von $f$.

$$\begin{aligned}\int_a^b f(x)dx &= F(b) - F(a) \\ &= F(b) - F(c) + F(c) - F(a) \quad \text{für beliebiges } a < c < b \\ &= \int_c^b f(x)dx + \int_a^c f(x)dx . \bullet\end{aligned}$$

Im Folgenden wollen wir noch zwei Methoden zur Ermittlung von Stammfunktionen kennenlernen, die auch für die Berechnung von bestimmten Integralen direkt anwendbar sind.

**Satz 17:** Sind $f$ und $g$ zwei stetig differenzierbare Funktionen in $[a,b]$. Betrachtet man die durch $h(x) = f(x)\,g'(x)$ definierte Funktion, dann gilt

1. $H(x) = f(x)g(x) - \int f'(x)g(x)dx$ ist eine Stammfunktion von $h$
2. $\int_a^b h(x)dx = f(b)g(b) - f(a)g(a) - \int_a^b f'(x)g(x)dx.$

Beweis:
1. Da $\int f'(x)g(x)dx = \int_c^x f'(x)g(x)dx$ eine Stammfunktion zu $f'(x)g(x)$ ist

(Satz 15), gilt:

$$\begin{aligned}H'(x) &= (f(x)g(x))' - f'(x)g(x) \\ &= f'(x)g(x) + f(x)g'(x) - f'(x)g(x) \\ &= f(x)g'(x) .\end{aligned}$$

2. $\int_a^b h(x)dx = H(b) - H(a)$ nach Satz 16

$$H(x) = f(x)g(x) - \int_c^x f'(x)g(x)dx$$

$$H(a) = f(a)g(a) - \int_c^a f'(x)g(x)dx$$

$$H(b) = f(b)g(b) - \int_c^b f'(x)g(x)dx.$$

Da gilt $\int_c^a f'(x)g(x)dx = -\int_a^c f'(x)g(x)dx$ folgt die Behauptung durch Zusammenfassung der Terme unter Verwendung von Satz 5. ●

Die Aussage des Satzes 17 bezeichnet man als **partielle Integration**. Statt $f(b)g(b) - f(a)g(a)$ schreibt man auch abkürzend $f(x)g(x)|_a^b$.

**Beispiel 8**:

Gegeben sei $h(x) = xe^x$. Berechne $\int_a^b h(x)dx$. Man zerlege $h(x)$ in $f(x) \cdot g'(x)$, indem man $f(x) = x$ und $g'(x) = e^x$ setzt. Dann ist nach Satz 17 und der Integraltafel aus 12.4

$$\begin{aligned} \int xe^x dx &= xe^x - \int e^x dx \\ &= xe^x - e^x \\ &= e^x(x-1) \end{aligned}$$

und damit

$$\int_a^b xe^x dx = e^b(b-1) - e^a(a-1). \bullet$$

Der folgende Satz ist eine Ausnutzung der Kettenregel der Differentialrechnung.

**Satz 18**: Sei f stetig und $\varphi$ stetig differenzierbar und sei der Einsetzungsprozeß $f(x) = f(\varphi(t))$ mit $x = \varphi(t)$ zulässig, dann ist

1. $\int f(\varphi(t))\,\varphi'(t)dt = [\int f(x)dx]_{x=\varphi(t)}$

$$2. \int_a^b f(x)dx = \int_\alpha^\beta f(\varphi(t))\varphi'(t)dt \text{ mit } \varphi(\beta) = b \text{ und } \varphi(\alpha) = a.$$

Durch die Schreibweise

$$[\int f(x)dx]_{x=\varphi(t)}$$

soll angedeutet werden, daß x eine Funktion von t ist.

Existiert die Umkehrfunktion $\varphi^{-1}$, so läßt sich der 1. Teil der Aussage auch schreiben als

$$[(\int f(\varphi(t))\,\varphi'(t)dt)]_{t=\varphi^{-1}(x)} = \int f(x)dx\,.$$

Man spricht auch von **Integration durch Substitution.**

Beweis:

$[\int f(x)dx]_{x=\varphi(t)}$ bedeutet, daß in die Stammfunktion F für x $\varphi(t)$ eingesetzt wird. Ist F Stammfunktion, so ist

$$\frac{dF(\varphi(t))}{dt} = [F'(x)]_{x=\varphi(t)}\,\frac{d\varphi(t)}{dt} = f(\varphi(t))\varphi'(t)\,.$$

Damit ist

$$\int_a^b f(x)dx = F(b) - F(a) = F(\varphi(\beta)) - F(\varphi(a))$$

$$= \int_\alpha^\beta f(\varphi(t))\varphi'(t)du\,.$$

$\alpha$ und $\beta$ ergeben sich aus $\alpha = \varphi^{-1}(a)$ und $\beta = \varphi^{-1}(b)$, wenn die Umkehrfunktion $\varphi^{-1}$ existiert. ●

**Beispiel 9:**

Es ist für $f(x) = (\sqrt{1+x^2})^{-3}$ eine Stammfunktion zu bestimmen. Setzt man $x = \tan t = \varphi(t)$, dann ist $\varphi'(t) = (\cos^2 t)^{-1}$, und wegen

$$\begin{aligned}\sqrt{1+\tan^2 t} &= \sqrt{1+\sin^2 t/\cos^2 t}\\ &= \sqrt{(\cos^2 t+\sin^2 t)/\cos^2 t}\\ &= (\cos t)^{-1}\end{aligned}$$

sowie $t = \arc \tan x$ ergibt sich

$$\int \left(\sqrt{1+x^2}\right)^{-3} dx = \int \left(\frac{1}{\cos t}\right)^{-3} (\cos^2 t)^{-1} dt$$

$$= \int \cos t \, dt$$

$$= \sin t$$

$$= \frac{\tan t}{\sqrt{1+\tan^2 t}}$$

$$= \frac{x}{\sqrt{1+x^2}} . \bullet$$

**Beispiel 10:**
An diesem einfachen Beispiel soll die Transformation der Integrationsgrenzen demonstriert werden. Zu bestimmen ist $\int_1^2 (x+4)^2 dx$.

Setze $x = \varphi(t) = t - 4$, dann ist $\varphi'(t) = 1$. $\varphi^{-1}(x) = x + 4 = t$

$\varphi(\alpha) = a = 1$ und also $\alpha = \varphi^{-1}(1) = 5$

$\varphi(\beta) = b = 2$ und also $\beta = \varphi^{-1}(2) = 6$

$$\int_1^2 (x+4)^2 dx = \int_5^6 t^2 dt = \frac{t^3}{3} \Big|_5^6 = \frac{91}{3} . \bullet$$

## 12.7 Numerische Integration

Die Definition des bestimmten Integrals eröffnet zugleich auch einen Weg zu einer näherungsweisen Berechnung seines Wertes. Wenn wir wissen, daß die Funktion f über [a,b] integrierbar ist, dann können wir das bestimmte Integral numerisch wie folgt approximieren.

Das Intervall [a,b] wird in n gleich Teile der Breite $\frac{b-a}{n}$ zerlegt.

Die Teilungspunkte sind $a = x_0 < x_1 < \ldots < x_n = b$. Dann stellen die beiden Summen

$$R_1 = \frac{b-a}{n} \sum_{\nu=1}^{n} f(x_{\nu-1}) .$$

$$R_2 = \frac{b-a}{n} \sum_{\nu=1}^{n} f(x_\nu)$$

jeweils eine numerische Approximation für $\int_a^b f(x)dx$ dar. Diese beiden Formeln werden als **Rechteckregeln** bezeichnet. Die nachstehenden Graphiken verdeutlichen, wie das bestimmte Integral jeweils approximiert wird.

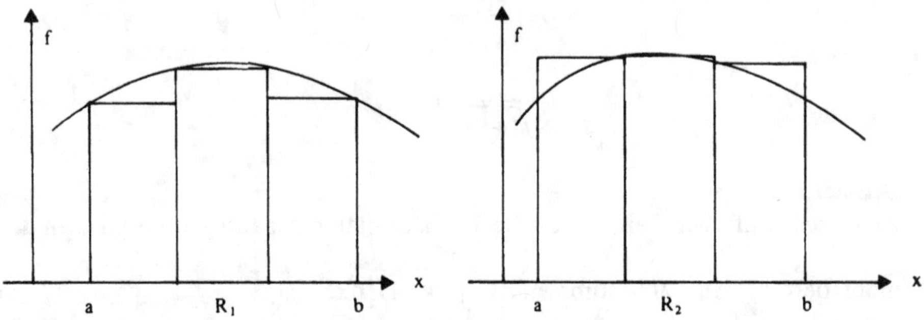


*Abb. 12.5:* Rechteckregeln

Die Rechtfertigung für diese Approximation liegt in der folgenden Tatsache begründet.

**Definition 9**: Ist $\mathbf{z}_n$ eine Zerlegung von $[a, b]$ mit den Teilungspunkten $x_\nu$, dann bezeichnet man für beliebige $\xi_\nu$ mit $x_{\nu-1} \leqslant \xi_\nu \leqslant x_\nu$ den Ausdruck $\sum_{\nu=1}^{n} f(\xi_\nu)(x_\nu - x_{\nu-1})$ als Riemann-Summe.

Es gilt nun

**Satz 19**: Ist f über $[a, b]$ integrierbar, dann konvergiert für jede Zerlegungsfolge jede zugehörige Folge der Riemann-Summen gegen das bestimmte Integral.

Beweis:

Für jedes Teilintervall $[x_{\nu-1}, x_\nu]$ und jedes $\xi_\nu \in [x_{\nu-1}, x_\nu]$ gilt $m_\nu \leqslant f(\xi_\nu) \leqslant M_\nu$, wenn $m_\nu$ das Infimum und $M_\nu$ das Supremum von f in $[x_{\nu-1}, x_\nu]$ ist, d.h. die Riemann-Summen liegen immer zwischen der jeweiligen Unter- und Obersumme. ●

Eine weitere Approximation erhält man durch

$$T_1 = \frac{1}{2}(R_1 + R_2) .$$

Wie die folgende Graphik zeigt, entspricht dies einer Approximation durch eingeschriebene Trapeze. Man spricht daher auch von der **Trapezregel**.

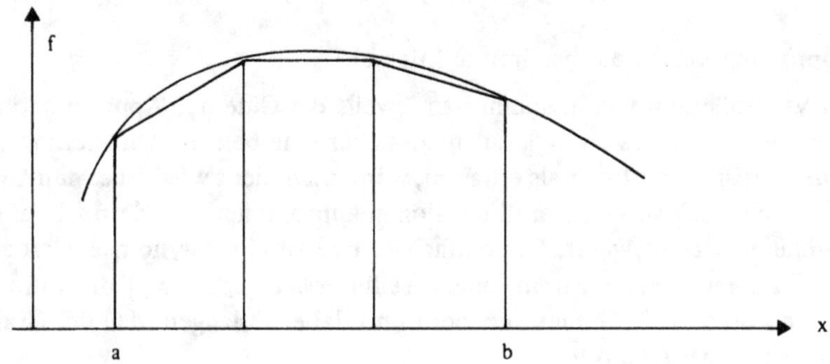


*Abb. 12.6:* Trapezregel

Die Formel für $T_1$ ergibt sich zu

$$T_1 = \frac{b-a}{n} \left\{ \frac{1}{2} f(x_0) + \sum_{\nu=1}^{n-1} f(x_\nu) + \frac{1}{2} f(x_n) \right\}$$

Die Idee, das bestimmte Integral über Trapeze zu approximieren, kann man auch variieren, wie folgende Zeichnung zeigt.

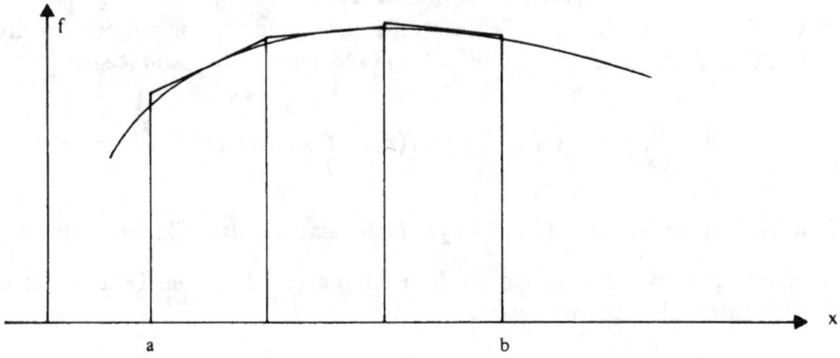


*Abb. 12.7:* Trapezregel

Die umhüllende Folge von Trapezen erhält man dadurch, daß man über jedem Teilintervall $[x_{\nu-1}, x_\nu]$ im Punkt $(z_\nu, f(z_\nu))$ mit $z_\nu = x_{\nu-1} + (x_\nu - x_{\nu-1})/2 = (x_\nu + x_{\nu-1})/2$ die Tangente an den Graphen von f zeichnet.

Man erhält

$$T_2 = \frac{b-a}{n} \sum_{\nu=1}^{n} f(z_\nu) \text{ mit } \qquad z_\nu = \frac{x_\nu + x_{\nu-1}}{2}$$

als Approximation für das bestimmte Integral.

Durch Vergrößerung von n kann man jeweils die Güte der Approximation verbessern. Bei einem festen n kann man sicher eine bessere Annäherung an den Wert des bestimmten Integrals erhalten, wenn man nicht wie bisher den Graphen von f durch stückweise lineare Funktionen approximiert, sondern z.B. ein Polynom höheren Grades wählt. Der einfachste Fall ist ein Polynom 2. Grades. Dieses ist festgelegt, wenn wir in jedem Teilintervall $[x_{\nu-1}, x_\nu]$ die Funktion f durch ein Polynom 2. Grades annähern und dabei verlangen, daß der Graph des Polynoms durch die Punkte

$$(x_{\nu-1}, f(x_{\nu-1})), (z_\nu, f(z_\nu)), (x_\nu, f(x_\nu))$$

geht, wobei $z_\nu = (x_\nu + x_{\nu-1})/2$ der Mittelpunkt des Intervalls $[x_{\nu-1}, x_\nu]$ ist. Integriert man das approximierende Polynom über $[x_{\nu-1}, x_\nu]$ so erhält man für das bestimmte Integral des Polynoms über $[x_{\nu-1}, x_\nu]$ den Wert

$$(*) \; \frac{b-a}{6n}(f(x_{\nu-1}) + 4f(z_\nu) + f(x_\nu)) \text{ mit } z_\nu = \frac{x_\nu + x_{\nu-1}}{2}.$$

Den Vorgang der Bestimmung der Koeffizienten des Polynoms und den der Integration des Polynoms haben wir hier aus Platzgründen nicht durchgeführt. Führen wir diesen Schritt für alle Teilintervalle durch und summieren den Ausdruck (*) für alle Teilintervalle, so erhalten wir die sogenannte **Simpson-Regel**

$$SR = \frac{b-a}{6n} \sum_{\nu=1}^{n} (f(x_{\nu-1}) + 4f(z_\nu) + f(x_\nu)) \text{ mit } z_\nu = \frac{x_\nu + x_{\nu-1}}{2}.$$

Offensichtlich ist $SR = \frac{1}{6}(2T_1 + 4T_2)$. Man beachte, daß alle Formeln für die numerische Integration lediglich die Berechnung von f an den Teilungspunkten bzw. den Intervallmitten voraussetzt.

## 12.8 Uneigentliche Integrale

Das bestimmte Integral einer Funktion hatten wir unter zwei Einschränkungen behandelt, zum einen war der Integrationsbereich $[a,b]$ als endliches Intervall vorausgesetzt, und $f$ war in $[a,b]$ beschränkt. In diesem Abschnitt soll gezeigt werden, wann man diese beiden Einschränkungen aufheben kann.

Der Integrationsbereich $[a,b]$ kann durch $a = -\infty$ oder $b = +\infty$ oder $a = -\infty$, $b = +\infty$ zu einem unendlichen Intervall werden, d.h. es soll eine Funktion über $(-\infty, b]$, $[a, +\infty)$ bzw. $(-\infty, +\infty)$ integriert werden. Die Möglichkeit, das bestimmte Integral einer nicht negativen Funktion als Fläche zu interpretieren, kann uns helfen, die Problematik eines unbeschränkten Integrationsbereiches zu verstehen.

**Beispiel 11:**
Betrachte $f(x) = 0{,}5x$ über $[a,b]$ mit $a, b \geqslant 0$

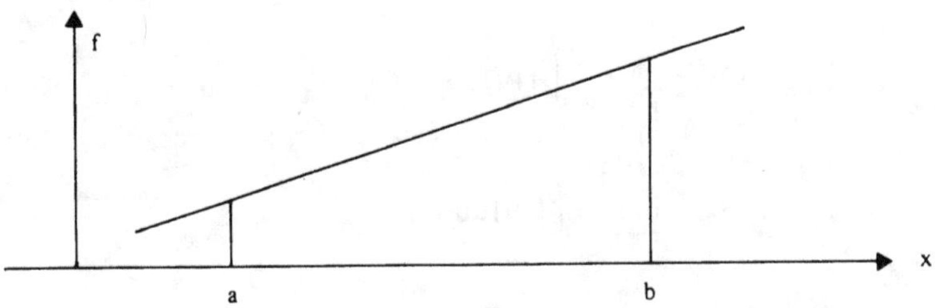


*Abb. 12.8:*

Das bestimmte Integral über $[a,b]$ ist durch die schraffierte Fläche gegeben. Würden wir an Stellen von $[a,b]$ das Intervall $[a, +\infty)$ betrachten, so hätten wir offensichtlich eine „unendliche" große Fläche. ●

**Beispiel 12:**
Betrachten wir das bestimmte Integral von $f(x) = e^{-x}$ über $[a,b]$. Es entspricht der schraffierten Fläche in der folgenden Abbildung. (s. Abb. 12.10).

Betrachtet man nun das Intervall $[a, +\infty)$, so wird sicherlich die Fläche größer als beim Intervall $[a,b]$, aber da sich der Graph von $f$ für $x \to +\infty$ immer mehr der x-Achse nähert, hat man das „Gefühl", so viel könnte sich eigentlich die Fläche über $[a, +\infty)$ nicht von der über $[a,b]$ „unterscheiden". ●

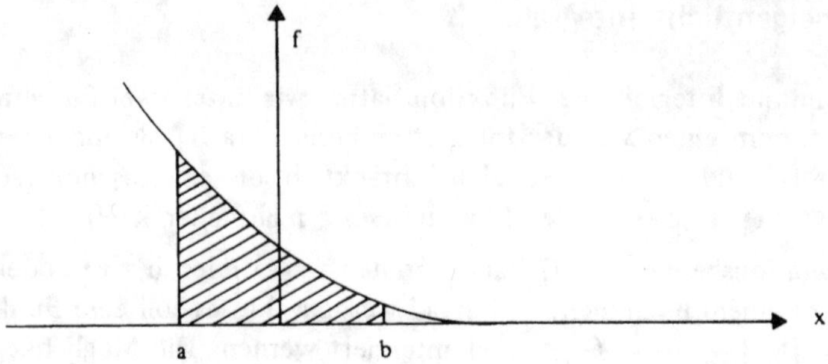


*Abb. 12.9:*

Die folgende Definition liefert uns Klarheit.

**Definition 10**: Ist f über jedem endlichen Intervall integrierbar, dann sind die uneigentlichen Integrale von f bei Existenz der Grenzwerte definiert als

$$\int_{-\infty}^{b} f(x)dx = \lim_{t \to -\infty} \int_{t}^{b} f(u)du$$

$$\int_{a}^{+\infty} f(x)dx = \lim_{t \to +\infty} \int_{a}^{t} f(u)du$$

$$\int_{-\infty}^{+\infty} f(x)dx = \lim_{t \to -\infty} \int_{t}^{c} f(u)du + \lim_{t' \to +\infty} \int_{c}^{t'} f(u)du \text{ für beliebiges } c.$$

**Bemerkung:**

Das uneigentliche Integral $\int_{-\infty}^{+\infty} f(x)dx$ ist unabhängig von der Wahl des c, wie man mit Hilfe von Satz 5 einsieht. Man beachte, daß die Definition verlangt, daß t und t′ unabhängig voneinander gegen $-\infty$ bzw. $+\infty$ streben.

**Beispiel 13:**
Das Integral von $f(x) = x^{-1}$ über $[1, +\infty]$ existiert nicht, denn für jedes Intervall $[1, t]$ gilt

$$\int_{1}^{t} \frac{1}{x} dx = \ln x \,|_{1}^{t} = \ln t\,.$$

Aber $\lim\limits_{t\to+\infty} \ln t$ existiert nicht. ●

**Beispiel 14:**

Das uneigentliche Integral von $f(x) = e^{-x}$ über $[0,+\infty]$ existiert,

denn $\int\limits_0^t e^{-x}dx = e^{-x}|_0^t = 1 - e^{-t}$

und also $\int\limits_0^{+\infty} e^{-x}dx = \lim\limits_{t\to+\infty}(1-e^{-t}) = 1$. ●

**Beispiel 15:**

Ist $f(x) = \frac{1}{\pi} \cdot (1+x^2)^{-1}$, so erhält man das uneigentliche Integral

$$\frac{1}{\pi}\int\limits_{-\infty}^{+\infty} \frac{dx}{(1+x^2)} = 1 .$$

Man setze $c = 0$.

$$\int\limits_t^0 \frac{du}{1+u^2} = \text{arc tan } u\, |_t^0 = -\text{arc tan } t$$

$$\int\limits_0^{t'} \frac{du}{1+u^2} = \text{arc tan } u\, |_0^{t'} = \text{arc tan } t'.$$

Nun ist $\lim\limits_{t\to-\infty} \text{arc tan } t = -\frac{\pi}{2}$ $\lim\limits_{t'\to+\infty} \text{arc tan } t' = \frac{\pi}{2}$, woraus das obige Ergebnis folgt. ●

**Beispiel 16:**

Das uneigentliche Integral von $f(x) = \frac{x}{\pi(1+x^2)}$ über $(-\infty, +\infty)$ existiert nicht.

Wählt man $c = 0$, so ergibt sich

$$\int\limits_t^0 \frac{x\,dx}{\pi(1+x)^2} = \frac{1}{2\pi}\ln(1+x^2)\,|_t^0 = -\frac{1}{2\pi}\ln(1+t^2)$$

und $\int\limits_0^{t'} \frac{x\,dx}{\pi(1+x^2)} = \frac{1}{2\pi}\ln(1+x^2)\,|_0^{t'} = \frac{1}{2\pi}\ln(1+t'^2)$.

Beide Integrale haben aber für $t \to -\infty$ bzw. $t' \to +\infty$ keinen endlichen Grenzwert. ●

Setzt man im Beispiel 16 $t' = |t|$, d.h. betrachtet man

$$\lim_{t \to +\infty} \int_t^0 \frac{1}{\pi} \frac{x\,dx}{(1+x^2)} + \int_0^t \frac{1}{\pi} \frac{x\,dx}{(1+x^2)} ,$$

so erhält man den Grenzwert 0. Den durch diese spezielle Art des Grenzprozesses gewonnenen Wert bezeichnet man als *Cauchy'schen Hauptwert*. Integralaufgaben der Form

$$\int_{-\infty}^{+\infty} f(x)\,dx$$

spielen in der Statistik eine große Rolle. Z.B. hängen die in Beispiel 15 und 16 behandelten Integralaufgaben mit der sogenannten Cauchy-Verteilung zusammen; und die in Beispiel 14 mit der Exponentialverteilung.

Wenden wir uns jetzt der Frage zu, wie man die Forderung der Beschränktheit von f im Integrationsbereich aufheben kann. Wie Satz 5 zeigt, können wir uns auf den Fall zurückziehen, daß f in der Umgebung eines der Eckpunkte nicht beschränkt ist. Nach Satz 7 (ii) können wir unsere Untersuchung auf den rechten Eckpunkt beschränken.

**Definition 11**: Ist f über $[a,b]$ mit $a \leqslant t < b$ integrierbar und in der Umgebung von b nicht beschränkt, dann ist das uneigentliche Integral von f über $[a,b]$ gegeben durch

$$\int_a^b f(x)\,dx = \lim_{t \to b} \int_a^t f(x)\,dx ,$$

falls der Grenzwert existiert.

**Beispiel 17**:

$f(x) = \dfrac{1}{\sqrt{1-x^2}}$ ist in der Umgebung von 1 nicht beschränkt,

aber $\displaystyle\int_0^1 \frac{dx}{\sqrt{1-x^2}} = \frac{\pi}{2}$, denn

$$\int_0^t \frac{dx}{\sqrt{1-x^2}} = \arcsin x \,|_0^t = \arcsin t \text{ und } \lim_{t \to 1} \arcsin t = \frac{\pi}{2} . \bullet$$

Es müßte nun eigentlich untersucht werden, inwieweit die bisher abgeleiteten Sätze und Regeln für den Umgang mit bestimmten Integralen, auch für uneigentliche Integrale gelten. Dies soll hier nicht geschehen. Es sei aber warnend darauf aufmerksam gemacht, daß man nicht in jedem Fall die Sätze und Regeln ohne weiteres übertragen kann.

## 12.9 Aufgaben

1. Zeige, daß jedes Polynom über $[a,b]$ integrierbar ist.

2. Zeige, daß $\int_a^b f''(x)g(x)dx = f'(x)g(x)\,\Big|_a^b - f(x)g'(x)\,\Big|_a^b + \int_a^b f(x)g''(x)dx$

   gilt. Die notwendigen Differentiationen und Integrationen seien zulässig.

3. Berechne die Fläche zwischen dem Graphen von $f(x) = \sin x$ und der x-Achse für $0 \leqslant x \leqslant \pi$.

4. Zeige die schon Archimedes bekannte Tatsache, daß die Parabel $f(x) = x^2$ das in der folgenden Graphik eingezeichnete Reckteck im Verhältnis 2:1 teilt.

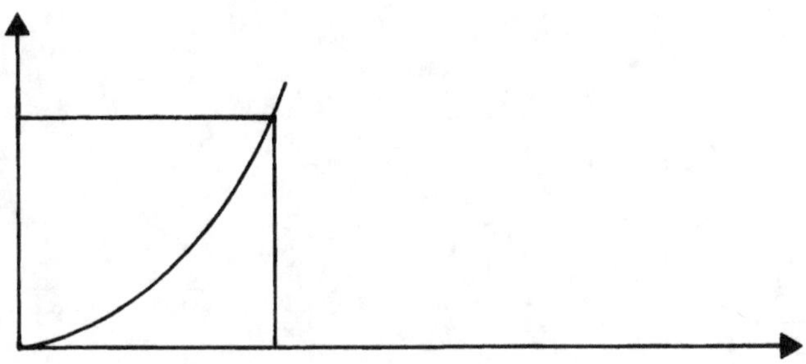

5. f und g seien n-mal differenzierbar. Zeige, daß gilt

   $$\int f^{(n)}(x)g(x)dx = f^{(n-1)}(x)g(x) - f^{(n-2)}(x)g'(x) + \ldots + (-1)^n \int f(x)g^{(n)}(x)dx$$

6. Sei $B(p,q) = \int x^p(1-x)^q dx$. Zeige, daß gilt:

   $(p+1)B(p,q) = x^p(1-x)^q + qB(p+1,q-1)$.

7. Zeige, daß das uneigentliche Integral $\int_1^{+\infty} \frac{dx}{x^\alpha}$ nur für $\alpha > 1$ existiert.

8. Das uneigentliche Integral von $f(x) = x^{\alpha-1}e^{-x}$ über $[0,+\infty]$ existiert für $\alpha > 0$. Zeige, daß für die durch

$$\Gamma(\alpha) = \int_0^{+\infty} x^{\alpha-1}e^{-x}dx$$

definierte Funktion $\Gamma$ gilt

$$\Gamma(\alpha) = (\alpha-1)\,\Gamma(\alpha-1) \text{ mit } \alpha > 0 .$$

Die Funktion $\Gamma$ heißt Gammafunktion.

# Anhang

## A.1 Die einfache Summe

Das Summenzeichen „Σ" ist eine Abkürzung für die Rechenvorschrift

$$a_n + a_{n+1} + a_{n+2} + \ldots + a_{m-1} + a_m = \sum_{i=n}^{m} a_i .$$

Dabei wird $i$ als Summationsindex bezeichnet. Von den Summationsgrenzen $n$ und $m$ wird angenommen, daß $n \leqslant m$ ist. Für den Fall $m < n$ setzt man den Wert der Summe gleich Null.

Die Wahl des Summationsindex ist willkürlich. Es ist beispielsweise

$$\sum_{i=n}^{m} a_i = \sum_{j=n}^{m} a_j = \sum_{k=n}^{m} a_k .$$

Wenn die Summationsvorschrift aus dem Zusammenhang eindeutig bestimmt ist, kann man zu einer abgekürzten Schreibweise übergehen:

$$\sum_{i=n}^{m} a_i = \sum_{n}^{m} a_i = \sum_{i} a_i = \sum a_i .$$

Setzt man $a_1 = 5$, $a_2 = 8$, $a_3 = 9$ und $a_4 = 13$, dann läßt sich die Summe dieser Zahlen mit Hilfe des Summenzeichens schreiben als

$$5 + 8 + 9 + 13 = \sum_{j=1}^{4} a_i .$$

Besonders deutlich tritt die Nützlichkeit dieser Abkürzung hervor, wenn sich ein gewisses Bildungsgesetz bei den zu summierenden Zahlen feststellen läßt. Es bestehe beispielsweise die Aufgabe, die Zahlen 2, 5, 8, 11, 14, 17, 20, 23 zu addieren. Jede Zahl unterscheidet sich von der vorangehenden um drei. Wir können daher die Aufgabe schreiben als

$$2 + 5 + 8 + 11 + 14 + 17 + 20 + 23 = \sum_{j=1}^{8} \{2 + (j-1)3\} .$$

Das ist ein Beispiel für eine endliche arithmetische Reihe.

Die folgenden Regeln für das Rechnen mit dem Summenzeichen leiten sich hauptsächlich aus den für die Addition geltenden Regeln ab.

1. Bei Abtrennung oder Hinzunahme von Summanden wird die Summationsvorschrift entsprechend geändert. Zum Beispiel:

$$(\sum_{j=n}^{m} a_i) + a_{m+1} = \sum_{j=n}^{m+1} a_i = a_n + (\sum_{i=n+1}^{m+1} a_i) .$$

2. Summen mit gleicher Summationsvorschrift können zu einer Summe zusammengefaßt werden:

$$\sum_{i=n}^{m} a_i + \sum_{i=n}^{m} b_i = \sum_{i=n}^{m} (a_i + b_i) .$$

3. Eine multiplikative Konstante kann vor das Summenzeichen treten:

$$\sum_{i=n}^{m} ca_i = c(\sum_{i=n}^{m} a_i) .$$

4. Eine additive Konstante kann aus der Summe herausgelöst werden:

$$\sum_{i=n}^{m} (a_i + d) = (\sum_{i=n}^{m} a_i) + (m-n+1)d .$$

5. Bei einer Transformation des Summationsindex ändert sich die Summationsvorschrift entsprechend. Die Transformation sei beispielsweise $j = i + k$, dann ist:

$$\sum_{i=n}^{m} a_i = \sum_{j=n+k}^{m+k} a_{j-k} .$$

## A.2 Die Doppelsumme und mehrfache Summe

Die Aufgabe, ein rechteckiges Zahlenschema der Form

$$\begin{matrix} a_{np} & a_{np+1} & \cdots & a_{nq} \\ a_{n+1p} & a_{n+1p+1} & \cdots & a_{n+1q} \\ \vdots & \vdots & & \vdots \\ a_{mp} & a_{mp+1} & \cdots & a_{mq} \end{matrix}$$

aufzuaddieren, läßt sich mit Hilfe des Doppelsummenzeichens einfach darstellen. Durchläuft $i$ die Zeilenindizes und $j$ die Spaltenindizes, dann schreibt sich die obige Aufgabe

$$\sum_{i=n}^{m} \sum_{j=p}^{q} a_{ij} .$$

Ein Beispiel für das Auftreten von Doppelsummen stellt die Multiplikation zweier einfacher Summen dar. Es ist

$$(\sum_{i=n}^{m} b_i)(\sum_{j=p}^{q} c_j) = \sum_{i=n}^{m} \sum_{j=p}^{q} b_i c_j ,$$

wovon man sich durch Ausschreiben der beiden Seiten überzeugt. In diesem Fall ist $a_{ij} = b_i c_j$.

Für das Rechnen mit dem Doppelsummenzeichen gelten die im Abschnitt über einfache Summen gemachten Bemerkungen analog. Da es gleichgültig ist, ob im obigen Schema zeilenweise oder spaltenweise addiert wird, hat man

$$\sum_{i=n}^{m} \sum_{j=p}^{q} a_{ij} = \sum_{j=p}^{q} \sum_{i=n}^{m} a_{ij} .$$

Eine k-fache Summe hat die allgemeine Form

$$\sum_{i_1=n_1}^{m_1} \dots \sum_{i_k=n_k}^{m_k} a_{i_1,\dots,i_k} .$$

Der Leser überzeuge sich davon, daß diese Summe aus $(m_1 - n_1 + 1) \cdot \ldots \cdot (m_k - n_k + 1)$-Gliedern besteht. Erwähnt sei noch, daß aus schreibtechnischen Gründen für die Doppelsumme $\sum_{i=1}^{n}\sum_{j=1}^{n} a_{ij}$ oder für die k-fache Summe $\sum_{i_1=1}^{n} \dots \sum_{i_k=1}^{n} a_{i_1,\dots,i_k}$ häufig nur kurz $\sum_{i,j=1}^{n} a_{ij}$ ($n^2$ Summanden) bzw. $\sum_{i_1,\dots,i_k=1}^{n} a_{i_1,\dots,i_k}$ ($n^k$ Summanden) geschrieben wird.

## A.3 Das Produktzeichen

Das Produktzeichen „Π“ steht als Abkürzung für die Rechenvorschrift

$$a_n \cdot a_{n+1} \cdot \ldots \cdot a_m = \prod_{i=n}^{m} a_i .$$

Dabei ist i der Multiplikationsindex, n und m geben die Grenzen des Index an. Für $n > m$ ist das Produkt leer und bekommt den Wert 1 zugewiesen.

Die in der folgenden Zusammenfassung auftretenden Regeln für das Rechnen mit dem Produktzeichen beruhen auf den Gesetzen der Multiplikation:

$$\prod_{i=n}^{m} c a_i^{\alpha} b_i^{\beta} = c^{(m-n+1)} \left(\prod_{i=n}^{m} a_i\right)^{\alpha} \left(\prod_{i=n}^{m} b_i\right)^{\beta} .$$

Ist die Multiplikationsvorschrift aus dem Zusammenhang eindeutig erkennbar, kann man zu einer verkürzten Schreibweise übergehen:

$$\prod_{i=n}^{m} a_i = \prod_{n}^{m} a_i = \prod_{i} a_i = \prod a_i .$$

Die Wahl des Multiplikationsindex ist willkürlich. Bei Transformation des Index ist die Multiplikationsvorschrift entsprechend abzuändern. Beispielsweise bei der Transformation $j = i + k$

$$\prod_{i=n}^{m} a_i = \prod_{j=n+k}^{m+k} a_{j-k}.$$

## A.4 Fakultät, Binomialkoeffizient und Binomischer Satz

**Definition 1**: Für jede natürliche n steht n! (gesprochen: n-Fakultät) als Abkürzung für das Produkt

$$\prod_{i=1}^{n} i.$$

Es erweist sich als zweckmäßig, $0! = 1$ festzusetzen.

Aus der Definition erkennt man, daß für die Fakultät die rekursive Beziehung $n! = n \cdot (n-1)!$ gilt.

**Definition 2**: Für alle natürlichen Zahlen n und m ist $\binom{n}{m}$ (gesprochen: n über m) eine Abkürzung für den Quotienten

$$\frac{n(n-1) \cdot \ldots \cdot (n-m+1)}{1 \cdot 2 \cdot \ldots \cdot (m-1)m}.$$

$\binom{n}{m}$ wird auch als Binomialkoeffizient bezeichnet.

Aus der Definition erkennt man, daß $\binom{n}{m} = 0$, wenn $m > n$ ist, da dann im Zähler die Null im Produkt enthalten ist. Für $m \leqslant n$ läßt sich der Binomialkoeffizient auch mit Hilfe der eingeführten Fakultäten schreiben als

$$\binom{n}{m} = \frac{n!}{m!(n-m)!}.$$

Für Binomialkoeffizienten ergeben sich leicht die folgenden Rechenregeln:

$$\binom{n}{m} = \binom{n}{n-m}$$

$$\binom{n}{m} = \frac{m+1}{n+1}\binom{n+1}{m+1}$$

$$\binom{n}{m} + \binom{n}{m+1} = \binom{n+1}{m+1} .$$

Der Binomische Satz gibt eine Entwicklung für Ausdrücke der Form $(a+b)^n$ an.

Es ist $$(a+b)^n = \sum_{i=0}^{n} \binom{n}{i} a^{n-i} b^i .$$

Die Richtigkeit dieser Aussage kann man durch vollständige Induktion zeigen.

# A.5 Permutationen und Kombinationen

## A. 5.1 Permutationen von n verschiedenen Elementen

**Definition 3:** Jede Anordnung von n verschiedenen Objekten heißt eine Permutation dieser n Objekte.

Zum Beispiel sind 1 2 3 4 5 6 7 8 9 und 5 7 9 4 3 2 1 6 8 zwei Permutationen der ersten neun natürlichen Zahlen. Wir wollen uns jetzt der Frage zuwenden, wieviel verschiedene Permutationen n ungleicher Elemente sich finden lassen.

Die Anzahl der Permutationen von n Objekten $a_1, a_2, \ldots, a_{n-1}, a_n$ sei mit $P_n$ bezeichnet. Nehmen wir an, die Anzahl $P_{n-1}$ der Permutationen von $n-1$ Objekten sei bekannt. Ohne Beschränkung der Allgemeinheit können wir die ersten $(n-1)$ Objekte $a_1, a_2, \ldots, a_{n-1}$ nehmen. Tritt dann das Objekt $a_n$ zu jeder einzelnen Permutation der $(n-1)$ ersten Elemente hinzu, so erhalten wir eine Permutation von n Elementen. Wir können dabei zunächst $a_n$ allen Permutationen der $n-1$ Objekte voranstellen und erhalten $P_{n-1}$ verschiedene Permutationen der n Elemente mit $a_n$ an der ersten Stelle. Ganz entsprechend erhalten wir $P_{n-1}$ Permutationen von n Objekten mit $a_n$ an zweiter Stelle usw. Insgesamt erhält man also $n P_{n-1}$ Permutationen von n Elementen.

Damit hat man aber auch alle möglichen Anordnungen erhalten. Denn sei

(1) $$a_{i_2} a_{i_2} \ldots (a_{i_k} = a_n) \ldots a_{i_n}$$

eine beliebig ausgewählte Permutation von n Objekten mit $a_n$ an der k-ten Stelle, dann ist

(2) $$a_{i_1} \ldots a_{i_{k-1}} a_{i_{k+1}} \ldots a_{i_n}$$

eine Permutation von $n-1$ Elementen. Diese aber ist nach Voraussetzung unter den $P_{n-1}$ Permutationen enthalten. Aus (2) findet man nach dem angegebenen Verfahren sofort (1), indem man $a_n$ an die k-te Stelle setzt und die folgenden Elemente um eine Stelle verrückt.

Es gilt also $P_n = nP_{n-1}$.

Wendet man diese Überlegungen fortlaufend auf $P_{n-1}, P_{n-2}$, usw. an, dann ergibt sich

$$P_n = n(n-1)P_{n-2}$$
$$\dots\dots\dots\dots\dots\dots$$
$$P_n = n(n-1)\dots 2P_1.$$

Da man ein Element nur auf eine Weise anordnen kann, ist $P_1 = 1$. Damit haben wir für $P_n$ gefunden

$$P_n = n(n-1)\dots 2\cdot 1.$$

Mit Hilfe der abkürzenden Bezeichnung n-Fakultät erhalten wir für die Anzahl der Permutationen von n verschiedenen Elementen

(3) $$P_n = n!.$$

### A. 5.2 Transpositionen und Inversionen

Offensichtlich ist die Permutation $a_1 a_2 a_3 \dots a_{n-1} a_n$ vor allen anderen dadurch ausgezeichnet, daß die Reihenfolge der natürlichen Zahlen im Index übereinstimmt mit der „natürlichen Ordnung" dieser Zahlen. Jede andere Permutation kann man sich nun durch Vertauschen der $a_j$ aus dieser einen entstanden denken, indem man nacheinander die Positionen von je zwei der $a_j$ gegeneinander austauscht. – Streng genommen müßten wir diese Aussage natürlich beweisen. Wir verzichten aber darauf, weil ihre Gültigkeit einleuchtet. – Das Vertauschen zweier $a_j$ heißt eine *Transposition*.

$i_1 \dots i_n$ bezeichne eine Permutation der ersten n natürlichen Zahlen. Sei $a_{i_1} \dots a_{i_n}$ eine gegebene Permutation. Man betrachte die Indizes $i_j, i_k$; wenn für $k < \ell$, $i_\ell < i_k$ folgt, dann sagt man, eine Inversion liege vor, d.h. gegenüber der „natürlichen Reihenfolge" des Index stehen die betreffenden Elemente „falsch".

Die Permutation $a_3 a_1 a_4 a_2$ hat zum Beispiel 3 Inversionen. Denn es steht $a_3$ vor $a_1$ und $a_2$, außerdem steht $a_4$ vor $a_2$.

Die Anzahl der Inversionen einer gegebenen Permutation $a_{i_1} \dots a_{i_n}$ wird mit $[i_1, \dots, i_n]$ bezeichnet. Der folgende Satz stellt die Verbindung her zwischen den Transpositionen und den Inversionen.

**Satz 1**: Die Anzahl der Inversionen ändert sich stets um eine ungerade Zahl, wenn in der Permutation eine Transposition vorgenommen wird.

Wir werden diesen Satz nicht beweisen. Da bei einer Transposition „benachbarter" Elemente sich die Zahl der Inversionen um $+1$ oder $-1$ ändert und jede Transposition aus solchen speziellen Transpositionen aufgebaut werden kann, dürfte der Leser den Beweis leicht selber führen können.

### A. 5.3 Permutationen von n nicht alle voneinander verschiedenen Elementen

Es seien $n$ Elemente gegeben, aber nur $k$ Elemente mit $k \leq n$ seien voneinander verschieden. Das können wir auch so ausdrücken: Es sind $k$ Gruppen $G_j$ mit $g_j$ Elementen gegeben, dabei ist

$$\sum_{j=1}^{k} g_j = n.$$

Wir fragen nach der Anzahl der verschiedenen Permutationen der $n$ Elemente. Diese Anzahl sei mit $P_{n,k}$ bezeichnet.

Offensichtlich ist $P_{n,k} \leq P_{n,n}$. Denn ist zum Beispiel $a_1 = a_2 = a$, so sind die im Falle $n$ verschiedener Elemente unterscheidbaren Permutationen $a_3 a_1 a_2 a_4$ und $a_3 a_2 a_1 a_4$ nicht mehr unterscheidbar.

Betrachten wir die Anzahl der möglichen Permutationen $P_{n,k}$ als gegeben. Nehmen wir jetzt an, die Elemente der j-ten Gruppe könnten wir unterscheiden, dann haben wir $k + g_j - 1$ unterscheidbare Elemente und aus jeder der $P_{n,k}$ Permutationen erhalten wir durch Permutation der jetzt unterscheidbaren Elemente der Gruppe $G_j$ gerade $g_j!$ Permutationen. Wir erhalten also

$$P_{n,k+g_j-1} = g_j! P_{n,k}\ .$$

Verfahren wir entsprechend mit den übrigen $G_j$, so erhalten wir

$$P_{n,n} = \left(\prod_{j=1}^{k} g_j!\right) P_{n,k}. \tag{4}$$

Nun ist aber $P_{n,n}$ die Anzahl der verschiedenen Permutationen von $n$ Elementen unter denen $n$ verschiedene sind, das ist aber doch gerade die unter A. 5.1 behandelte Frage. Es ist also

$$P_{n,n} = P_n.$$

Damit ergibt sich

$$P_{n,k} = \frac{n!}{\prod_{j=1}^{k} g_j!}. \tag{5}$$

### A. 5.4 Kombinationen

**Definition 4**: Eine Auswahl von k Elementen aus n Elementen heißt eine Kombination von k aus n Elementen.

Bei dieser Begriffsbildung gilt es jedoch zu beachten, daß wir das Auswahlverfahren noch nicht festgelegt haben. So sind die Kombinationen 1 4 1 und 2 2 2 ebenso eine Auswahl von 3 aus den 10 ersten natürlichen Zahlen wie 2 3 1 und 8 7 9. Weiterhin kann man die Kombinationen 2 3 1 und 3 1 2 als nur eine oder als zwei verschiedene ansehen. Im ersten Fall berücksichtigt man die unterschiedliche Anordnung der Elemente nicht.

Es gilt also zu unterscheiden zwischen Kombinationen mit und ohne Wiederholungen, jeweils mit und ohne Berücksichtigung der Anordnung. Wenden wir uns den vier möglichen Fällen zu.

### A. 5.5 Kombinationen ohne Wiederholung, mit Berücksichtigung der Anordnung

Die Zahl der möglichen Kombinationen von k aus n wollen wir mit $V_{n,k}$ bezeichnen. Man spricht auch von Variationen ohne Wiederholung. Zur Bestimmung von $V_{n,k}$ wollen wir uns an ein Urnenmodell halten. Eine Urne enthält n verschiedene Kugeln. Es werden k Kugeln nacheinander gezogen. Beim ersten Zug hat man noch die Wahl unter n Kugeln. Nach dem ersten Zug sind noch (n–1) Kugeln in der Urne. Beim zweiten Zug hat man die Wahl unter diesen (n–1) Kugeln, nach dem Zug enthält die Urne noch (n–2) Kugeln, usw. Insgesamt hat man bei k Zügen $n(n-1)\ldots(n-k+1)$ Möglichkeiten, die k Kugeln zu ziehen.

Wir erhalten also für $V_{n,k}$ den Ausdruck

$$(6) \qquad V_{n,k} = n(n-1)(n-2)\ldots(n-k+1).$$

Insbesondere für $k = n$ ergibt sich $V_{n,n} = n! = P_n$.

### A. 5.6 Kombinationen mit Wiederholung, mit Berücksichtigung der Anordnung

Die Anzahl dieser Kombinationen, für die auch die Bezeichnung Variationen mit Wiederholungen gebräuchlich ist, wollen wir mit $\overline{V}_{n,k}$ bezeichnen. Zur Ermittlung von $\overline{V}_{n,k}$ werden wir wieder ein Urnenmodell verwenden.

Die Ausgangssituation sei wie im Modell in A. 5.5. Diesmal legen wir nach jedem Zug die gezogene Kugel wieder in die Urne zurück. Wir haben dann bei jedem Zug die Auswahl unter allen n Kugeln. Bei k Zügen ergeben sich daher $n^k$ Möglichkeiten, die k Kugeln auszuwählen. Wir erhalten so

$$(7) \qquad \overline{V}_{n,k} = n^k.$$

### A. 5.7 Kombinationen ohne Wiederholung, ohne Berücksichtigung der Anordnung

Die Anzahl dieser Kombinationen sei mit $K_{n,k}$ bezeichnet. Alle Kombinationen ohne Wiederholung, mit Berücksichtigung der Anordnung, die die gleichen Elemente enthalten und nur durch die unterschiedliche Anordnung ausgezeichnet sind, werden jetzt als eine Kombination betrachtet. Von k verschiedene Elementen gibt es, wie in A. 5.1 gezeigt wurde, genau k! verschiedene Anordnungen. Wir finden also

$$(8) \qquad K_{n,k} = \frac{V_{n,k}}{k!} .$$

Mit Hilfe des Binomialkoeffizienten läßt sich mit dem im Abschnitt A. 5.5 errechneten Wert von $V_{n,k}$ die Anzahl der Kombinationen ohne Wiederholung, ohne Berücksichtigung der Anordnung schreiben als

$$(9) \qquad K_{n,k} = \binom{n}{k} .$$

### A. 5.8 Kombinationen mit Wiederholung, ohne Berücksichtigung der Anordnung

Die Anzahl dieser Kombinationen sei mit $\overline{K}_{n,k}$ bezeichnet. Die Gesamtzahl der in allen diesen Kombinationen auftretenden, nicht notwendig voneinander verschiedenen Elementen ist $k \cdot \overline{K}_{n,k}$. Nun ist keines der n Elemente $a_j$ – aus denen die Auswahl vorgenommen wird – in irgendeiner Hinsicht ausgezeichnet, jedes kommt in der Gesamtzahl also $\frac{k}{n} \overline{K}_{n,k}$ mal vor. Wählen wir eines der n Elemente aus, es sei mit $a_i$ bezeichnet. Wir betrachten alle Kombinationen unter den $\overline{K}_{n,k}$ Kombinationen, die mindestens einmal $a_i$ enthalten. In jeder dieser Kombinationen streichen wir eines dieser $a_i$ und erhalten dadurch eine Anzahl Kombinationen von $k-1$ aus n Elementen. Das sind aber auch schon alle $\overline{K}_{n,k-1}$ möglichen Kombinationen. Denn betrachten wir eine beliebige Kombination von $k-1$ aus n Elementen, dann können wir wegen der Nichtberücksichtigung der Anordnung ohne Beschränkung der Allgemeinheit $a_i$ an die k-te Stelle setzen und erhalten damit eine Kombination, von der wir ausgegangen waren.

Wir haben also, indem wir aus der Menge der $\overline{K}_{n,k}$ Kombinationen alle die mit dem beliebig gewählten $a_i$ aussuchten und eines dieser $a_i$ strichen, alle Kombinationen von $k-1$ aus n Elementen erhalten. Für diese Kombination gilt wie oben, daß jedes $a_j$ in der Menge aller Kombinationen von $k-1$ aus n Elementen $\frac{k-1}{n} \overline{K}_{n,k-1}$ mal vorkommt.

Da $a_i$ genau $\overline{K}_{n,k-1}$ mal gestrichen wurde, gilt

(10) $$\frac{k}{n}\overline{K}_{n,k} - \overline{K}_{n,k-1} = \frac{k-1}{n}\overline{K}_{n,k-1}$$

oder

(11) $$\overline{K}_{n,k} = \frac{n+k-1}{k}\cdot\overline{K}_{n,k-1}.$$

Durch wiederhbltes Anwenden dieses Schrittes finden wir

(12) $$\overline{K}_{n,k} = \frac{n+k-1}{k}\,\frac{n+k-2}{k-1}\,\frac{n+k-3}{k-2}\cdot\ldots\cdot\overline{K}_{n,1}.$$

Nun ist $\overline{K}_{n,1} = n$, denn alle möglichen Kombinationen von 1 aus n Elementen sind n. Damit finden wir

(13) $$\overline{K}_{n,k} = \binom{n+k-1}{k}.$$

# Register

www.ingramcontent.com/pod-product-compliance
Lightning Source LLC
LaVergne TN
LVHW010550300926
849162LV00002B/286
*9783110085020*